高等职业教育
智能化教材系列
INTELLIGENT TEXTBOOK SERIES FOR
HIGHER VOCATIONAL EDUCATION

ELECTROTECHNICAL TECHNIQUE

电工技术（第2版）

主　编　王颖丽　吉　红
副主编　冯　涛　崔凌飞

内容提要

本书依据教育部最新颁布的《高等职业学校电工技术基础与技能教学大纲》编写而成，“电工技术”是高等工科院校的一门重要基础必修课。全书共有 6 个教学项目，主要内容包括项目一“认识电路”、项目二“分析电路”、项目三“电工工具及测量仪表的使用”、项目四“单相正弦交流电路”、项目五“三相交流电路”、项目六“电气安全技术”，每项目末均配有一定数量的习题并且都引入了党的二十大精神的内容。本书图文并茂，将电工技术基本理论的学习、基本技能的训练与生产生活的实际应用相结合，符合当前职业教育的教学特点。本书在相关内容处嵌入二维码，充分利用电子课件、视频、动画、文档等资源，最大限度地调动学生学习的主动性和积极性。

图书在版编目（CIP）数据

电工技术 / 王颖丽, 吉红主编 ; 冯涛, 崔凌飞副主编. -- 天津 : 天津大学出版社, 2022.9（2023.9重印）
高等职业教育智能化教材系列
ISBN 978-7-5618-7265-9

Ⅰ. ①电… Ⅱ. ①王… ② 吉… ③ 冯… ④ 崔… Ⅲ. ①电工技术－高等职业教育－教材 Ⅳ. ①TM

中国版本图书馆CIP数据核字(2022)第137150号

DIANGONG JISHU（Di-er Ban）

出版发行 天津大学出版社
地　　址 天津市卫津路92号天津大学内（邮编：300072）
电　　话 发行部：022-27403647
网　　址 www.tjupress.com.cn
印　　刷 天津市泰宇印务有限公司
经　　销 全国各地新华书店
开　　本 185mm×260mm
印　　张 13.25
字　　数 331千
版　　次 2022年9月第1版　2023年9月第2版
印　　次 2023年9月第2次
定　　价 79.00元

2版前言

本书根据国家对高等职业教育教学体系迈向智能化教育的发展要求,立足高等教育“四个服务”的发展方向,完善高技能型人才培养体系建设,以培养具有“家国情怀、国际视野、创新思维、工匠精神”的高素质应用型专门人才与行业精英为目标,同时聚焦新工科对提升工程科技人才的“工程创新能力与适应变化能力”的核心需求,以“鼓励创新、彰显个性,培养‘厚基础、宽口径’工程科技人才”为导向,结合高等职业院校的教育要求和办学特点而编写。

党的二十大报告提出,“深入实施科教兴国战略、人才强国战略、创新驱动发展战略”,“加快建设教育强国、科技强国、人才强国”。这为推动职业教育高质量发展提供了强大动力。编者综合考虑了后疫情时代教师和学生状况,将教学内容和线上综合资源相结合,力求在不增加教师和学生负担的前提下,充分利用电子课件、视频、动画、文档等资源,最大限度地调动学生学习的主动性和积极性,从而使“电工知识”的教学从以“知识、技能”为主导向“知识、技能、方法、能力、素养”综合培养的教育方向转化。

本书依据教育部最新颁布的《高等职业学校电工技术基础与技能教学大纲》编写而成。全书共有6个教学项目,主要内容包括项目一“认识电路”、项目二“分析电路”、项目三“电工工具及测量仪表的使用”、项目四“单相正弦交流电路”、项目五“三相交流电路”、项目六“电气安全技术”,每项目末均配有一定数量的习题并且都引入了党的二十大精神的内容。本书图文并茂,将电工技术基本理论的学习、基本技能的训练与生产生活的实际应用相结合,符合当前职业教育的教学特点。

在编写过程中，我们努力按照“保证基础、精选内容、利于教学、加强应用”的要求，组织本书的内容编排、文字叙述和插图、电子课件、视频、动画、文档资源等。本书内容深入浅出，可根据具体教学要求进行相应调整。本书可供高职高专工科机械类、电气类以及非机类等专业学生使用，可作为技工学校“电工技术”课程的教材或相应岗位的培训教材，也可作为相关专业人员的自学教材。

参加本书编写的人员都是多年从事“电工技术”教学的教师与工程技术人员。本书主编为王颖丽、吉红，副主编为冯涛、崔凌飞，参编教师还有梅文涛、王晓岚、闫放、张文静、原梦、孙健鹏、代阳、杨雪、刘越。在本书的编写过程中，编者参考了有关资料和文献，在此向其作者表示衷心的感谢！

由于编者水平有限，书中难免有疏漏和不足之处，恳请读者批评指正。

编者

2023 年 8 月

目录

项目一　认识电路

本项目主要介绍：学习性任务，包括电路的基本概念和主要物理量、电路的基本规律（重点讲述欧姆定律）、电路的工作状态、简单电路的分析方法；技能性任务，包括电工实验安全须知，万用表的使用方法，直流电路中电压、电流的测量；拓展性任务，包括受控电源、啤酒车间用到的电路。学生通过本项目的学习，可为以后分析复杂电路打下基础。

高举旗帜：认真学习、宣传、贯彻党的二十大精神，深刻领悟"两个确立"的决定性意义，增强"四个意识"、坚定"四个自信"、做到"两个维护"。

凝聚力量：坚持知行合一，助力新型能源体系规划建设，聚焦推动绿色发展，在推进能源革命上发挥更大作用。

任务一　学习性任务

1.1.1　电路的基本概念和主要物理量

扫一扫：电路的基本概念和主要物理量

文档

PPT

视频

1. 电路与电路模型

1）电路

人们在生产和生活中使用的电气设备，如电动机、电视机、计算机等，都由实际电路构成。电路是电流的通路，是为了满足某种需要，将一些电气设备或元器件按照一定的方式连接而成的。

实际电路的结构组成包括电源、负载和中间环节。

（1）电源为电路提供能量，如利用发电机将机械能或核能转化为电能，利用蓄电池将化学能转化为电能等。

（2）负载则将电能转化为其他形式的能量加以利用，如利用电动机将电能转化为机械能，利用电炉将电能转化为热能等。

（3）中间环节起连接电源和负载的作用，包括导线、开关、控制线路中的保护设备等。

在图 1-1-1 所示照明电路中，电池为电源，白炽灯为负载，导线和开关为中间环节，将白炽灯和电池连接起来。

在电力系统、电子通信、计算机以及其他各类系统中，电路有着不同的功能和作用。电路的作用可以概括为以下两个方面。

（1）实现电能的传输和转换。如图 1-1-1 所示，电池通过导线将电能传递给白炽灯，白炽灯将电能转化为光能和热能。

（2）实现信号的转换、传递和处理。常见的信号处理电路有电视机、收音机等，图 1-1-2 所示是一个扩音机的电路示意图。其中，话筒将声音的振动信号转换为电信号，即相应的电压和电流，经过调谐、变频、检波、放大处理后，通过电路传递给扬声器，再由扬声器还原为声音。

图 1-1-1　照明电路　　　图 1-1-2　扩音机的电路示意图

2）电路模型

实际电路由各种作用不同的电路元件或器件组成。实际电路元件种类繁多，且电磁性质较为复杂，这就给电路分析带来许多困难。图 1-1-1 中的白炽灯，除了具有消耗电能的性质外，当电流通过时，还具有电感性。为便于对实际电路进行分析和数学描述，需将实际电路元件用能够代表其主要电磁特性的理想元件或它们的组合来表示，并称之为实际电路元件的模型。将具有单一电磁性质的元件模型称为理想元件，包括电阻、电感、电容、电源等。表 1-1-1 所列是在电工技术中常用的几种理想电路元件及其图形符号。

表 1-1-1　在电工技术中常用的几种理想电路元件及其图形符号

元件名称	图形符号	元件名称	图形符号
电阻	R	电池	E
电感	L	理想电压源	U_s − +
电容	C	理想电流源	I_s

由理想元件代替实际电路元器件所组成的电路称为实际电路的电路模型，简称电路。将实际电路模型化是研究电路问题的常用方法。在图 1-1-1 中，电池对外提供电压的同时，内部也有电阻消耗能量，所以电池用理想电压源 U_S 和内阻 R_S 的串联表示；白炽灯除具有消耗电能的性质（电阻性）外，通电时还会产生磁场，即具有电感性，但电感微弱，可忽略不计，于是可认为白炽灯是一个电阻元件，用 R 表示。

照明电路模型如图 1-1-3 所示。

2. 主要物理量

电路的基本物理量有电流、电压、电位、功率等，在分析电路之前，我们先来介绍一下这些物理量。

1）电流及其参考方向

在图 1-1-1 中，当开关合上时，电路中会有电荷移动形成电流，如图 1-1-4 所示。在电场的作用下，正电荷与负电荷向不同的方向移动，习惯上规定正电荷的移动方向为电流的方向（事实上，金属导体内的电流是由带负电的电子的定向移动产生的）。

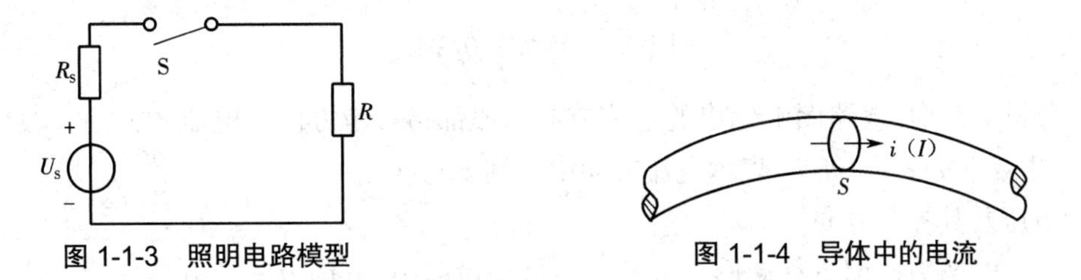

图 1-1-3　照明电路模型　　　　图 1-1-4　导体中的电流

电流的大小为单位时间内通过导体横截面的电量，用公式表示为

$$i=\frac{\mathrm{d}q}{\mathrm{d}t} \tag{1-1}$$

式中：i 表示电流（A）；$\mathrm{d}q$ 表示电量或电荷量（C）；$\mathrm{d}t$ 表示时间（s）。

在国际单位制中，q 的单位为库仑（C），电流的单位为安培（A），规定 1 s 内通过导体横截面的电量为 1 C 时的电流为 1 A。常用的电流单位还有毫安（mA）、微安（μA），换算关系如下：

$$1\ \mathrm{A}=10^3\ \mathrm{mA}=10^6\ \mu\mathrm{A}$$

大小和方向都不随时间变化的电流称为直流电流，用大写字母“I”表示，如图 1-1-5（a）所示；大小和方向都随时间变化的电流称为交流电流，由于交流电流的大小是随时间变化的，故常用小写字母“i”或“$i(t)$”表示其瞬时值，如图 1-1-5（b）所示。

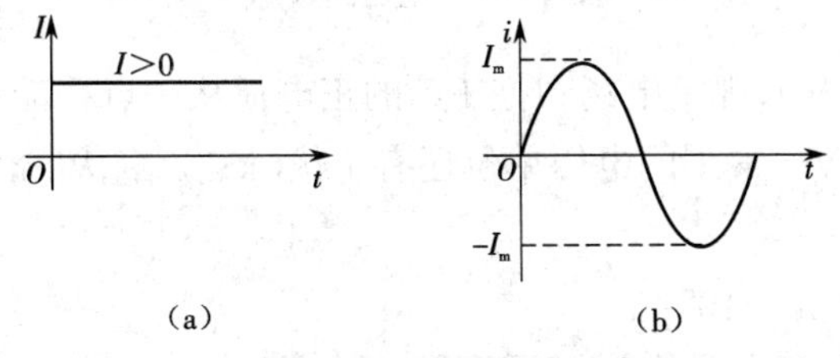

图 1-1-5　直流电流与交流电流

分析简单电路时，可由电源的极性判断电路中电流的实际方向；但分析复杂电路时，一般不能直接判断出电流的实际方向，而是先任意假定一个方向作为电路分析和计算时的参考，这个方向称为电流的参考方向。在参考方向下，通过电路定律或定理解得的电流如果为正值，表明电流的实际方向与参考方向相同；如果为负值，则表明电流的实际方向与参考方向相反。

在图 1-1-6 中，方框 A 与 B 均为对外引出两个端钮的元件，把它们称为二端元件。电阻元件、电感元件和电容元件均为无源二端元件。在图 1-1-6（a）中的参考方向下，通过元件 A 的电流为 5 A，说明实际电流的大小为 5 A，实际方向与参考方向相同。在图 1-1-6（b）中的参考方向下，通过元件 B 的电流为 -3 A，说明实际电流的大小为 3 A，实际方向与参考方向相反。其中，用带箭头的虚线表示电流的实际方向，用带箭头的实线表示电流的参考方向。

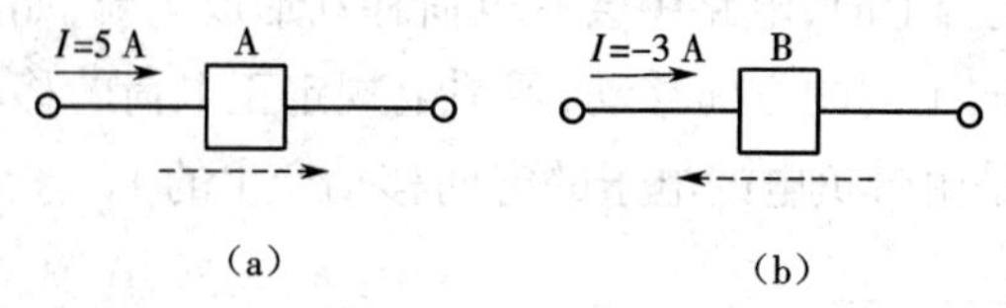

图 1-1-6 电路中的电流方向

在分析电路时，电路图中标出的电流方向一般都指参考方向。电流的方向一般用箭头表示，也可用双下标表示，如 I_{ab} 表示电流方向由 a 到 b。

2）电压及其参考方向

电荷在电场力作用下移动形成电流。在这个过程中，电场力推动电荷运动做功。电压就是用来表示电场力对电荷做功能力的一个物理量。

电压也称电位差（或电势差）。如图 1-1-7 所示，电路中 a、b 两点间的电压用 U_{ab} 表示，其大小为将单位正电荷由点 a 移动到点 b 所需要的能量，即

$$U_{ab}=U_a-U_b=\frac{\mathrm{d}W}{\mathrm{d}q} \tag{1-2}$$

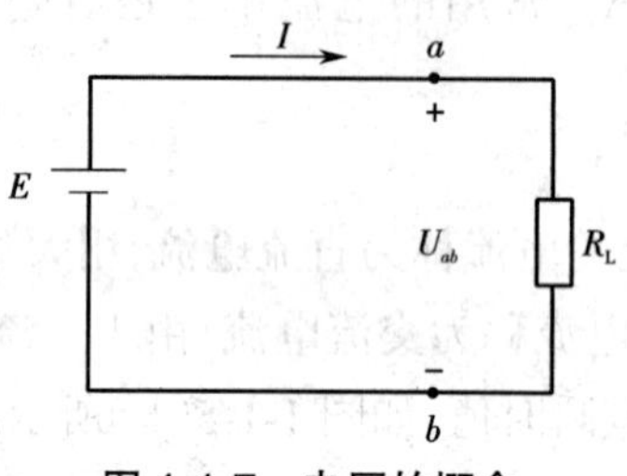

图 1-1-7 电压的概念

电压的单位是伏特（V），规定电场力把 1 C 的正电荷从一点移动到另一点所做的功为 1 J 时，该两点间的电压为 1 V。常用的电压单位还有千伏（kV）、毫伏（mV）和微伏（μV），换算关系如下：

$$1\ \text{kV}=10^3\ \text{V}=10^6\ \text{mV}=10^9\ \mu\text{V}$$

如果电压不随时间变化，则是恒定的直流电压，用大写字母“U”表示；如果电压随时间变化，则是交流电压，用小写字母“u”表示。

电路中，电压的实际方向定义为电场力移动正电荷的方向，也就是电位降低或电压降的方向。该方向可用极性“+”和“-”表示，其中“+”表示高电位，“-”表示低电位；也可用一个箭头或双下标表示，如 U_{ab} 表示电压方向为由 a 到 b。

与电流一样，分析电路时也需先假定电压的参考方向。假定电压的参考方向后，经分析计算得到的电压值也是有正负之分的代数量。在图 1-1-8（a）中的参考方向下，元件 A 两端的电压为 6 V，表示元件 A 两端实际电压的大小为 6 V，方向由 a 到 b，与参考方向相同。在图 1-1-8（b）中的参考方向下，元件 B 两端的电压为 -6 V，表示元件 B 两端实际电压的大小为

6 V，方向由 b 到 a，与参考方向相反。

在分析电路时，电路图中标出的电压方向一般都是参考方向。当电流和电压的参考方向一致时，称为关联参考方向，如图 1-1-8(a)所示；否则为非关联参考方向，如图 1-1-8(b)所示。

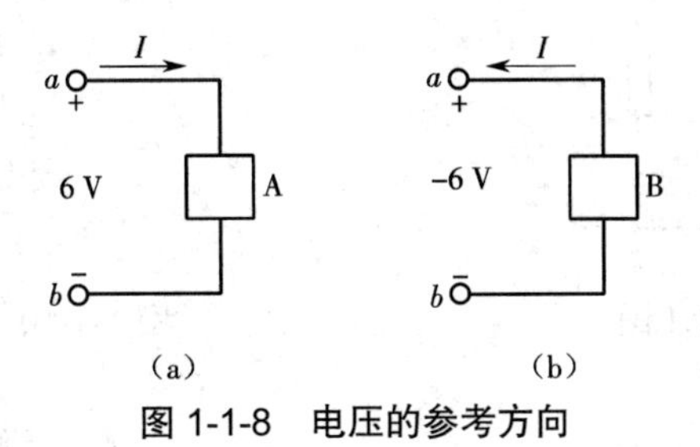

图 1-1-8　电压的参考方向

3)电位与电动势

为了便于分析，在恒定电场中选取某一点 O 为参考点，规定 O 点电位为 0 V，即 $V_O=0$。电场力把单位正电荷 q 从电路某一点 a 沿任意路径移动到参考点 O，电场力所做的功，称为 a 点的电位，记为 V_{aO}，电位单位与电压相同，即伏特(V)。那么，电路中任一点的电位，就是该点与参考点之间的电压。

电路中任意两点之间的电压，等于这两点的电位之差。电路中两点间的电压与参考点的选择无关，而电位因参考点(零电位点)选择的不同而不同。

例 1.1.1　如图 1-1-9 所示，试计算：(1)若以 O 点为参考点，各点的电位以及 U_{bc}；(2)若以 a 点为参考点，各点的电位以及 U_{bc}；(3)由此可得出什么结论？

解　(1)以 O 点为参考点，则

$$I=\frac{10}{4+4+2}=1\text{ A}$$

$$V_a=10\text{ V}$$

$$V_c=2\times1=2\text{ V}$$

$$V_b=10-4\times1=6\text{ V}$$

$$U_{bc}=V_b-V_c=6-2=4\text{ V}$$

(2)以 a 点为参考点，则

$$V_a=0\text{ V}$$

$$V_b=-4\times1=-4\text{ V}$$

$$V_c=-4-4\times1=-8\text{ V}$$

$$U_{bc}=V_b-V_c=-4-(-8)=4\text{ V}$$

(3)由以上计算可得到结论：电路中各点电位是随参考点改变而改变的，而电路中任意两点间的电压是不随参考点改变而改变的。

电动势是一个专门描述电源内部特性的物理量。为了维持导体中电荷源源不断地移动，电源内必须有一种外力来克服电场力将正电荷从 b 端移动到 a 端，这种非电场力把单位正电荷在电源内部由低电位点 b 端移到高电位点 a 端所做的功，称为电动势，用 E 表示。电源电压在数值上与电源电动势相等。电动势是一个标量，但是它和电流一样有规定的方向，电源电动

势的实际方向，规定为从电源内部的“-”极指向“+”极，即电位升高的方向，如图 1-1-10 所示。

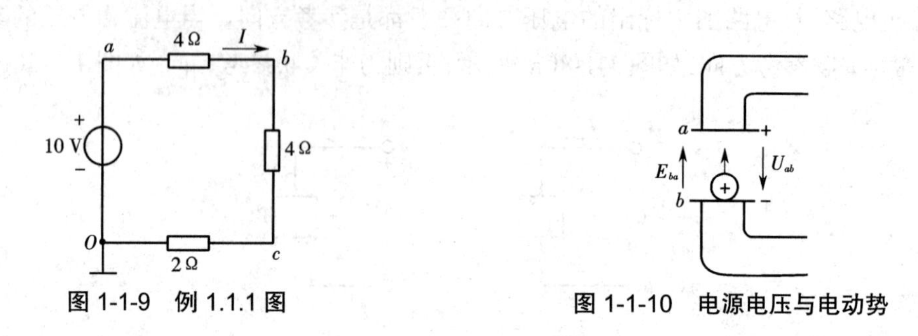

图 1-1-9 例 1.1.1 图　　图 1-1-10 电源电压与电动势

4）电功率与电能

电能量对时间的变化率，也就是电场力在单位时间内所做的功，称为功率。电流在 1 s 内所做的功称为电功率，用来表示电流做功的快慢。设电场力在 dt 时间内所做的功为 dW，则功率可表示为

$$p=\frac{\mathrm{d}W}{\mathrm{d}t} \tag{1-3}$$

式中：p 表示功率。

在国际单位制中，功率的单位是瓦特（W），规定元件 1 s 内提供或消耗 1 J 能量时的功率为 1 W。常用的功率单位还有千瓦（kW）。将式（1-3）等号右边的分子、分母同乘以 dq 后，变为

$$p=\frac{\mathrm{d}W}{\mathrm{d}q}\times\frac{\mathrm{d}q}{\mathrm{d}t}=ui \tag{1-4}$$

所以，元件吸收或发出的功率等于元件上的电压乘以元件上的电流。在直流电路中，这一公式写为

$$P=UI \tag{1-5}$$

电功率就是用来衡量电源输出电能和负载吸收电能本领大小的物理量。在关联参考方向下，如果 $P>0$，表明元件吸收或消耗功率，此时该元件称为负载；如果 $P<0$，表明元件发出功率，此时该元件称为电源。在非关联参考方向下的结论与此相反。

例 1.1.2 如图 1-1-11 所示，I=2 A，U_1=12 V，U_2=−3 V，U_3=9 V，试求各元件吸收（发出）的功率。

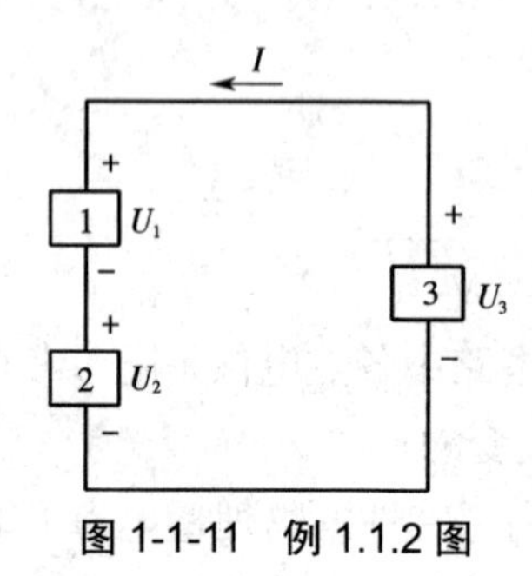

图 1-1-11 例 1.1.2 图

解 元件 1、2 上的电压和电流的参考方向为关联参考方向，其功率分别为

$$P_1=U_1I_1=12\times2=24\ \mathrm{W}\ (\text{吸收功率})$$

$$P_2=U_2I_2=(-3)\times2=-6\ \mathrm{W}(\text{发出功率})$$

元件 3 上的电压和电流的参考方向为非关联参考方向，其功率为

$$P_3 = -U_3 I_3 = -9\times 2\ \text{W} = -18\ \text{W}\ (\text{发出功率})$$

电功是电流所做的功，电流做功的实质是把电能转换成其他形式的能，且有

$$W = \int_0^t p\mathrm{d}t = UIt \qquad (1\text{-}6)$$

$$1\ 度 = 1\ \text{kW}\cdot\text{h} = 1\ 000\ \text{W} \times 3\ 600\ \text{s} = 3.6\times 10^6\ \text{J}$$

电气设备或元件长期正常运行的电流容许值称为额定电流；其长期正常运行的电压容许值称为额定电压；额定电压和额定电流的乘积称为额定功率。通常电气设备或元件的额定值标在产品的铭牌上。如一只白炽灯上标有“220 V·40 W”，表示其额定电压为 220 V，额定功率为 40 W。如果通过实际元件的电流过大，会导致元件温度升高，从而使元件的绝缘材料损坏，甚至使导体熔化；如果电压过大，会击穿绝缘体。所以，必须对电流和电压加以限制。

1.1.2　电路的基本规律

扫一扫：PPT- 电路的基本规律

1. 电阻元件

1）电阻元件的图形和文字符号

扫一扫：电阻元件

文档

PPT

电路中的耗能元件均可用电阻元件等效，如白炽灯、电炉等。电阻以 R 表示，电阻的单位为欧姆，简称欧（Ω），此外还常用千欧（kΩ）、兆欧（MΩ）等单位，换算关系如下：

$$1\ \text{M}\Omega = 10^3\ \text{k}\Omega = 10^6\ \Omega$$

电阻的倒数称为电导，用 G 表示，即 $G=1/R$，电导的单位为西门子（S）。

金属导体中的自由电子在做定向运动时，要跟金属正离子频繁碰撞，每秒的碰撞次数高达 10^{15} 次，这些碰撞阻碍了自由电子的定向运动，表示这种阻碍作用的物理量就称为电阻，用 R 表示。

在电路图中，常用理想电阻元件来反映导体对电流的这种阻碍作用。任何物体都有电阻，常见电阻如图 1-1-12 所示。电阻元件的图形符号如图 1-1-13 所示。

图 1-1-12　常见电阻

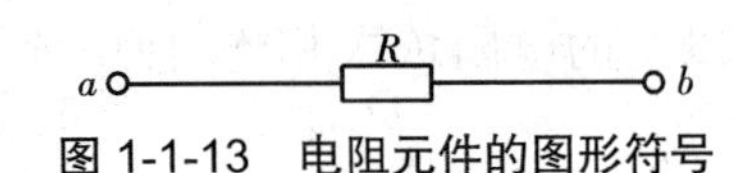

图 1-1-13　电阻元件的图形符号

导体的电阻是由它本身的物理条件决定的。不同的导体对电流的阻碍作用不同。在保持温度不变的条件下，实验结果表明，电阻值的大小与电阻率、导体的长度、导体的横截面面积有关，即

$$R=\rho\frac{l}{A} \tag{1-7}$$

式中：l 为导体长度（m）；A 为导体横截面面积（m^2）；ρ为导体的电阻率（$\Omega\cdot m$）。

2）电阻元件的电压、电流关系

欧姆定律反映了电路中电流、电压及电阻间的依存关系。实验证明，电阻两端的电压与通过它的电流成正比，这就是欧姆定律。如图 1-1-14（a）所示，欧姆定律可用公式表示为

$$u=Ri \tag{1-8}$$

注意：通过电阻元件的电流和加在电阻元件两端的电压的实际方向总是一致的，因此只有电压与电流为关联参考方向时式（1-8）才成立。如图 1-1-14（b）所示，电压与电流为非关联参考方向时，则欧姆定律应用下式表示为

$$u=-Ri \tag{1-9}$$

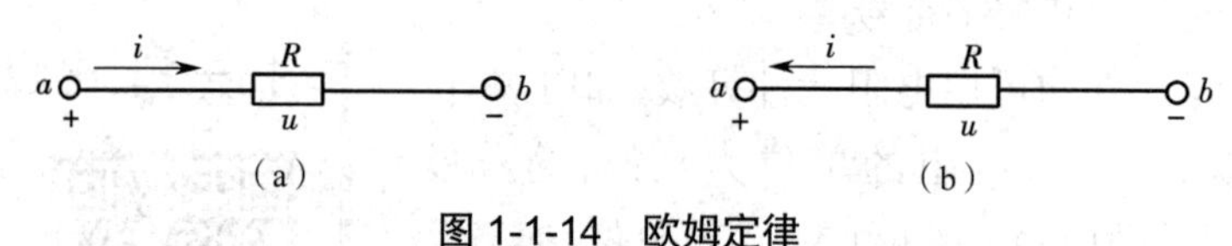

图 1-1-14　欧姆定律

除了上述表达式外，电阻元件的电压、电流关系还可以用图形表示。在直角坐标系中，如果以电压为横坐标，电流为纵坐标，可画出电阻的电压 - 电流关系曲线，这条曲线被称为电阻元件的伏安特性曲线，如图 1-1-15 所示。

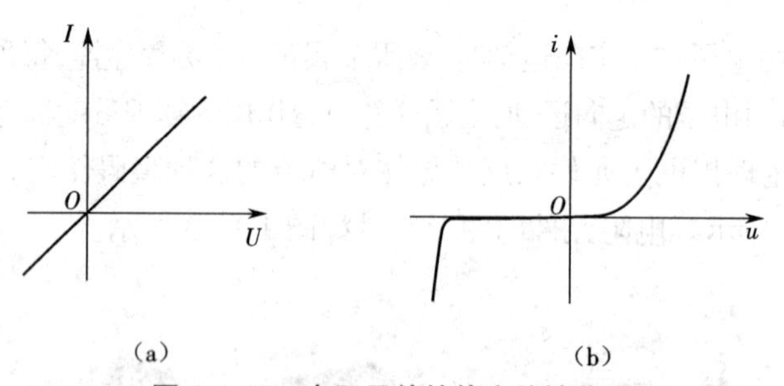

图 1-1-15　电阻元件的伏安特性曲线

如果电阻元件的伏安特性曲线是直线，此电阻元件称为线性电阻，即此电阻元件的电阻值可以认为是不变的常数，直线斜率的倒数即为该电阻元件的阻值，如图 1-1-15（a）所示。如果电阻元件的伏安特性曲线不是直线，则此电阻元件称为非线性电阻（如半导体二极管），如图 1-1-15（b）所示。通常所说的电阻都是指线性电阻。

3）电阻的串联与并联

电阻的串联是指将两个及以上的电阻依次相连，使电流只有一条通路的连接方式，如图 1-1-16（a）所示。

电阻的并联是指将两个及以上的电阻并列地连接在两点之间,使每个电阻两端都承受同一电压的连接方式,如图 1-1-16(b)所示。

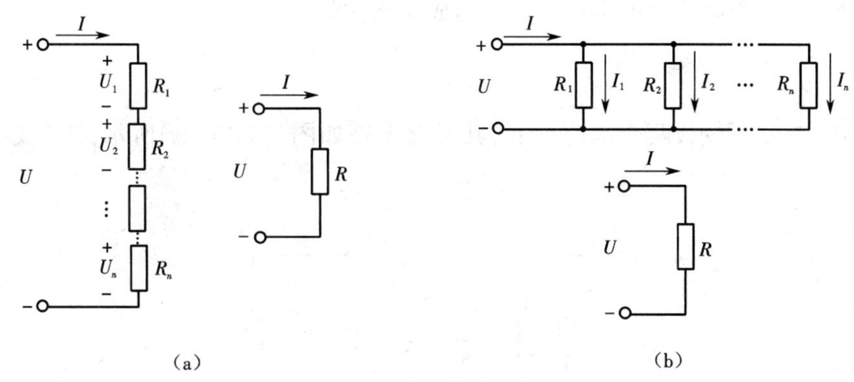

图 1-1-16　电阻的串联与并联

Ⅰ. 电阻的串联

电流:流过各电阻的电流相同,即

$$I=I_1=I_2=I_3=\cdots=I_n \tag{1-10}$$

电压:电路两端的总电压等于各电阻两端电压之和,即

$$U=U_1+U_2+U_3+\cdots+U_n \tag{1-11}$$

等效电阻:电路的等效电阻等于各电阻之和,即

$$R=R_1+R_2+R_3+\cdots+R_n \tag{1-12}$$

功率:电路中消耗的总功率等于各电阻消耗的功率之和,即

$$P=P_1+P_2+P_3+\cdots+P_n=I^2(R_1+R_2+R_3+\cdots+R_n)=I^2R \tag{1-13}$$

注意:电阻串联时,各电阻消耗的功率与电阻大小成正比;等效电阻消耗的功率等于各串联电阻消耗功率的总和。

Ⅱ. 电阻的并联

电流:电路中的总电流等于各电阻中的电流之和,即

$$I=I_1+I_2+I_3+\cdots+I_n \tag{1-14}$$

电压:各电阻两端的电压相同,即

$$U=U_1=U_2=U_3=\cdots=U_n \tag{1-15}$$

等效电阻:电路等效电阻的倒数等于各电阻的倒数之和,即

$$\frac{1}{R}=\frac{1}{R_1}+\frac{1}{R_2}+\cdots+\frac{1}{R_n} \tag{1-16}$$

为了书写方便,电路等效电阻与各并联电阻之间的关系常写成

$$R=R_1//R_2//\cdots//R_n \tag{1-17}$$

功率:电路中消耗的总功率等于各电阻消耗的功率之和,即

$$P=UI=\frac{U^2}{R_1}+\frac{U^2}{R_2}+\cdots+\frac{U^2}{R_n}=\frac{U^2}{R} \tag{1-18}$$

注意:电阻并联时,各电阻消耗的功率与电阻大小成反比;等效电阻消耗的功率等于各并联电阻消耗功率的总和。

并联电阻中,各电阻流过的电流与电阻值成反比,即

$$I_k = \frac{U}{R_k} \tag{1-19}$$

如图 1-1-17(a)所示,两个电阻并联,其等效电路如图 1-1-17(b)所示,其有如下关系表达式。

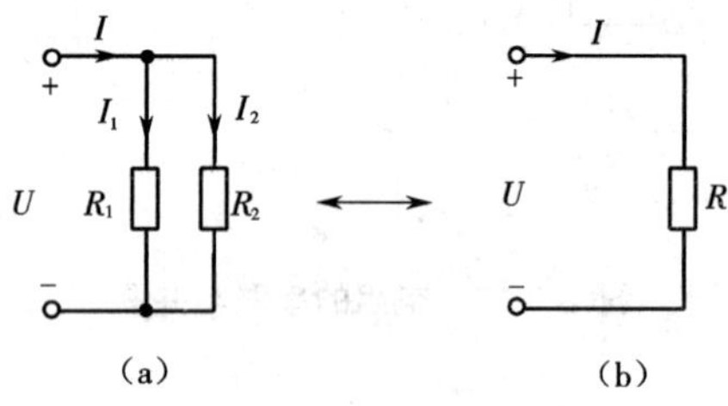

图 1-1-17 电阻的并联

等效电阻为

$$R = \frac{R_1 R_2}{R_1 + R_2} \tag{1-20}$$

支路电流分别为

$$I_1 = \frac{R_2}{R_1 + R_2} I \tag{1-21}$$

$$I_2 = \frac{R_1}{R_1 + R_2} I \tag{1-22}$$

式(1-21)和式(1-22)为两个电阻并联的分流公式,较常使用。

Ⅲ. 电阻的混联

电路中电阻元件既有串联又有并联的连接方式,称为混联,如图 1-1-18 所示。

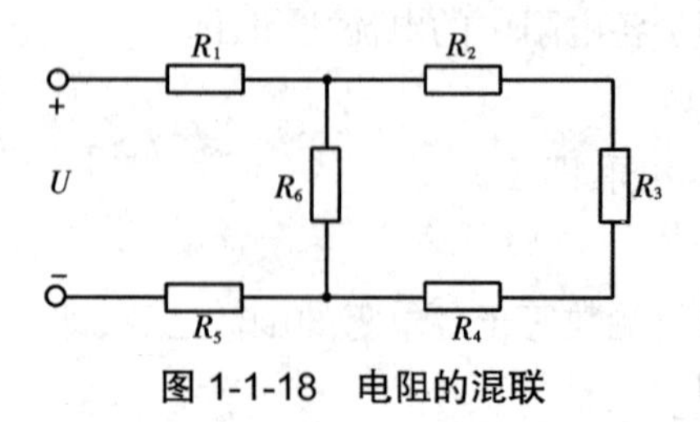

图 1-1-18 电阻的混联

对于混联电路的计算,要根据电路的具体结构,按串、并联的定义和性质以及计算方法,一步步将电路化简,并进行电路的等效变换,最后就可求出总的等效电阻。

应注意以下几点。

(1)电路等效变换的条件:两个电路具有相同的电压、电流关系。

(2)电路等效变换的对象:未变化的外电路中的电压、电流和功率(即对外等效,对内不等效)。

（3）电路等效变换的目的：化简电路，方便计算。

例 1.1.3　如图 1-1-19 所示，试求 R_{ab}、R_{cd}。

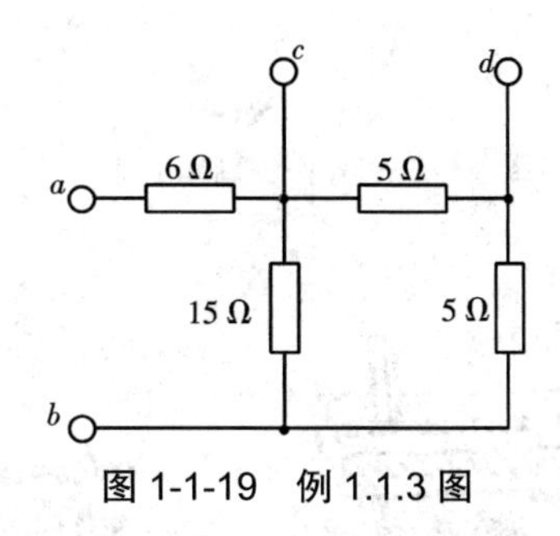

图 1-1-19　例 1.1.3 图

解　$R_{ab}=(5+5)//15+6=12\ \Omega$

$R_{cd}=(15+5)//5=4\ \Omega$

注意：等效电阻针对端口而言。

求解混联电路的一般步骤：

（1）求出等效电阻或等效电导；

（2）应用欧姆定律求出总电压或总电流；

（3）应用欧姆定律或分压、分流公式求出各电阻上的电流和电压。

4）电阻的选用

在生产实际中，利用导体对电流产生阻碍作用的特性而专门制造的具有一定阻值的实体元件，称为电阻器，简称电阻。这样，电阻一词既表示元件，又表示物理量。

Ⅰ. 电阻器的作用与分类

电阻器是一种耗能元件，在电路中用于控制电压、电流的大小，或与电容器和电感器组成具有特殊功能的电路等。

为了适应不同电路和不同工作条件的需要，电阻器的品种规格很多，可分为固定式和可变式两大类，图 1-1-20（a）和（b）分别示出了固定式电阻器和可变式电阻器的外形。固定式电阻器按其制造材料的不同，又可分为金属线绕式和膜式两类。

Ⅱ. 电阻器的主要参数

电阻器的参数很多，如标称阻值、允许误差和额定功率、最高工作温度、最高工作电压等。在实际应用中，一般应当考虑标称阻值、允许误差和额定功率三项参数。

电阻器的标称阻值是指电阻器表面所标的阻值，它是按国家规定的阻值系列标注的。因此，选用电阻器时，必须按国家对电阻器的标称阻值范围进行选用，如 E24 系列中的 1.5 Ω、15 Ω、150 Ω、1.5 kΩ、15 kΩ。

电阻器的实际阻值并不完全与标称阻值相等，而是存在误差。实际阻值相对于标称阻值的最大允许偏差范围称为电阻器的允许误差。通用电阻的允许误差等级为 ±5%、±10%、±20%。

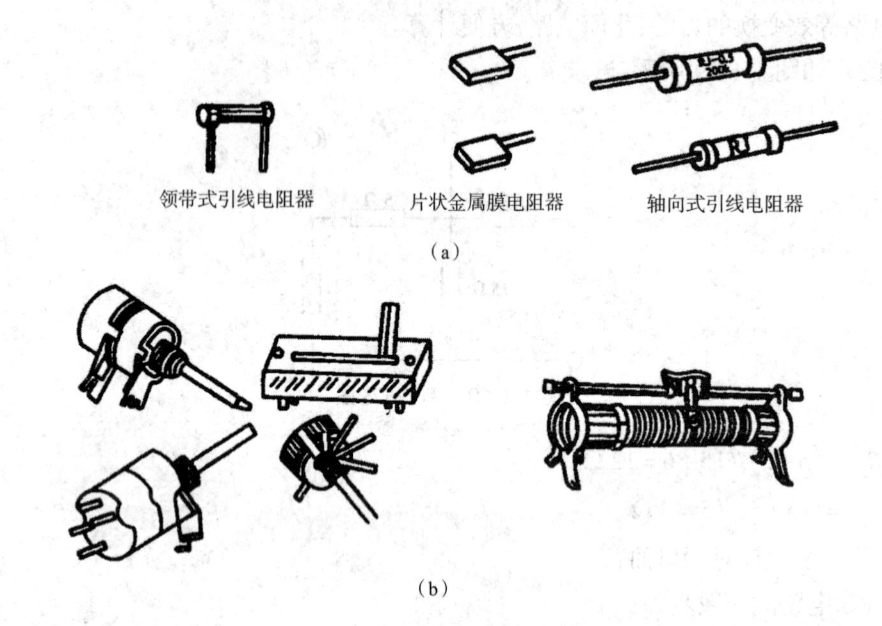

图 1-1-20 几种常用电阻器的外形

电阻器的标称功率也称为额定功率,它是指在规定的气压、温度条件下,在交流或直流电路中电阻器长期连续工作所允许消耗的最大功率。一般情况下,所选用电阻器的额定功率应大于实际消耗功率的 2 倍左右,以保证电阻器可靠工作。

Ⅲ. 电阻器的标注方法

标称阻值、允许误差、额定功率等电阻器的参数一般都标注在电阻体的表面上。电阻器的标注方法常采用直接标注法和色标法两种。

直接标注法是将电阻器的主要参数用数字和文字符号直接在电阻体表面上标注出来的方法。

色标法是用颜色表示电阻器的各种参数,不同颜色代表不同含义,并直接标示在电阻体表面上的方法。它具有颜色醒目、标志清晰等特点,在国际上被广泛使用。

各种固定式电阻器色标如表 1-1-2 所示。

表 1-1-2 固定式电阻器色标

颜色	有效数字	乘数	允许误差/%	颜色	有效数字	乘数	允许误差/%
银色	—	10^{-2}	±10	黄色	4	10^{4}	—
金色	—	10^{-1}	±5	绿色	5	10^{5}	±0.5
黑色	0	10^{0}	—	蓝色	6	10^{6}	±0.2
棕色	1	10^{1}	±1	紫色	7	10^{7}	±0.1
红色	2	10^{2}	±2	灰色	8	10^{8}	—
橙色	3	10^{3}	—	白色	9	10^{9}	+50,-20

电阻器的色环通常有四道，其中前三道相距较近，作为电阻值标注；另一道距前三道较远，作为误差标注。第一道、第二道各代表一个数值，第三道表示乘数，第四道表示允许误差。

电阻器的色环也可有五道，其中前四道相距较近，作为电阻值标注；另一道距前四道较远，作为误差标注。第一道、第二道、第三道各代表一个数值，第四道表示乘数，第五道表示允许误差。

注意：色环电阻自左向右识读；相距较近的色环放在左边；采取科学计数法写最后的阻值。

查表可知，图 1-1-21 所示四色环电阻器的阻值为 $10\times10^2\ \Omega=1\ 000\ \Omega=1\ \mathrm{k}\Omega$，允许误差为 ±5%。

查表可知，图 1-1-22 所示五色环电阻器的阻值为 $294\times10\ \Omega=2.94\ \mathrm{k}\Omega$，允许误差为 ±0.1%。

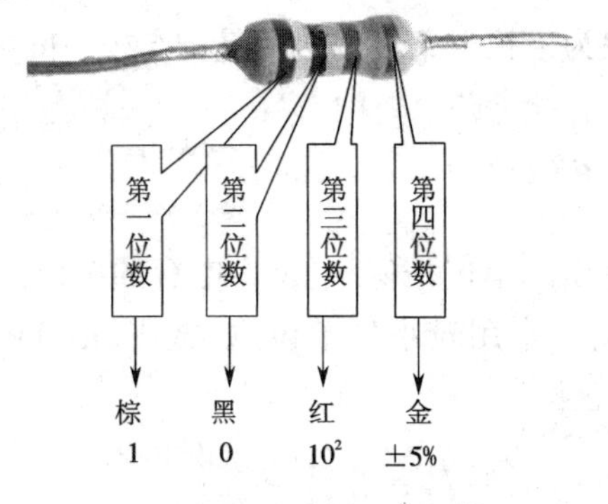

图 1-1-21　四色环电阻器

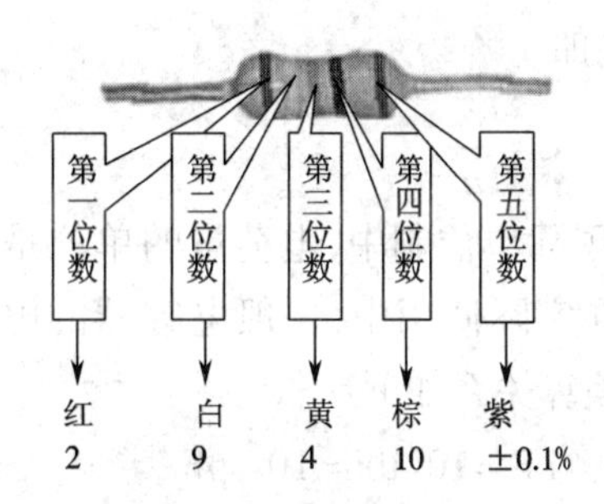

图 1-1-22　五色环电阻器

Ⅳ. 电阻器的选用

根据电路的具体要求选择电阻器的类型、阻值、允许误差和额定功率。在一般电路中，可选用允许误差为 ±10% 的 E12 系列电阻器，在对电阻器要求高的电路中可采用精密电阻器。在选用电阻器时，还必须考虑电阻器的额定功率，否则电阻器将会过热而损坏。

2. 电容元件

扫一扫：电容元件

文档

PPT

1）电容元件的图形和文字符号

电容元件是一种能够储存电场能量的元件，是实际电容器的理想化模型。在电子技术中，电容器用于滤波、移相、选频等电路，还能起到隔直的作用；在电力系统中，电容器能起到提高系统功率因数的作用。

两块金属板中间以绝缘材料相隔，并引出两个极，就可形成平行板电容器，如图 1-1-23（a）所示。其中的金属板称为极板，两块极板之间的绝缘材料称为介质。图 1-1-23（b）为电容器的一般表示符号。

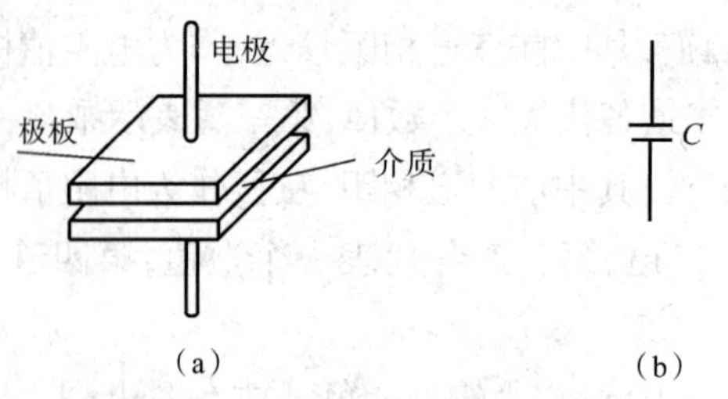

图 1-1-23 平行板电容器及其符号

如果将电容器的两块极板分别接到直流电源的正、负极上，则两块极板上分别聚集起等量异种电荷，与电源正极相连的极板带正电荷，与电源负极相连的极板带负电荷，这样极板之间便产生了电场。实践证明，对于同一个电容器，加在两块极板上的电压越高，极板上储存的电荷就越多，且电容器任一极板上的带电荷量与两块极板之间的电压的比值是一个常数，这一比值就称为电容量，简称电容，用 C 表示。电容的大小为极板上聚集的电荷量 q 与极板间电压 u 的比值，即

$$C=\frac{q}{u} \tag{1-23}$$

在国际单位制中，电荷量的单位是库仑（C），电压的单位是伏特（V），电容的单位是法拉（F）。在实际使用中，一般电容器的电容量都较小，故常用较小的单位，如微法（μF）和皮法（pF），换算关系如下：

$$1\ \text{F}=10^{6}\ \mu\text{F}=10^{12}\ \text{pF}$$

如图 1-1-24 所示，当电容两端的电压 u_C 与流入正极板的电流 i_C 在关联参考方向下时，有

$$i_C=\frac{\mathrm{d}q}{\mathrm{d}t} \tag{1-24}$$

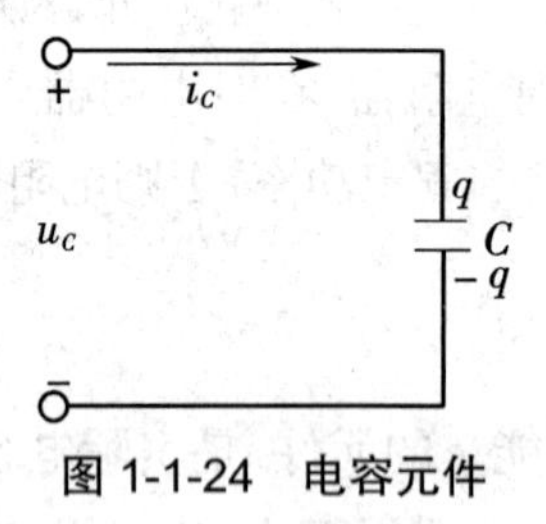

图 1-1-24 电容元件

把式（1-23）代入式（1-24），得

$$i_C=C\frac{\mathrm{d}u}{\mathrm{d}t} \tag{1-25}$$

从式（1-25）可以看出，电流与电容两端电压的变化率成正比。当电压为直流时，电流为零，电容相当于开路。

电容元件两端的电压与通过的电流在关联参考方向下，从 0 到 τ 的时间内，电容元件所吸收的电能为

$$w_C=\frac{1}{2}Cu^2(\tau) \tag{1-26}$$

式(1-26)表明,电容元件是储能元件,储能的多少与电压的二次方成正比。当电压升高时,储能增加,电容元件吸收能量;当电压降低时,储能减少,电容元件释放能量。

2)电容的串联与并联

电容的串联是指将几个电容的极板首尾依次相接,连成一个无分支电路的连接方式,如图1-1-25(a)所示。

电容的并联是指将几个电容的正极连在一起,负极也连在一起的连接方式,如图1-1-25(b)所示。

在电路分析时,电容的串、并联也可等效成类似于电阻串、并联一样的电路,如图1-1-25(c)所示。

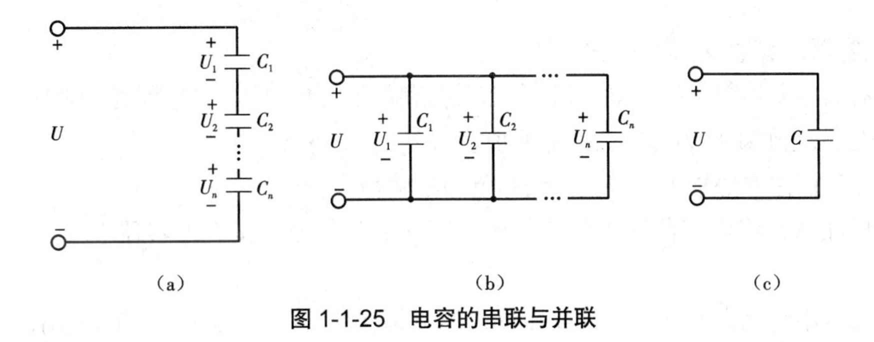

图 1-1-25　电容的串联与并联

Ⅰ.电容的串联

电容串联时,由于静电感应,每个电容带的电荷量都相等,总电压等于各个电容上的电压之和,即

$$U=U_1+U_2+\cdots+U_n \qquad (1-27)$$

等效电容 C 的倒数等于各个电容的电容值倒数之和,即

$$\frac{1}{C}=\frac{1}{C_1}+\frac{1}{C_2}+\cdots+\frac{1}{C_n} \qquad (1-28)$$

Ⅱ.电容的并联

电容并联时,每个电容两端的电压相等,各个电容储存的总电荷量 q 等于各个电容所带电荷量之和,即

$$q=q_1+q_2+\cdots+q_n \qquad (1-29)$$

等效电容 C 等于各个电容的电容值之和,即

$$C=C_1+C_2+\cdots+C_n \qquad (1-30)$$

3)常用电容器及其选用

Ⅰ.电容器的分类

电容器有很多种类,按电容量的固定与否,可以分为固定式电容器、可变式电容器和半可变式电容器三类;按介质材料的不同,可分为气体介质电容器、液体介质电容器、无机固体电容器、电解电容器等;按阳极材料的不同,可分为铝电解电容器、钽电解电容器、钛电解电容器、铌电解电容器等;按极性的不同,可分为极性电容器、无极性电容器。常用电容器的外形及图形

符号如图 1-1-26 所示。

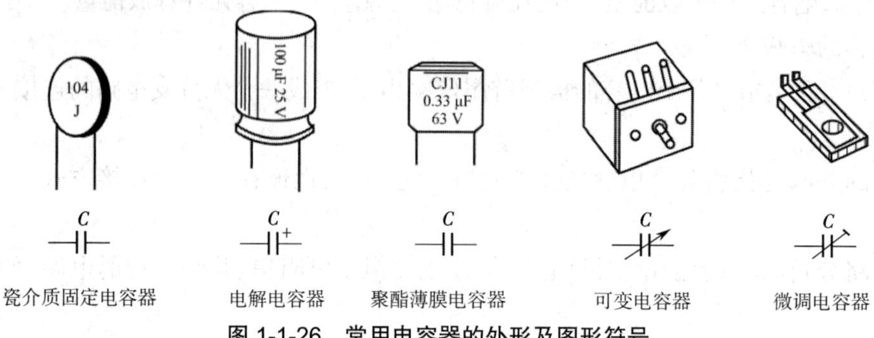

图 1-1-26 常用电容器的外形及图形符号

Ⅱ. 电容器的参数及标注方法

电容器的主要性能指标有电容值、允许误差和额定工作电压，这些数值一般都直接标在电容器的外壳上，它们统称为电容器的标称值。

电容器的标注方法常用直接标注法和色标法两种。

直接标注法是将电容器的主要参数用数字和文字符号直接在电容器表面上标注出来的方法。

色标法是用颜色表示电容器的各种参数，不同颜色代表不同含义，并直接标示在产品上的方法。它具有颜色醒目、标示清晰等特点，在国际上被广泛使用。

各种电容器色标与电阻器色标相似，识读方法也相似。

Ⅲ. 电容器的选用

在选用电容器时，首先要根据电路要求选择电容器的类型，在电源滤波电路中可选用电解电容器；在低频耦合、旁路电路等场合可选用纸介电容器和电解电容器；在高频电路中一般可选用云母电容器和瓷介电容器。在选用电容器时，必须同时考虑它的容量和额定工作电压。

扫一扫：电感元件

文档

PPT

3. 电感元件

1）电感元件的图形和文字符号

电感元件是一种能够储存磁场能量的元件，是实际电感器的理想化模型。电感器是用绝缘导线在绝缘骨架上绕制而成的线圈，所以也称电感线圈。

电感线圈通以电流就会产生磁场，磁场的强弱可用磁通量 Φ 表示，方向可用右手螺旋定则判别。如图 1-1-27（a）所示，磁通量 Φ 与线圈匝数 N 的乘积称为磁链（$\Psi=N\Phi$）。当磁通量 Φ 和磁链 Ψ 的参考方向与电流 i 的参考方向之间满足右手螺旋定则时，有

$$\Psi=Li \tag{1-31}$$

式中：L 称为自感系数，又称电感量，简称电感。它反映一个线圈在通以一定的电流 i 后所能产生磁链 Ψ 的能力，电感是表明线圈电工特性的一个物理量。

$$L=\frac{\Psi}{i} \tag{1-32}$$

在国际单位制中，磁通量 Φ 和磁链 Ψ 的单位是韦伯（Wb），电感 L 的单位是亨利（H）。常用电感单位有毫亨（mH）、微亨（μH），换算关系如下：

$$1\,\mathrm{H}=10^{3}\,\mathrm{mH}=10^{6}\,\mu\mathrm{H}$$

当电感是常数时，称为线性电感，电感的图形符号如图 1-1-27（b）所示。

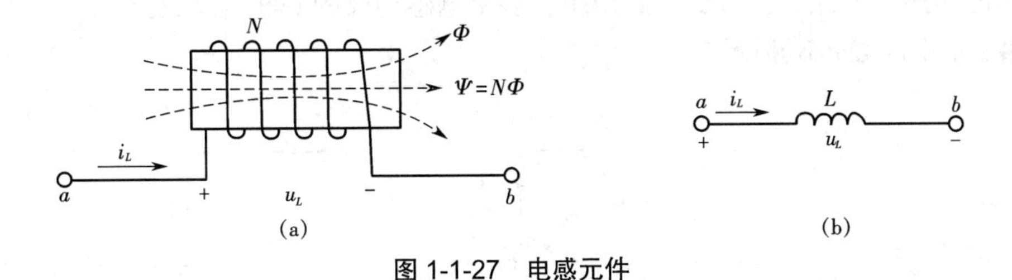

图 1-1-27 电感元件

当电感元件两端的电压 u_L 与通过电感元件的电流 i_L 在关联参考方向下时，根据楞次定律有

$$u_L=\frac{\mathrm{d}\Psi}{\mathrm{d}t} \tag{1-33}$$

把式（1-31）代入式（1-33），有

$$u_L=L\frac{\mathrm{d}i_L}{\mathrm{d}t} \tag{1-34}$$

从式（1-34）可以看出，在任何时刻，线性电感元件的电压与该时刻电流的变化率成正比。当电流不随时间变化（直流电流）时，即电感电压为零，电感元件相当于短接。

电感元件两端的电压与通过电感元件的电流在关联参考方向下，从 0 到 τ 的时间内，电感元件所吸收的电能为

$$w_L=\frac{1}{2}Li^2(\tau) \tag{1-35}$$

式（1-35）表明，电感元件是储能元件，储能的多少与电流的二次方成正比。当电流增大时，储能增加，电感元件吸收能量；当电流减小时，储能减少，电感元件释放能量。

2）电感的串联与并联

Ⅰ. 电感的串联

电感的串联是指把两个或两个以上的电感连接成一串的连接方式，如图 1-1-28（a）所示。多个电感构成的串联电路，也可以用一个等效电感来代替，如图 1-1-28（b）所示。

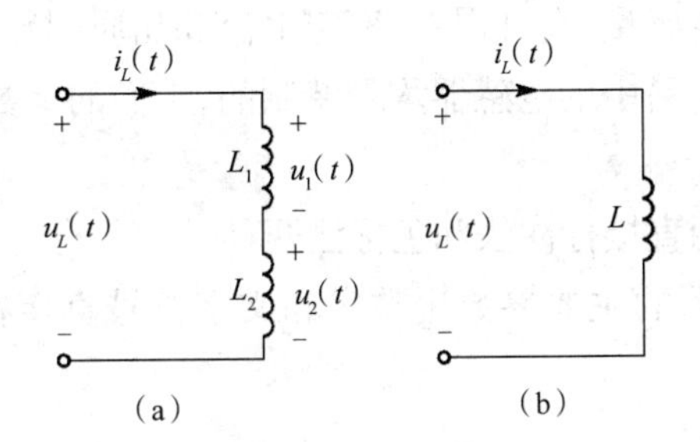

图 1-1-28 电感的串联

若两个电感串联，则其等效电感为

$$L=L_1+L_2 \tag{1-36}$$

Ⅱ. 电感的并联

电感的并联是指把两个或两个以上的电感并列地连接在两点之间，使每个电感两端承受相同电压的连接方式，如图 1-1-29（a）所示。多个电感构成的并联电路，也可以用一个等效电感来代替，如图 1-1-29（b）所示。

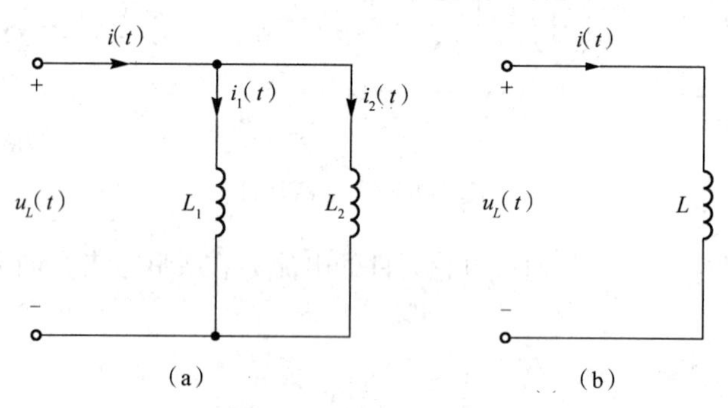

图 1-1-29 电感的并联

若两个电感并联，则其等效电感满足

$$\frac{1}{L}=\frac{1}{L_1}+\frac{1}{L_2} \tag{1-37}$$

将式（1-37）化简得

$$L=\frac{L_1L_2}{L_1+L_2} \tag{1-38}$$

3）常用电感器及其选用

Ⅰ. 电感器的分类

电感器按照形式不同，可分为固定电感器、可变电感器、微调电感器；按照性质不同，可分为空心线圈电感器、磁芯线圈电感器；按照结构不同，可分为单层线圈电感器、多层线圈电感器。

常用电感器的外形及图形符号如图 1-1-30 所示。

Ⅱ. 电感器的参数及标注方法

电感器的主要参数有电感量、允许误差、额定电流和品质因数等。电感量参数一般直接标注在电感器上，在中、高频电路中的电感器均是特制的，它们的参数以某种型号代替，如电视机高频调谐器中的电感器。

电感器的标注方法常用直接标注法和色标法两种。

直接标注法是将电感器的主要参数用数字和文字符号直接在电感器表面上标注出来的方法。

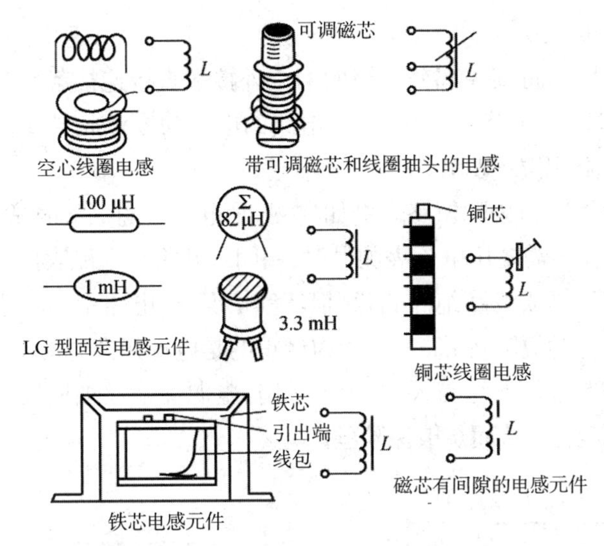

图 1-1-30　常用电感器的外形及图形符号

色标法是用颜色表示电感器的各种参数，不同颜色代表不同含义，并直接标示在产品上的方法。它具有颜色醒目、标示清晰等特点，在国际上被广泛使用。

各种电感器色标与电阻器色标相似，识读方法也相似。

Ⅲ. 电感器的选用

在选用电感器时，首先要根据电路要求选择电感器的类型，同时必须考虑它的容量和额定工作电流。

1.1.3　电路的工作状态

扫一扫：电路的工作状态

文档

PPT

电路在不同的工作条件下会呈现不同的工作状态，也会有不同的特点。充分了解电路不同的工作状态和特点对安全用电与正确使用各种类型的电气设备是十分必要的。直流电路的工作状态包括开路状态、短路状态、额定工作状态。

1. 开路状态

当某一部分电路的外接端断开时，这部分电路外接端没有电流流过，则这部分电路所处的状态称为开路。也就是说，其电源与负载未构成闭合路径，此时电流 $I=0$，断开处的电压称为开路电压，用 U_{OC} 表示。开路有时也称为断路。

如图 1-1-31 所示，当开关 S 未接通时，电路中的负载不工作，电流 $I=0$，电源的端电压即为开路电压 U_{OC}。

在实际生活中，用开关控制灯泡的亮与灭，当合上开关后灯泡不亮时，说明电路中有开路（断路），即电路中某一处断开了，没有电流通过。

开路特点：开路状态电流为零，负载不工作，$U=IR=0$，而开路处的端电压 $U=U_S$。

2. 短路状态

当用导线(电阻为 0)将某一部分电路的两个外接端直接连接起来时,这部分电路所处的状态称为短路(或短接)。短路时,短路部分电路的电压为零。此导线称为短路线,流过短路线的电流称为短路电流,用 I_{SC} 表示。

短路可分为有用短路和故障短路。例如,在测量电路中的电流时常将电流表串联到电路中,为了保护电流表,在不需要用电流表测量时,用闭合开关将电流表两端短路,这种短路称为有用短路。由于接线不当或线路绝缘老化、损坏等情况,使电路中本不应该连接的两点相连,造成电路故障的情况称为故障短路,其中最为严重的是电源短路,如图 1-1-32 所示。例如,在实际生活中用开关控制电灯的亮与灭,合上开关时,电源保险丝很快被烧坏,这是因为电路中有短路,造成电流急剧增大,从而烧毁保险丝。

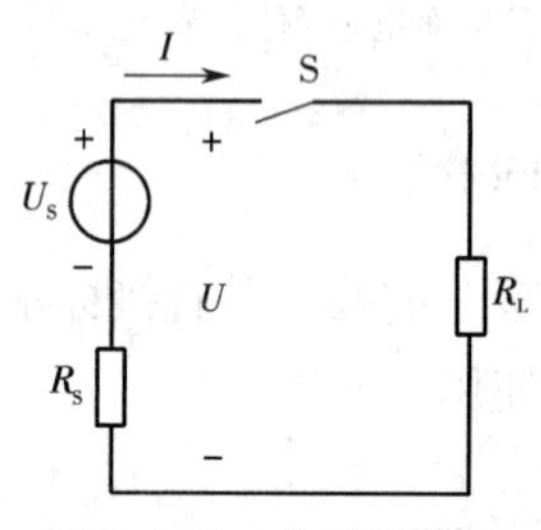

图 1-1-31 电路开路图

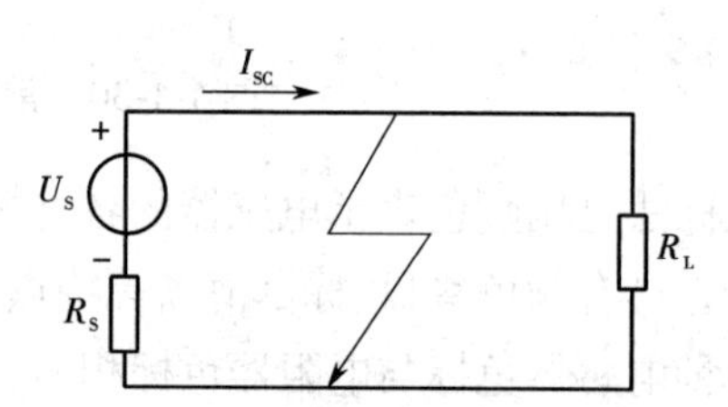

图 1-1-32 电路故障短路图

一般电源的内阻 R_S 都很小,电路短路时,电流 $I_S = U_S/R_S$ 将很大,瞬间放热量很大,很容易烧毁电源,引起事故。发生短路的原因往往是绝缘损坏或接线不慎。短路事故是非常严重的事故,在工作中应尽量避免。此外,还必须在电路中接入熔断器等短路保护装置,以便发生短路时,过大的电流将熔断器烧断,从而迅速将电源与短路部分电路切断,确保电路安全。

3. 额定工作状态

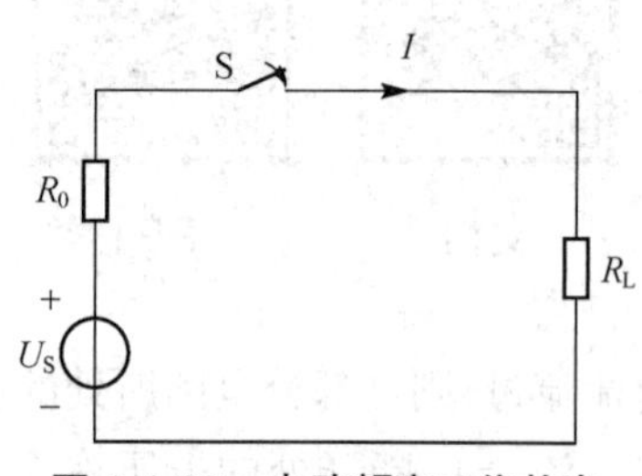

图 1-1-33 电路额定工作状态

电路器件和电气设备所能承受的电压和电流有一定的限度,其工作电压、电流、功率都有一个规定的正常使用的数值,这一数值称为设备的额定值,电气设备在额定值工作时的状态称为额定工作状态,如图 1-1-33 所示。

例如,一盏电灯上标注的电压 220 V 和功率 100 W,都是它的额定值。大多数电气设备(如电灯、电炉等)的寿命与其绝缘材料的耐热性能及绝缘强度有关。当电流超过额定值过多时,由于电气设备的发热速度远大于散热速度,设备的温度将很快上升,使绝缘层迅速老化、损坏;而当所加电压超过额定值过多时,绝缘材料可能被击穿。对电灯、电炉和电阻器来说,电压过高或电流过大,其灯丝或电阻丝将烧毁;反之,如果电压或电流远低于其额定值,电气设备将无法在正常情况下工作,就不能发挥其作用。一般来说,电气设备处于额定工作状态是最经济合理和安全可靠的,并能保证电气设备有一定的使用寿命。

电气设备的额定值常标在铭牌上或写在说明书中。额定电压、额定电流、额定功率和额定电阻分别用 U_N、I_N、P_N 和 R_N 表示。习惯上，电气开关标注 U_N 和 I_N；电烙铁、电炉等标注 U_N 和 P_N；一般金属膜电阻和线绕电阻标注 P_N 和 R_N；电机专用的铸铁调速电阻标注 I_N 和 R_N。

1.1.4　简单电路的分析方法

扫一扫：简单电路分析方法

文档

PPT

电路中要有电流通过，就必须使它的两端有电压；要产生和保持有电压，就必须有能够提供电能的电源。电源是将其他形式的能量转换成电能的装置，它可用两种不同的电路模型表示。用电压形式表示的电源称为电压源；用电流形式表示的电源称为电流源。

下面主要介绍电路中的电压源与电流源的主要特性和电源的等效变换，等效变换是电工技术中常用的电路分析方法，需要重点掌握。

1. 电压源

电源在产生电能的同时，也有能量的消耗，人为地把电源消耗的电能视为一个称作内阻的电阻所消耗的电能，那么任何一个实际电源都可以用一个理想电压源 U_S 和内阻 R_0 相串联的电路模型来表示，这种电路模型称为电压源模型，简称电压源。

理想电压源的特点是能够提供确定的电压，即理想电压源的电压不随电路中电流的改变而改变，所以理想电压源也称恒压源。电池和发电机都可以近似看作恒压源。图 1-1-34(a)是电压源的模型符号，图 1-1-34(b)是直流电压源的伏安特性。电池示例如图 1-1-35 所示。

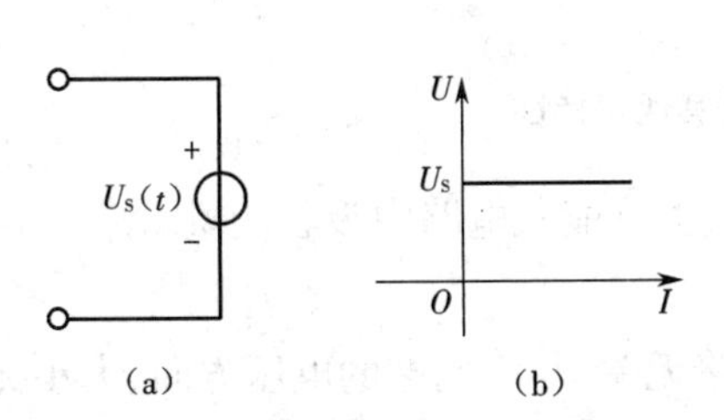

图 1-1-34　理想电压源及其伏安特性

图 1-1-35　电池示例

从图 1-1-36(a)可以看出，电压源两端电压不随外电路的改变而改变。直流电压源也可用图 1-1-36(b)的符号表示。

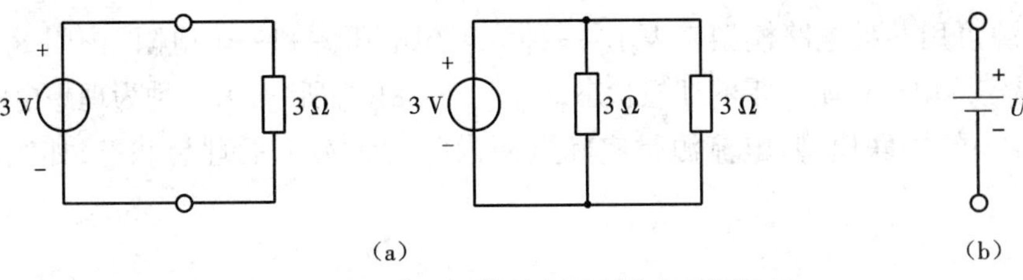

图 1-1-36　电压源的特点及直流电压源符号

当电流流过电压源时，如果从低电位流向高电位，则电压源向外提供电能，发出功率；如果从高电位流向低电位，则电压源吸收电能，吸收功率，如电池充电的情况。

注意：

（1）电压源两端的电压由电源本身决定，与外电路无关，与流经它的电流方向、大小无关；

（2）通过电压源的电流由电源及外电路共同决定；

（3）理想电压源不能短路；

（4）电压源置零，相当于短路。

2. 电流源

一个实际电源除可以用电压源模型表示外，还可以用电流源模型表示，任何一个实际电源都可以用一个理想电流源 I_S 和内阻 R_0 相并联的电路模型来表示，这种电路模型称为电流源模型，简称电流源。

理想电流源的特点是能够提供确定的电流，即理想电流源的电流不随电路中电压的改变而改变，所以理想电流源也称恒流源。图 1-1-37（a）是电流源的模型符号，它既可以表示直流恒流源，也可以表示交流恒流源，其中箭头指示电流的方向；图 1-1-37（b）是直流电流源的伏安特性。

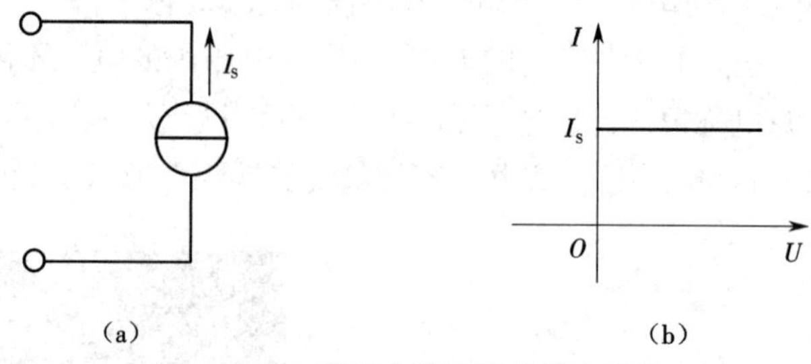

图 1-1-37 理想电流源及其伏安特性

与电压源一样，电流源不仅能够为电路提供能量，也可能从电路中吸收能量。

注意：

（1）电流源输出的电流由电源本身决定，与外电路无关，与它两端的电压方向、大小无关；

（2）电流源两端的电压由电源及外电路共同决定；

（3）理想电流源不能开路；

（4）电流源置零，相当于开路。

3. 电压源与电流源的等效变换

实际电源可用两种电路模型来表示：一种为理想电压源和一个电阻（内阻 R_0）的串联模型，电压源是实际电源内阻为零的理想状态，如图 1-1-38（a）所示；另一种为理想电流源和一个电阻（内阻 R_0）的并联模型，电流源是实际电源内阻为无穷大的理想状态，如图 1-1-38（b）所示。

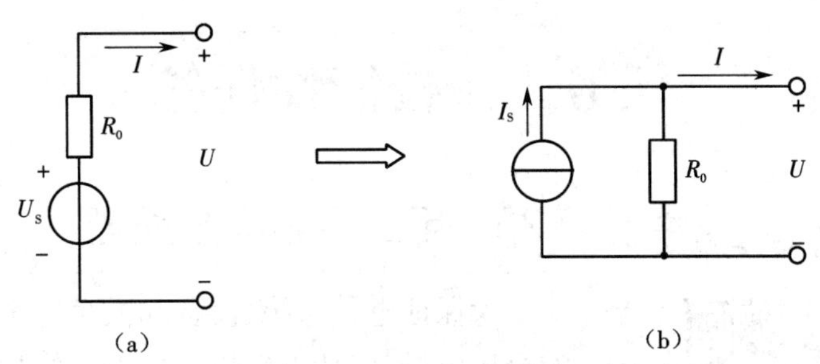

图 1-1-38　实际电源的两种电路模型及其等效变换

实际电源的这两种模型，在电路分析计算中是能够等效互换的。所谓等效，即变换前后对负载而言，端口处的伏安关系不变；也就是对电源的外电路而言，它的端电压 U 和提供的电流 I 无论大小、方向还是它们之间的关系都保持不变。

由图 1-1-38（a）得

$$I=\frac{U_S}{R_0}-\frac{U}{R_0} \tag{1-39}$$

由图 1-1-38（b）得

$$I=I_S-\frac{U}{R_0} \tag{1-40}$$

相比较可见，要保持 U 和 I 的关系不变，式（1-39）和式（1-40）的对应项应该相等，即

$$I_S=\frac{U_S}{R_0} \tag{1-41}$$

实际电源的两种模型中，电阻 R_0 数值不变，只是换了位置。总结其变换条件如下。

（1）由实际电压源变换为等效实际电流源：$I_S=\frac{U_S}{R_0}$（方向与 U_S 相反，即由 U_S 负极指向正极），R_0 保持不变，并与电流源并联。

（2）由实际电流源变换为等效实际电压源：$U_S=I_SR_0$（方向与 I_S 相反，即 I_S 从 U_S 正极流出），R_0 保持不变，并与电压源串联。

注意：

（1）实际电源的等效变换理论可以推广到一般电路，即 R 不一定特指电源内阻，只要是电压源和一个电阻的串联组合，就可以等效为电流源和同一电阻的并联组合；

（2）电压源与电流源的等效变换关系只是对电源的外电路而言的，对电源内部则是不等效的；

（3）理想电压源与理想电流源不能相互等效变换；

（4）任何与电压源并联的元件不影响电压源电压的大小，在分析计算其外部电路时可以舍去，以简化其余电路的分析，但在计算电压源内部电路时不可以舍去；

（5）任何与电流源串联的元件不影响电流源电流的大小，在分析计算其外部电路时可以舍去，以简化其余电路的分析，但在计算电流源内部电路时不可以舍去。

任务二　技能性任务

扫一扫：电工实验安全须知

文档　　PPT

1.2.1　电工实验安全须知

为保证电气系统、设备和人身安全，必须采取必要的安全用电措施，如电气设备的安全维护、制定安全用电管理制度等。由此构成了实施和监督安全用电的技术措施和组织管理，包括建立管理机构、制定规章制度、实施安全教育和建立安全资料档案等。

1. 电气安全标识

1）安全标志

Ⅰ. 安全标志的含义

根据现行国家标准《安全标志及其使用导则》（GB 2894—2008）的规定，安全标志是用以表达特定安全信息的标志，由图形符号、安全色、几何图形（边框）或文字构成，包括提醒人们注意的各种标牌、文字、符号以及灯光等。设置安全标志是供生产巡检人员迅速、准确判断自己所处工作环境，达到安全生产目的的有效措施。

Ⅱ. 安全标志分类

目前，我国的安全标志有103个，分为禁止标志、警告标志、指令标志、提示标志等四大类。

（1）禁止标志。禁止标志是禁止人们不安全行为的图形标志。其几何图形是白底黑色图案加带斜杠的红色圆环，并在下方用文字补充说明禁止的行为模式。现场常见的两种禁止标志是“禁止合闸”和“禁止靠近”，如图1-2-1所示。

图 1-2-1　禁止标志

（2）警告标志。警告标志是提醒人们对周围环境引起注意，以免发生危险的图形标志。其几何图形是黄底黑色图案加三角形黑边，并在下方用文字补充说明当心的行为模式。现场常见的两种警告标志是“当心触电”和“注意安全”，如图1-2-2所示。

图 1-2-2 警告标志

（3）指令标志。指令标志是强制人们必须做出某种动作或采取防范措施的图形标志。其几何图形是蓝底白线条的圆形图案加文字说明。现场常见的两种指令标志是“必须系安全带”和“必须戴安全帽”，如图 1-2-3 所示。

图 1-2-3 指令标志

（4）提示标志。提示标志是向人们提供某种信息（如标明安全设施或场所等）的图形标志。其几何图形是长方形、绿底（防火为红底）白色条加文字说明。现场常见的提示标志是“紧急出口”，如图 1-2-4 所示。

图 1-2-4 提示标志

2）安全色

安全标志要配相应的安全色，必要时增加补充标志及文字。

(1)含义:传递安全信息的颜色。

(2)分类:红、黄、蓝、绿四种颜色,分别表示禁止、警告、指令和提示。

(3)电力系统和设备中的颜色用途:主线交流电中黄色标示A相,绿色标示B相,红色标示C相,淡蓝色标示N中性线(零线),黄绿双色标示保护地线;直流电中红色代表正极(+),蓝色代表负极(-),信号和警告回路用白色。

在开关或刀闸的合闸位置上,应有清楚的红底白字的“合”字;在分闸位置上,应有绿底白字的“分”字。

2. 安全用电措施

1)防止触电的主要措施

Ⅰ. 建立管理机构

为做好电气安全管理工作,应设有专人负责电气安全工作,并建立逐级负责电气安全的人员架构。

Ⅱ. 制定规章制度

建立健全安全规章制度,包括安全操作规程、电气安装规程、设备运行管理规程和维护保养制度等。

Ⅲ. 实施安全教育

加强对电气工作人员的教育、培训与考核工作,使电气工作人员在设计、制造、安装、运行等方面,遵守国家规定、标准和法规。定期对电气工作人员进行电气安全技术、安全操作规程及触电急救等知识的培训,并实行考核制度,使其提高安全意识,提升安全防护技能,杜绝违章操作。

Ⅳ. 建立安全资料档案

为便于电气设备的安全运行和管理,在电气工作中使用的各类技术资料、各种记录要按档案管理的要求进行分类存档,便于随时查阅检索,提供电气系统安全运行信息。

2)电气设备及线路的电气绝缘

电气设备及线路的电气绝缘是用不能导电的材料或物质把带电体封闭起来,以隔离带电体或不同电位的导体。绝缘材料的性能可用绝缘电阻、耐压实验、泄漏电流、介质损耗等指标衡量。

Ⅰ. 绝缘电阻

在下面几种情况下必须测量绝缘电阻,作为衡量设备和线路绝缘性能的重要依据。

(1)新建工程中的电气设备及线路在安装和空载试运行前和送电前。

(2)电气设备及线路在发生事故、处理事故前及处理事故后。

(3)运行中的电气设备及线路定期或不定期维修时。

(4)每隔一个夏季或气候潮湿季节库存的电气设备。

Ⅱ. 耐压实验

(1)交流耐压实验的范围较为广泛,主要内容有高压电气设备耐压实验、电机(电动机、发电机)定子绕组耐压实验、电子电缆耐压实验、避雷器及二次回路耐压实验等。

(2)直流耐压实验的范围有交流电机的定子绕组、金属氧化物避雷器、电力电缆等。

Ⅲ. 泄漏电流、介质损耗

泄漏电流和介质损耗角正切值是衡量绝缘材料性能的参数。泄漏电流是电气设备及线路最常见的测试项目,介质损耗角正切值是高压设备线圈连同套管及电容性设备测试的必要项目。

3)屏护、安全距离

Ⅰ. 屏护

为了保证人与带电体的安全距离,对那些裸露的带电体或不可靠近的带电区域,可采用屏护,即用遮挡、护罩和箱盒等屏护装置将带电体与外界隔绝。屏护装置包括刀开关的胶盖、电气控制箱外面的铁箱、变配电装置周围的安全标示牌等。

屏护装置所用材料要有较好的机械性能和耐火性能,必须与带电体保持必要的安全距离,用金属材料制作的屏护装置使用时必须可靠接地,对高压设备做屏护要配合信号指示和电气连锁系统。

Ⅱ. 安全距离

用空气作为绝缘材料,带电体与地面之间、带电体与带电体之间、带电体与各种设施之间均需保持一定的距离。这个距离称为安全距离,设置安全距离是安全用电的技术措施之一。

4)电气设备及防护用具的耐压实验

Ⅰ. 电气设备的耐压实验

耐压实验是进一步检验电气设备及线路绝缘的方法,一般分为工频耐压实验(交流耐压实验)和直流耐压实验两大类。

工频耐压实验的范围:交流电机的定子绕组和转子绕组,直流电机的励磁绕组和电枢绕组,交直流电机的励磁回路连同所连接设备,电力变压器、电抗器、消弧线圈和互感器的绕组,以及高压电器及套管、绝缘子、并联电容器、绝缘油、避雷器、电除尘器的绝缘子及套管、二次回路、低压动力配电装置、高压配电装置及线路等。

Ⅱ. 防护用具的耐压实验

电工防护用具按用途不同,可分为基本安全用具和辅助安全用具两类。

基本安全用具有绝缘棒和绝缘夹钳等,用于 35 kV 以下的电气设备,可直接与带电体接触,具有绝缘作用,并可直接操作高压隔离开关、跌落式熔断器,安装和拆除接地线,进行高压实验等。

3. 安全用电管理

1)制定管理制度

(1)岗位职责:内容包括工作人员的岗位职责和工作任务。

(2)交接班制度:内容包括电气工作人员应按规定程序完成交接工作内容和注意事项,未办完交接手续,交班人员不得擅离工作岗位。

(3)巡视制度:电气设备在运行中的巡视,可分为定期巡视、特殊性巡视和监督性巡视,巡视内容有电气设备、线路、元件等。

(4)设备管理责任制度:设备管理的基本任务是保证电气设备经常处于技术完善、工况良好的状态,真正做到“定人、定设备、定责任”,设立设备专责制,划分专责分工的范围及任务,明确管理界限和分界点,做到分工明确、职责清楚。

(5)设备缺陷管理制度:建立设备缺陷管理制度,明确管理职责,保证发现缺陷时信息准确,传递项目畅通,处理迅速。

(6)设备评级管理制度:对设备存在的缺陷、实验的结果等情况进行综合评定。

(7)设备检修管理制度:内容包括各种电气设备的检修项目以及检修程序和标准等。

(8)设备实验管理制度:内容包括设备实验的周期、主要电气安全指标和技术参数,是保证电气设备绝缘性能良好、回路接线正确、技术参数合格的重要手段。电气实验有不同的种类、方法和标准,要符合行业标准《电力设备预防性试验规程》和各单位自定的有关实验的规定。

(9)设备验收管理制度:验收工作应检查各设备技术记录的质量标准是否合格、图纸资料是否齐全、设备现场是否具备投入的条件(包括试操作检查)、存在的问题及改进的措施等。

(10)技术培训制度:内容包括对电气工作人员学习新技术、新设备进行的培训以及为提高理论水平而制定的不同层次、不同水平的学习培训。

(11)保卫制度:针对电气设备、线路、电气数据以及其他电气装置的安全保密而制定的制度。

(12)安全责任制度:内容包括各级电气工作人员、安全管理人员安全方面的职责和任务。

(13)临时线路安装审批制度:内容包括临时电气线路安装前申报程序、申请报批签字以及临时线路安装的条件等。

(14)值班制度:内容包括运行或试运行的电气设备、线路的运行监视,如巡视项目标准、记录数据、事故处理程序等。

(15)作业票制度:内容包括在电气设备上作业必须履行书面命令的规定及程序等。

(16)作业许可制度:内容包括进行电气作业前验证各种安全措施及注意事项的规定及程序等。

(17)作业监护制度:内容包括作业人员在作业过程中能完全受到监护人严密的监督和监护,并及时纠正不安全动作及错误作业,在靠近带电部位时收到提醒,以确保作业人员安全及作业方法正确的规定等。

(18)送电制度:指检修作业完毕、新工程或线路竣工、停电后等送电作业的程序、安全检查、注意事项、签发命令、实验结果、投切程序等。

(19)事故处理制度:主要指处理各种电气事故的程序、方法、安全措施、注意事项、质量要求、处理条件等。

2)制定管理措施

(1)定期学习措施:有计划地组织员工和企业管理者学习国家关于劳动保护、安全用电方面的方针、政策、法规以及当地供电部门、本行业的法规、条例等,并及时地贯彻执行。

(2)加强岗位措施:定期组织电气技术人员、管理人员、电工作业人员及用电人员、电气操作人员进行电气安全技术管理和电气安全技术的学习培训,特别是要学习新技术、新工艺、新设备。

(3)加强管理与考核措施:做好电气作业人员的管理工作,如上岗培训、技术培训考核、安全技术考核、档案管理等。

(4)消除隐患措施:有针对性地组织电气安全专业性检查,及时发现和消除安全隐患,监督、纠正违章和误操作。

(5)建立健全督查措施:建立完善的监督体系,对电气工程的设计、安装调试进行电气安全督查,及时消除电气工程中的不安全因素,特别是电气设备元件本身的安全可靠性能是安全督查的重点。

(6)巡回检查措施:制定和修订电气安全的规章制度及组织措施中的电气作业、电工值班、巡回检查等制度以及电气安全操作规程等,并组织实施。

(7)落实安全措施:配合单位的安全工作,做好综合安全管理工作,全力保证安全技术措施的实施。

(8)加强安全培训措施:做好触电急救工作,并组织员工进行触电急救方法的培训,及时处理电气事故,同时做好电气安全资料档案管理工作。

(9)加强安全宣传措施:做好安全标志的设置工作,做好宣传、检查、维护工作。

[思政要点]

1. 在实训过程中培养绿色环保意识

党的十九大明确指出,要坚持生态文明建设,几乎在每个实验中,我们都要用到万用表和导线,学生一定要注意,在不使用万用表的时候要及时关闭开关,延长电池使用时间;导线要轻插轻拔,不损坏导线;掉在地上的导线要及时捡起,不要踩到。

2. 增强安全用电观念

在电工课程中,由于学生要接触到 220 V、380 V 的交流电,如果操作不当,会损坏器件,严重的可能会危及生命。因此,学生要熟悉安全用电的方法,一定要按标准操作,如用电前的检查和上电、关电的操作顺序,我们要时刻注意用电安全,增强安全用电观念。

3. 提升职业素养

职业素养体现在很多方面,如工具与仪表摆放整齐,上课前将仪表按一定顺序摆放,课后仪表依旧摆放有序,工作台面和地上保持整洁干净,用过的导线和芯片放回原处,实验结束后所有仪表仪器的电源关闭,实验台的耦合调压器归零。如果每一个实验,学生都能认真对待,做好每一个细节,这对他将来的工作是非常有帮助的。

1.2.2 万用表的使用方法

万用表是一种多用途的仪表,一般万用表可以测量直流电流、直流电压、交流电压、直流电阻和音频电平等电量,有的万用表还可以测量交流电流、电容、电感以及晶体管的放大系数等。万用表由于结构紧凑、用途广泛、携带和测量方便等,在电气维修和调试工作中得到了广泛的应用。

扫一扫:万用表的使用方法

1. 万用表的基本组成及分类

万用表由测量机构(习惯上称表头)、测量电路和转换开关组成,外形做成便携式或袖珍式,面板上装有标尺、转换开关、电阻测量挡的调零旋钮以及接线柱或插孔等。

(1)万用表表头是一个高灵敏度的磁电式直流电流表,万用表的主要性能指标基本上取决于表头的性能。表头的灵敏度是指表头指针满刻度偏转时流过表头的直流电流值,这个值越小,表头的灵敏度越高。测电压时,表头的内阻越大,其性能就越好。

(2)测量电路是用来把各种被测电量转换为适合表头测量的微小直流电流的电路,它由电阻、半导体元件及电池组成,能将各种不同的被测量(如电流、电压、电阻等)、不同的量程,经过一系列的处理(如整流、分流、分压等)统一变成一定量限的微小直流电流送入表头进行测量。

(3)转换开关用来选择被测电量的种类和量程(或倍率)。万用表的转换开关是一个多挡位的旋转开关,一般采用多层多刀多掷开关,用来选择测量项目和量程(或倍率)。一般的万用表测量项目包括:“mA”,直流电流;“V”,直流电压;“V~”,交流电压;“Ω”,电阻。每个测量项目又划分为几个不同的量程(或倍率)以供选择。

万用表一般可分为指针式万用表和数字式万用表两种。

2. 指针式万用表的使用和维护

指针式万用表是电气测量中应用最广泛的一种电测量仪表,下面以图 1-2-5 所示的 MF-47 型万用表为例介绍指针式万用表的使用方法。

图 1-2-5 MF-47 型万用表的外形图

MF-47 型万用表的表盘如图 1-2-6 所示,表盘上共有 7 条标度尺,从上到下各条标度尺的说明见表 1-2-1。

图 1-2-6　MF-47 型万用表的表盘

表 1-2-1　MF-47 型万用表的表盘标度尺说明

对应标度尺（从上至下）	名称	说明
1	电阻标度尺	用“Ω”表示
2	直流电压、交流电压及直流电流共用标度尺	在标尺左右两侧,分别用“$\frac{V}{\sim}$”和“$\frac{mA}{---}$”表示
3	10 V 交流电压标度尺	用“AC 10 V”表示
4	晶体管共发射极直流电流放大系数标度尺	用“hFE”表示
5	电容量标度尺	用“C(μF)”表示
6	电感量标度尺	用“L(H)50 Hz”表示
7	音频电平标度尺	用“dB”表示

1)指针式万用表的使用

万用表的量程,欧姆挡有“R × 1”“R × 10”“R × 100”“R × 1K”“R × 10K”五挡;直流电压挡有 0.25 V、0.5 V、2.5 V、10 V、50 V、250 V、500 V、1 000 V 八挡和一个 2 500 V 插孔;交流电压挡有 10 V、50 V、250 V、500 V、1 000 V 五挡和一个与直流电压挡共用的 2 500 V 插孔;直流电流挡有 50 μA、0.5 mA、5 mA、50 mA、500 mA 五挡和一个 5 A 插孔;三极管放大倍数挡与“R × 10”挡共用一个挡位,且有 NPN 和 PNP 三极管放大倍数测量插孔。

Ⅰ. 调零

万用表使用前应调节表头中心的旋钮,使表针指向左边的零位,减小测量误差,这样的调零叫机械调零。在测量电阻之前,还要进行欧姆调零,将两表笔的金属部分短接;调节调零旋钮,使表针指向右边的零位,这样的调零叫欧姆调零。(注:表内电池电压降低者,表针不能调零,应更换电池。)

Ⅱ. 接线

如图 1-2-5 所示，进行测量前，先检查红、黑表笔连接的位置是否正确。红表笔接到红色接线柱或标有“+”号的插孔内，黑表笔接到黑色接线柱或标有“-”号的插孔内，不能接反，否则在测量直流电量时会因正负极的反接而使指针反转，损坏表头部件。另外，MF-47 型万用表还提供 2 500 V 的交直流电压扩大插孔以及 5 A 的直流电流扩大插孔，使用时将红表笔移至对应插孔中即可。

Ⅲ. 测量挡位的选择

在表笔连接被测电路之前，一定要查看所选挡位与测量对象是否相符；否则，误用挡位和量程，不仅得不到测量结果，而且还会损坏万用表。选择电压或电流量程时，最好使指针处在标度尺的三分之二以上位置；选择电阻量程时，最好使指针处在标度尺的中间位置。这样做的目的是尽量减小测量误差。测量时，当不能确定被测电流、电压的数值范围时，应先将转换开关转至对应的最大量程，然后根据指针的偏转程度逐步减小至合适的量程。

Ⅳ. 读数

万用表的表盘上有许多条标度尺，分别用于不同的测量对象，所以测量时要在对应的标度尺上读数，同时应注意标度尺读数和量程的配合，避免出错。

（1）阻值的读数为第一条刻度（刻度是不均匀的），从右到左，数学表达式为

阻值读数 = 表针指示的格数数字 × 量程

例 1.2.1 如图 1-2-7 所示，读出电阻阻值。

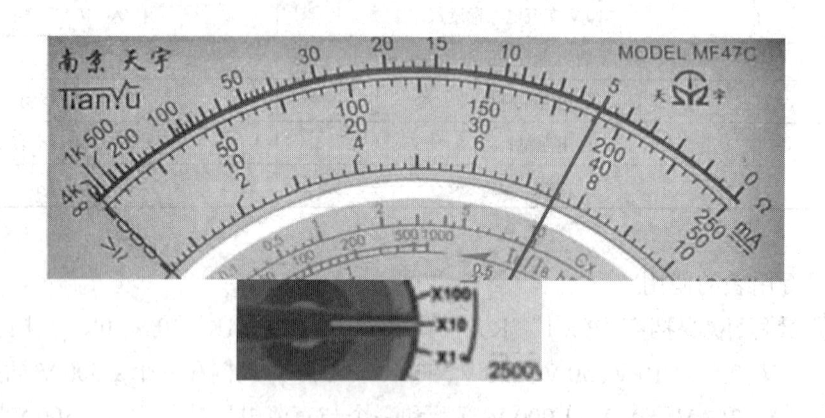

图 1-2-7 例 1.2.1 图

解 量程为“R × 10”，表针指示的格数数字为 5，则

阻值读数 = 表针指示的格数数字 5 × 量程 10=50 Ω

（2）直流电压值的读数为第二条刻度（刻度均匀），从左至右，数学表达式为

所选量程实测电压读数 = 表针指示的格数 ×（所选量程 ÷ 满度格数 50）

注意：将红表笔接直流电压的高电位（正），黑表笔接直流电压的低电位（负），表笔接触应与负载并联；被测电压超出 1 000 V 时，应将红表笔插入 2 500 V 插孔测量。

例 1.2.2 如图 1-2-8 所示，读出电压值。

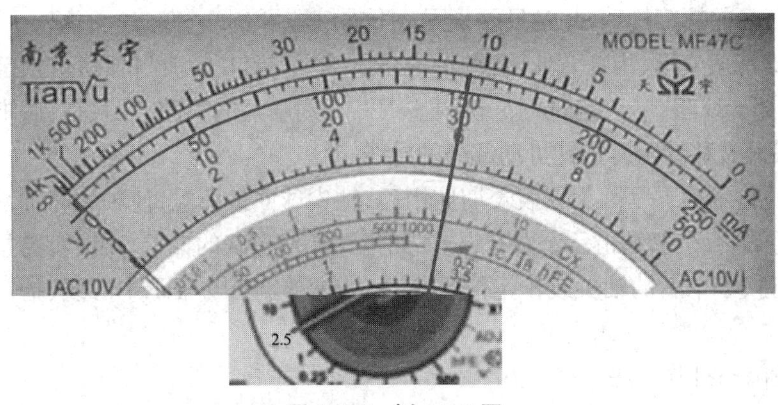

图 1-2-8 例 1.2.2 图

解 所选量程为 2.5 V,测量时表针指向 30 格,则

测量电压值 = 表针指示的格数 30 ×(所选量程 2.5 ÷ 满格格数 50)=1.5 V

(3)交流电压值的读数为第三条刻度(刻度均匀)。

注意:测量时的步骤和方法基本与直流电压测量相同,但测量时万用表表笔是不分正负的;读数、刻度同直流电压。

(4)直流电流值的读数也为第二条刻度(刻度均匀),读数与直流电压、交流电压相同,但单位不同。

注意:测量直流电流时,万用表要串接在电流回路中测量。

Ⅴ. 操作安全注意事项

在进行高压测量或测量点附近有高电压时,一定要注意人身和仪表的安全。在高电压及大电流测量时,严禁带电切换量程开关,否则有可能损坏转换开关。

另外,万用表用完之后,最好将转换开关置于空挡(OFF 挡)或交流电压最高挡,以防下次测量时由于疏忽而损坏万用表。

2)指针式万用表常见故障及排除方法

指针式万用表常见的故障分为两大类:一是人为故障(即因为人们使用不当而引起的故障);二是万用表本身的故障(即因为元器件、电路损坏而引起的故障,它又可分为机械、电气和测量电路的故障)。下面对故障的现象及简单的排除方法进行介绍。

Ⅰ. 人为故障与排除方法

人为故障是因为人们对万用表的使用不当而造成的。为了避免故障发生,使用者必须熟记指针式万用表的基本使用方法。

Ⅱ. 机械故障与排除方法

机械故障会导致指针不能持续平稳地偏转,不能正确指示实际测量值。其原因和排除方法如下。

(1)表头可动部分的间隙掉入杂物,此时只要打开箱盖,把铁芯与磁极间的间隙清除干净即可。

(2)表头支架移位,此时只要调整一下支架的位置,使其恰好在间隙的中央即可。

(3)固定表盘的螺钉松动,此时只要紧固一下螺钉即可。

(4)指针支持架变形,指针弯曲,动圈轴尖跳出轴承,指针支持架的尾部搁在磁极上,指针可动装置受外部导线阻挡等,此时可重新调整指针与刻度盘的间隙,校直指针,把动圈轴尖恢复到轴承上,拨开或移动阻碍指针可动部分的导线。

(5)过大的指示偏差是因为仪表长期使用后,轴尖球面被磨秃,使轴尖与轴承之间的摩擦力加大,或因为标度尺、指针指示装置有误差,如指针几何形状的偏差,刻度盘与指针装配位置移动等,此时可换一个新的轴尖或校正位置,使指针尾部端点与轴承中心线、指针三者处于一条线上。

Ⅲ.电气故障与排除方法

表头灵敏度下降的主要表现为游丝性能下降,动圈局部短路,表头磁性衰减。此时,可用无水酒精清洗游丝,变形严重、弹性疲劳、烧伤或被腐蚀过的游丝应更换为与原游丝参数相同的游丝;更换一个与原动圈参数相同或接近的动圈;至于磁性衰减,只能用充磁的办法解决,为了正确控制充磁量的大小,应在充磁后再进行退磁。

Ⅳ.测量电路的故障与排除方法

(1)直流电流测量电路的故障与排除方法如下。

①各量程挡表头均无指示,此时应检查测量电路中是否有断路点,表笔间是否有断路点。如果有的量程挡表头有指示,有的量程挡表头无指示,则只检查表头无指示的挡位与相邻表头有指示的挡位之间的电路是否有断路点或切换该挡的转换开关接触是否良好。

②读数有误差,主要是表头支路总电阻阻值或分流支路总电阻阻值发生了变化所致,此时可更换这些电阻至合适阻值。

③测量时好时坏,通常是因为一些焊点有虚焊,此时可以用敲打、接触、其他仪表测试等方法找出虚焊点,再加焊一下即可。

(2)直流电压测量电路的故障与排除方法如下。

①各量程挡表头均无指示,与直流电流测量电路一样,也是因为被测件与表头间有断路点,用欧姆表检查出断路点后焊好即可。对于不同量程挡,有的表头有指示,有的表头无指示,与直流电流测量电路一样,主要检查该挡通路中是否有断路点或转换开关是否接触不良即可。

②读数有误差,与直流电流测量电路一样,也是阻值变化引起的。直流电压表主要是降压电阻阻值变低所致,总电阻阻值变低,则读数会发生偏大误差。

(3)交流电压测量电路的故障与排除方法如下。

①各量程挡表头均无指示,交流电压的测量机构是在直流电压的基础上加了整流器件——由两只二极管构成的,测量时如果表头没有指示,除了应检查被测件和表头间各个通路上是否有断路点(如有的量程挡表头有指示,有的量程挡表头无指示,还要检查转换开关的接触问题),还要检查两只二极管是否有短路或反接现象。如查出有断路点应焊好,二极管短路应更换,二极管反接应改为正接。

②读数有误差,如前所述,引起读数误差的原因是与表头配合的分流、分压电阻的阻值发生了变化。测量交流电压值,除了要考虑阻值的变化外,还必须考虑二极管,如二极管参数变

化会使各量程挡的读数均产生误差；二极管反向电流过大，则各量程挡的读数都会偏小；二极管被击穿，则各量程挡的指针只能偏转较小的位置，无法正确读数。

（4）电阻测量电路的故障与排除方法如下。

①短接红、黑表笔，各量程挡的指针均不动，发生这种故障的原因主要有插孔与连接导线的插棒之间或表笔与导线之间断开，调零电位器的动点未接通，表头支路断路，开关接触不良，没接电池，熔体（俗称保险丝）熔断，工作电源未与电路接通等。这些故障均可用欧姆表逐个查出，逐一解决。

②读数有误差，如果各量程挡读数都在小阻值范围内（指针偏转很大），各挡的分流电阻偏小或偏大，将影响该挡的读数误差，则量程挡的读数就有偏大误差。

③调零电位器失灵，可能是该挡的工作电源电压不足或电位器本身失灵，此时应该更换电池，或换上绕线排列均匀的线绕电位器，也可换用动片与碳膜之间良好接触的碳膜电位器。

[思政要点]

1. 科学严谨

在使用万用表测量常用电气元件时，一定要清楚各个挡位的量程，以及每个挡位测量的操作顺序和注意事项。

2. 仔细认真

例如，在测量电阻之前，必须先进行机械调零，然后进行欧姆调零，将两表笔的金属部分短接，调节调零旋钮，使表针指向右边的零位，这样可以减小测量误差。同时，操作人员也要按照正确的操作顺序进行读数，避免人为误差的产生，做到精益求精。

3. 遵守职业道德

学生在使用万用表的过程中，一定要遵守相关的职业道德，按照设备的操作规程进行操作，不偷工减料，保证测量结果准确，养成良好的职业素养，这样在以后的工作中也能很好地应用万用表。

1.2.3 直流电路中电压、电流的测量

扫一扫：直流电路中电压、电流的测量

文档

PPT

1. 实验目的

（1）学会测量电路中各电阻两端的电压。

（2）学会测量电路中流经各电阻的电流。

（3）学会使用万用表的电压挡、电流挡。

（4）掌握万用表的电压、电流的读数方法。

（5）学会简单电路的连接。

2. 实验仪器与设备

（1）万用表 1 个。

（2）电阻元件（1 kΩ 电阻 1 个、2 kΩ 电阻 1 个、3.3 kΩ 电阻 1 个）。

（3）可调直流稳压电源 1 台。

(4)连接导线1组。

3. 实验内容

1)测量电压

分别测量R_1、R_2、R_3三个电阻两端的电压。

实验步骤:

(1)按实验电路图(图1-2-9)接线,检查无误后,方可通电进行实验;

(2)万用表选择适当量程的电压挡位;

(3)将万用表并联接入被测电阻两端;

(4)读数并将数据记录在表1-2-2中;

(5)改变万用表量程挡位,再测量一次,并记录数据。

2)测量电流

分别测量流经R_1、R_2、R_3三个电阻的电流。

实验步骤:

(1)按实验电路图(图1-2-9)接线,检查无误后,方可通电进行实验;

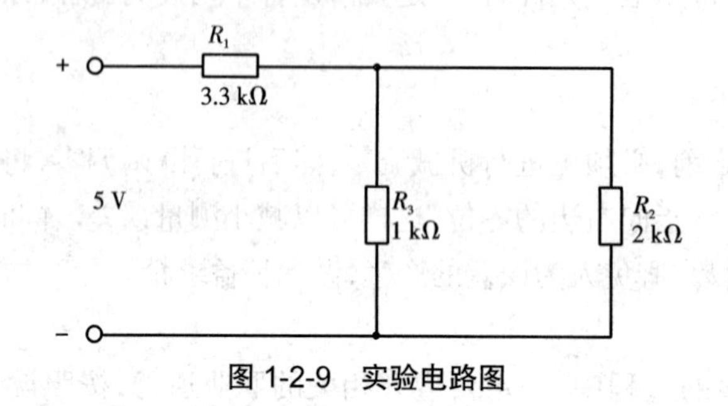

图1-2-9 实验电路图

(2)万用表选择量程为5 mA的电流挡位;

(3)将被测电阻所在支路某处断开,把万用表串联接入被测电路中;

(4)读数并将数据记录在表1-2-2中;

(5)改变万用表测量挡位,再测量一次,并记录数据。

表1-2-2 实验数据

项目	测量值1				测量值2			
测量电压	负载	R_1	R_2	R_3	负载	R_1	R_2	R_3
	单位				单位			
	数值				数值			
测量电流	负载	R_1	R_2	R_3	负载	R_1	R_2	R_3
	单位				单位			
	数值				数值			

4. 实验注意事项

(1)测量时万用表的极性不能接错。

(2)当选择不同量程时,读数显示的数值是不同的。

(3)万用表不能在测量时转换挡位。

(4)在记录数据时,要及时把万用表和测量电路断开。

(5)在连接电路时,要养成用红色导线连接电源的正极,黑色导线连接电源的负极的习惯。

(6)在连接电路时要断开电源,电路连接好后要检查无误才能通电测量。

5. 实验报告要求

(1)完成数据表格测试内容,记录实验数据,填写实验日志。

(2)分析选择不同量程测量所得结果的误差。

(3)总结直流电路电压、电流测量的方法及注意事项。

任务三　拓展性任务

1.3.1 受控源

1. 定义

电压或电流的大小和方向不是给定的时间函数,而是受电路中某个地方的电压(或电流)控制的电源,称受控源,其为非独立源。

2. 电路符号

受控源的电路符号如图 1-3-1 和图 1-3-2 所示。

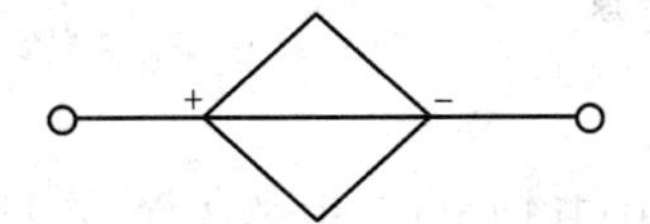

图 1-3-1　受控电压源电路符号

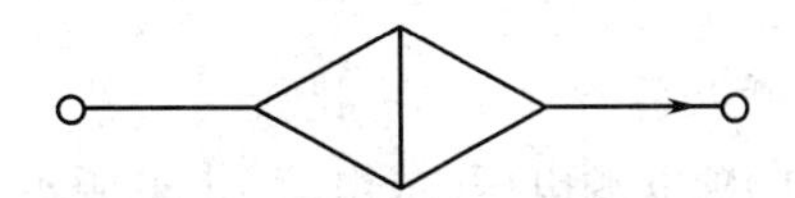

图 1-3-2　受控电流源电路符号

3. 分类

根据控制量和被控制量是电压或电流,受控源可分为四种类型。当被控制量是电压时,用受控电压源表示;当被控制量是电流时,用受控电流源表示。

1)电流控制的电流源(CCCS)

图 1-3-3 所示为一个四端元件 CCCS,左侧输入为控制部分,右侧输出为受控部分,β 为电流放大倍数。

2)电压控制的电流源(VCCS)

图 1-3-4 所示为一个四端元件 VCCS,左侧输入为控制部分,右侧输出为受控部分,g 为转移电导。

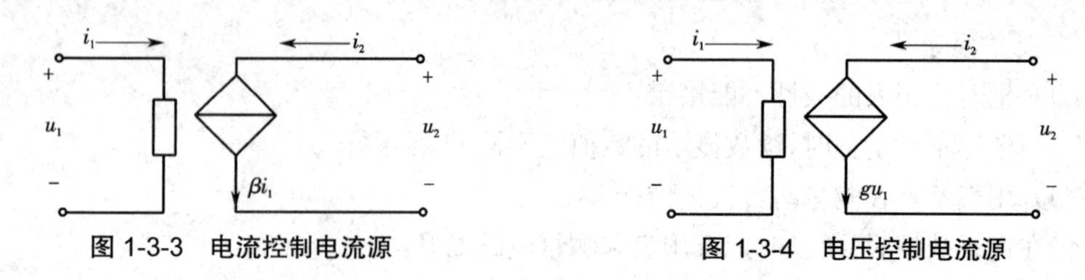

图 1-3-3 电流控制电流源 图 1-3-4 电压控制电流源

3）电压控制的电压源（VCVS）

图 1-3-5 所示为一个四端元件 VCVS，左侧输入为控制部分，右侧输出为受控部分，μ 为电压放大倍数。

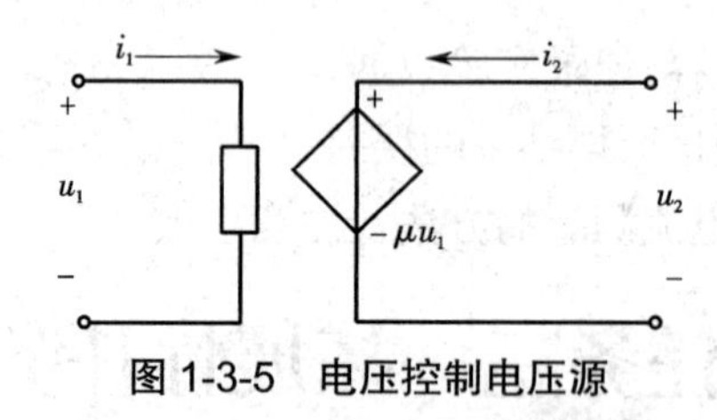

图 1-3-5 电压控制电压源

4）电流控制的电压源（CCVS）

图 1-3-6 所示为一个四端元件 CCVS，左侧输入为控制部分，右侧输出为受控部分，r 为转移电阻。

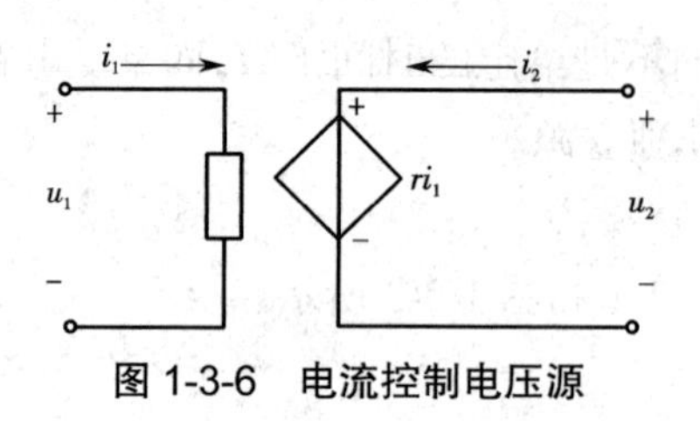

图 1-3-6 电流控制电压源

4. 受控源与独立源的比较

（1）独立源电压（或电流）由电源本身决定，与电路中其他电压、电流无关，而受控源电压（或电流）由控制量决定。

（2）独立源在电路中起“激励”作用，在电路中产生电压、电流，而受控源反映电路中某处的电压或电流对另一处的电压或电流的控制关系，在电路中不能作为“激励”。

例 1.3.1 如图 1-3-7 所示，试求电压 u_2。

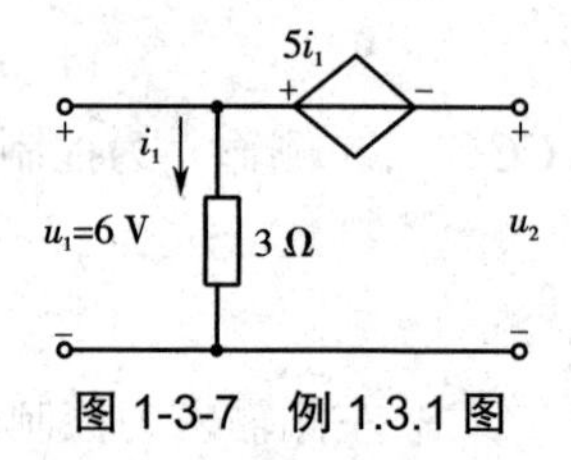

图 1-3-7 例 1.3.1 图

解　$i_1=6/3=2\ \text{A}$

$u_2=-5i_1+u_1=-10+6=-4\ \text{V}$

1.3.2　啤酒车间用到的电路

啤酒灌装生产线生产过程如图 1-3-8 所示，啤酒生产车间电路原理如图 1-3-9 所示。

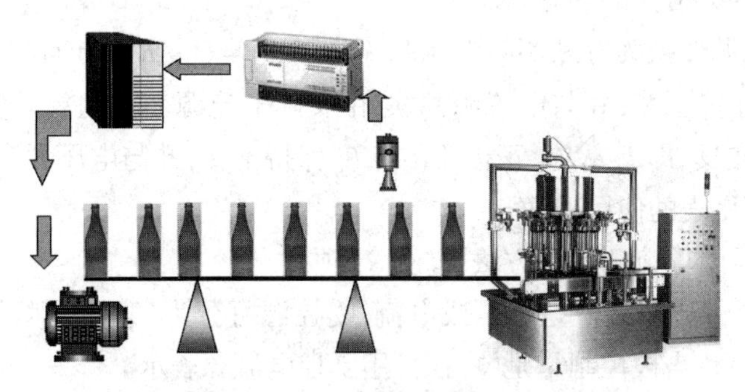

图 1-3-8　啤酒灌装生产线生产过程

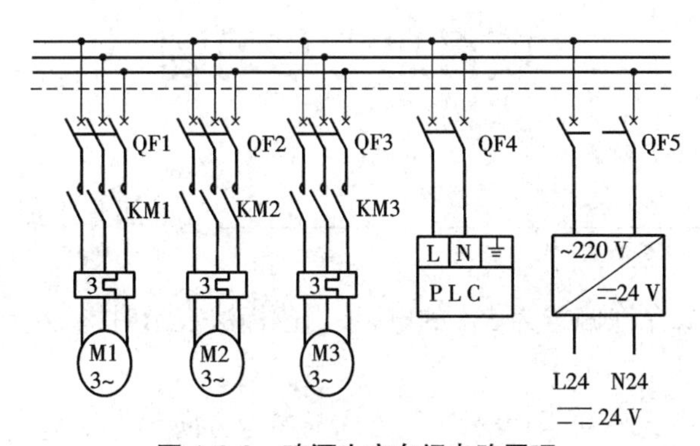

图 1-3-9　啤酒生产车间电路原理

项目小结

1. 实际电路的结构组成包括电源、负载和中间环节。

2. 电路的作用：实现电能的传输和转换；实现信号的转换、传递和处理。

3. 电路的基本物理量有电流、电压、电位、功率、电动势等。

4. 电流和电压包含瞬时值和恒定值，其方向也是变化的。电流和电压的参考方向是人为假定的，实际方向与参考方向相同，则 $I>0$（或 $U>0$）；反之，则 $I<0$（或 $U<0$）。电流和电压的参考方向一致称为关联参考方向，否则称为非关联参考方向。

5. 电气设备的额定值通常是指额定电流、额定电压和额定功率。

6. 电路的状态包括开路状态（正常开路和故障开路）、短路状态（正常短路和故障短路）、额定工作状态。

7. 电路中的基本元件包括电阻、电容、电感。其中，电阻为线性元件，电容和电感均为储能元件，电路中利用欧姆定律可实现简单的计算。

8. 对于连接比较复杂的电气元件，可通过等效变换的方式进行简化，然后再进行分析和计算。电路中的功率可分为消耗功率（负载）和输出功率（电源）。

9. 实际电源可用两种电路模型来表示：一种为电压源和一电阻（内阻 R_0）的串联模型，电压源是实际电源内阻为零的理想状态；另一种为电流源和一电阻（内阻 R_0）的并联模型，电流源是实际电源内阻为无穷大的理想状态。

10. 由实际电压源变换为等效实际电流源，需满足 $I_S = U_S / R_0$（方向与 U_S 相反，即由 U_S 负极指向正极），R_0 保持不变，并与电流源并联；由实际电流源变换为等效实际电压源，需满足 $U_S=I_SR_0$（方向与 I_S 相反，即 I_S 从 U_S 正极流出），R_0 保持不变，并与电压源串联。

11. MF-47 型万用表的使用方法。

12. 直流电路电压、电流测量的方法及注意事项。

13. 根据控制量和被控制量是电压或电流，受控源可分为四种类型。当被控制量是电压时，用受控电压源表示；当被控制量是电流时，用受控电流源表示。

14. 独立源电压（或电流）由电源本身决定，受控源电压（或电流）由控制量决定。

项目思考与习题

一、填空题

1. 电路一般由__________、__________、__________三个部分组成，它的功能有__________、__________两种。

2. 阻值为 2 700 Ω，允许偏差为 5% 的电阻，用色标法表示时，从左到右分别是____________________。

3. 在电路中，如果 $I_{ab}=-8$ A，则表示实际方向与参考方向_____，从_____指向______。

4. 电位的大小与参考点的选择_____，电压的大小与参考点的选择_____。

5. 通过某个元件两端的电流为 -3 A，电压为 12 V，电压与电流为非关联参考方向，则此元件的功率为_____，在电路中是_____元件。

6. 我国的安全标志有_____个，分为_____、_____、_____、_____等四大类。

二、判断题

1. 电源电动势的大小由电源本身的性质决定，与外电路无关。（　　）

2. 导体的长度和横截面面积都增大一倍，其电阻值也增大一倍。（　　）

3. 电阻两端的电压为 8 V 时，电阻值为 10 Ω；当电压升至 16 V 时，电阻值将为 20 Ω。（　　）

4. 几个电阻并联后的总电阻值一定小于其中任一个电阻的阻值。（　　）

5. 在电阻分压电路中，电阻值越大，其两端的电压就越高。（　　）

6. 在电阻分流电路中，电阻值越大，流过它的电流就越大。（　　）

三、选择题

1.R_1 和 R_2 为两个串联电阻，已知 R_1=2R_2，若 R_1 上消耗的功率为 2 W，则 R_2 上消耗的功率为(　　)。

A.2 W　　B.4 W　　C.1 W　　D.0.5 W

2. R_1 和 R_2 为两个并联电阻，已知 R_1=2R_2，若 R_1 上消耗的功率为 2 W，则 R_2 上消耗的功率为(　　)。

A.2 W　　B.4 W　　C.1 W　　D.0.5 W

3.3 kΩ 的电阻中通过 2 mA 电流，则电阻两端的电压为(　　)。

A.10 V　　B.6 mV　　C.1.5 V　　D.6 V

4. 电烤箱的电阻为 16 Ω，工作电压为 220 V，其电流为(　　)。

A.13.75 A　　B.6 A　　C.3 A　　D.9 A

四、计算题

1. 用色标法表示下列各电阻器：

(1)0.02 Ω ± 0.5%；

(2)205 Ω ± 1%；

(3)4.7 kΩ ± 10%。

2. 如下图所示，试求 U_{ab}。

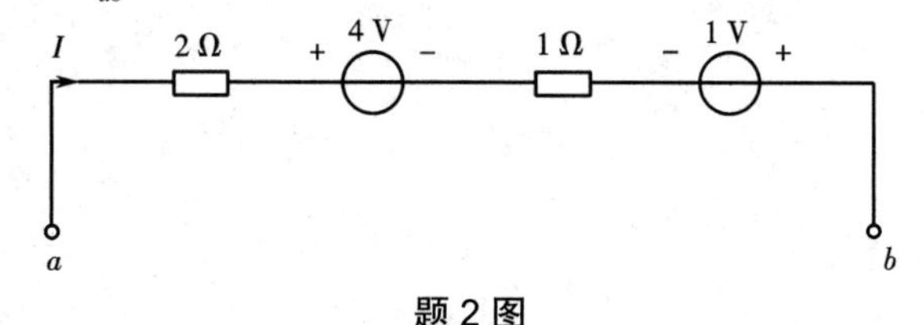

题 2 图

3. 一台抽水机用的电动机的功率为 3 kW，每天运行 6 h，试求一个月(30 天)消耗的电能。

4. 一只 110 V、8 W 的指示灯，现在要接在 380 V 的电源上，试求要串联多大阻值的电阻以及该电阻的功率。

5. 如下图所示电路图，已知 R_1=2 Ω，R_2=R_3=R_4=4 Ω，R_5=R_6=R_7=R_8=8 Ω，试求 a、b 间的等效电阻值。

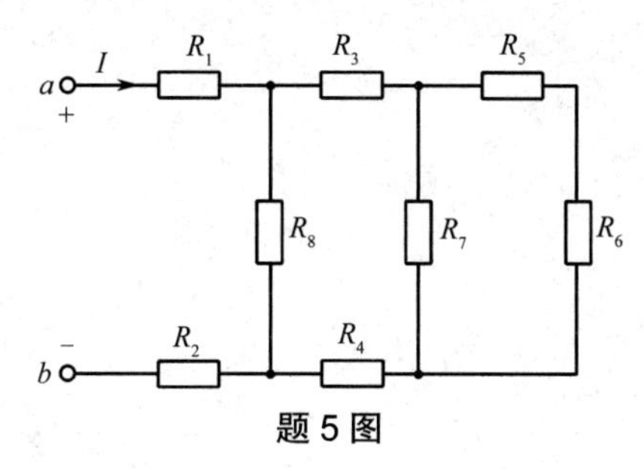

题 5 图

6. 如下图所示两个电路中，U_S=20 V，I_S=2 A，R=4 Ω,试求负载 R 中的电流 I 及其端电压 U,并分析功率平衡关系。

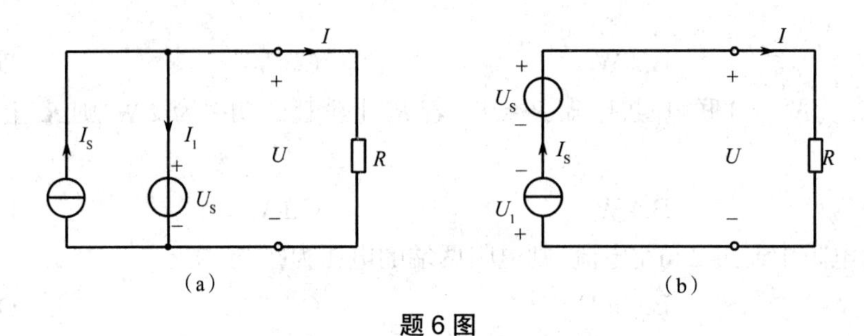

题 6 图

7. 如下图所示电路,已知 U=2 V,试求电阻 R。

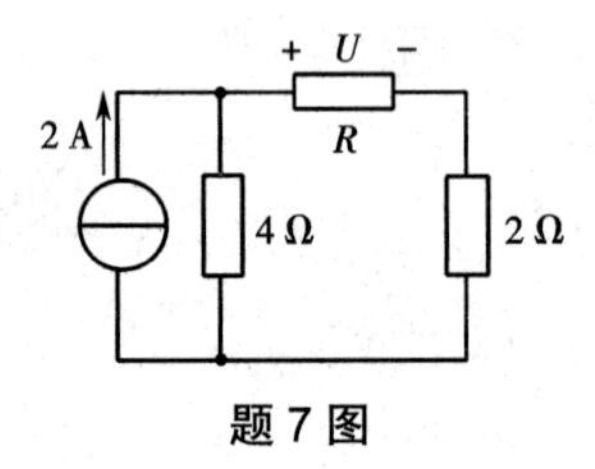

题 7 图

8. 某一电阻元件阻值为 10 Ω,额定功率为 40 W。

(1)当加在电阻两端的电压为 30 V 时,该电阻能正常工作吗?

(2)若要使该电阻正常工作,外加电压不能超过多少?

项目二　分析电路

本项目主要介绍：学习性任务，包括基尔霍夫定律、支路电流法、叠加定理、戴维南定理；技能性任务，包括验证基尔霍夫定律、验证叠加定理、验证戴维南定理；拓展性任务，包括Y形网络和△形网络的等效变换、电路分析的一般方法与常用定理。通过本项目的学习，掌握电路的各种分析方法的应用，能够根据实际电路，正确选择合适的定理或分析方法对其进行分析。

党的十八大以来，习近平总书记深刻把握历史发展规律和大势，围绕实施创新驱动发展战略、加快推进以科技创新为核心的全面创新，提出了一系列新思想、新论断、新要求。创新就是生产力，企业赖之以强，国家赖之以盛。习近平总书记指出："实现高质量发展，必须实现依靠创新驱动的内涵型增长。"

任务一　学习性任务

2.1.1　基尔霍夫定律

扫一扫：PPT-项目二任务一

扫一扫：动画-基尔霍夫定律

基尔霍夫定律（Kirchhoff's Laws）是电路中的基本规律，不仅适用于直流电路，也适用于交流电路，还可以用于分析含有电子元件的非线性电路，1845年由德国物理学家基尔霍夫提出，包括基尔霍夫电流定律（Kirchhoff's Current Laws，KCL）和基尔霍夫电压定律（Kirchhoff's Voltage Laws，KVL）。前者应用于电路中的节点，后者应用于电路中的回路。基尔霍夫定律反映了电路中所有支路电压和电流所遵循的基本规律，是分析集总参数电路的基本定律。基尔霍夫定律与元件特性构成了电路分析的基础。

1. 术语

在具体讲述基尔霍夫定律之前，我们以图2-1-1所示电路为例，介绍电路中的几个术语。

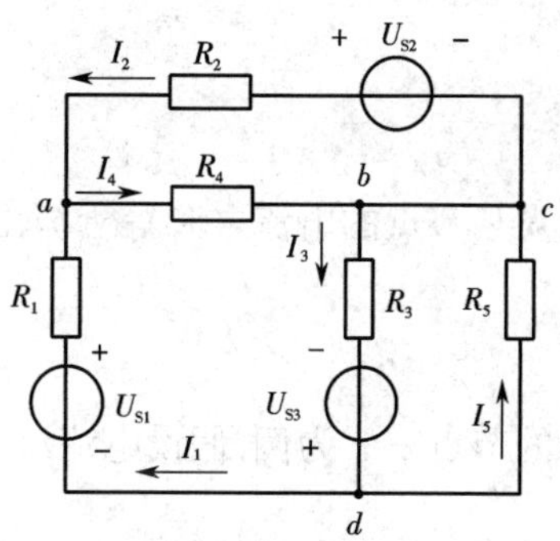

图2-1-1　举例电路

1)二端元件

具有两个端钮、可与外部电路相连接的元件称为二端元件。

2)支路

一个或几个二端元件首尾相接,电路中没有分岔的电路,且通过同一电流的路径称为支路。图 2-1-1 中共有 5 条支路,分别是 *ab*、*ac*、*ad*、*bd*、*cd*,*b*、*c* 之间没有元件,不是支路。

3)节点

电路中三条或三条以上支路的连接点称为节点。图 2-1-1 中共有 3 个节点,分别是节点 *a*、节点 *b* 和节点 *d*。因为 *bc* 不是一条支路,所以 *b*、*c* 实际上是一个节点。

4)回路

电路中的任一闭合路径称为回路。图 2-1-1 中共有 7 条回路,分别是 *abda*、*bcdb*、*abca*、*abcda*、*acbda*、*acdba*、*acda*。

5)网孔

电路中无其他支路穿过的回路称为网孔。图 2-1-1 中共有 3 个网孔,分别是 *abda*、*bcdb*、*abca*。

注意:网孔是回路,但回路不一定是网孔。

2. 基尔霍夫电流定律

扫一扫:基尔霍夫定律一

文档　PPT　视频　动画

基尔霍夫电流定律(KCL)指出:对于电路中的任一节点,任一瞬时流入(或流出)该节点电流的代数和为零。这一定律又叫作基尔霍夫第一定律。我们可以选择电流流入时为正,流出时为负;或流出时为正,流入时为负。电流的这一性质也称为电流连续性原理,是电荷守恒的体现。

KCL 可用公式表示为

$$\sum_{j=1}^{n} i(t) = 0$$

上式称为节点的电流方程。

由此也可将 KCL 理解为流入某节点的电流之和等于流出该节点的电流之和。KCL 还可用公式表示为

$$\sum I_{\text{入}} = \sum I_{\text{出}}$$

下面以图 2-1-1 所示电路中的节点 *a*、*b* 为例,假设电流流入时为正,流出时为负,列出两节点的电流方程。对于节点 *a*,有

$$I_1+I_2-I_4=0 \text{ 或 } I_1+I_2=I_4$$

对于节点 b，有

$I_4+I_5-I_2-I_3=0$ 或 $I_4+I_5=I_2+I_3$

KCL 不仅适用于电路中的任一节点，也可推广到包围部分电路的任一闭合面（因为可将任一闭合面缩为一个节点）。可以证明，流入（或流出）任一闭合面电流的代数和为零。

如图 2-1-2 所示，当考虑虚线所围的闭合面时，应有

$I_1+I_2-I_3=0$

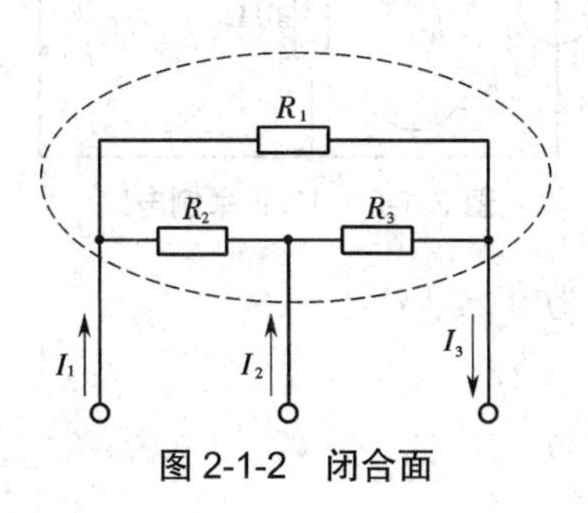

图 2-1-2　闭合面

应用 KCL 时，应注意以下几点：

（1）KCL 是电荷守恒和电流连续性原理在电路中任意节点处的反映；

（2）KCL 是对节点处支路电流加的约束，与支路上接的是什么元件无关，与电路是线性还是非线性无关；

（3）节点电流方程是按电流参考方向列写的，与电流实际方向无关；

（4）在列节点电流方程时，必须先设定电流的参考方向，然后根据电路图上标定的电流的参考方向正确列出。

3. 基尔霍夫电压定律

扫一扫：基尔霍夫定律二

基尔霍夫电压定律（KVL）指出：对于电路中的任一回路，任一瞬时沿该回路绕行一周，则组成该回路元件的各段电压的代数和恒等于零。这一定律又叫作基尔霍夫第二定律。我们可以任意选择顺时针或逆时针的回路绕行方向，标定各元件电压参考方向，各段电压的正、负与绕行方向有关。一般规定当元件电压的方向与所选的回路绕行方向一致时为正，反之为负。

KVL 可用公式表示为

$$\sum_{j=1}^{m} u(t)=0$$

上式称为回路的电压方程。

下面以图 2-1-3 所示电路为例,列出相应回路的电压方程。

注意:当选择了某一个回路时,在回路内画一个环绕箭头,表示选择的回路绕行方向。对图 2-1-3,我们在两个网孔中分别选择了顺时针和逆时针的绕行方向。

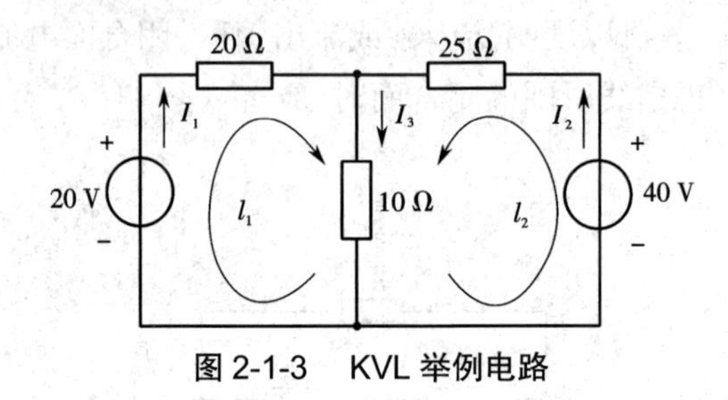

图 2-1-3　KVL 举例电路

对于回路 l_1,电压数值方程为

$$20I_1+10I_3-20=0$$

对于回路 l_2,电压数值方程为

$$25I_2+10I_3-40=0$$

以上两式也可写成

$$20I_1+10I_3=20$$

$$25I_2+10I_3=40$$

由上可知,在直流电路中, KVL 可以表述为回路中电阻的电压之和(代数和)等于回路中电源电压之和,可用公式表示为

$$\sum(IR)=\sum U_S$$

KVL 不仅适用于闭合电路,也适用于电路中任一假想的回路,即可推广到开口电路。如图 2-1-4 所示,a、b 点的左侧电路部分和右侧电路部分都可看作开口电路。

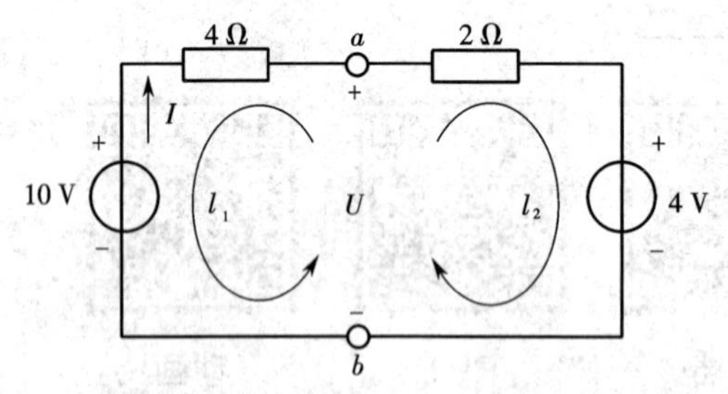

图 2-1-4　KVL 开口电路举例

在所选择的回路绕行方向下,左侧开口电路 l_1 的电压数值方程为

$$U=-4I+10$$

右侧开口电路 l_2 的电压数值方程为

$$U=2I+4$$

应用 KVL 时,应注意以下几点:

(1)KVL 反映了电路遵循能量守恒定律;

(2)KVL 是对回路中的支路电压加的约束,与回路中各支路上接的是什么元件无关,与电

路是线性还是非线性无关；

（3）回路电压方程是按电压参考方向列写的，与电压实际方向无关；

（4）应用 KVL 时，首先要标出电路各部分的电流、电压的参考方向，列回路电压方程时，一般约定电阻的电流方向和电压方向一致。

2.1.2　支路电流法

扫一扫：支路电流法

文档

动画

1. 定义

支路电流法是以各支路电流为未知量列写电路方程分析电路的方法。对于有 n 个节点、b 条支路的电路，要求解支路电流，未知量共有 b 个。只要列出 b 个独立的电路方程，便可以求解这 b 个变量。

2. 独立方程的列写

（1）从电路的 n 个节点中任意选择 n-1 个节点列写 KCL 方程。

（2）选择基本回路列写 b-（n-1）个 KVL 方程。

下面以图 2-1-5 所示电路为例，介绍利用支路电流法求解电路的基本步骤。图中的 E_1、E_2 和电阻 R_1、R_2、R_3 均为已知，求各支路电流。

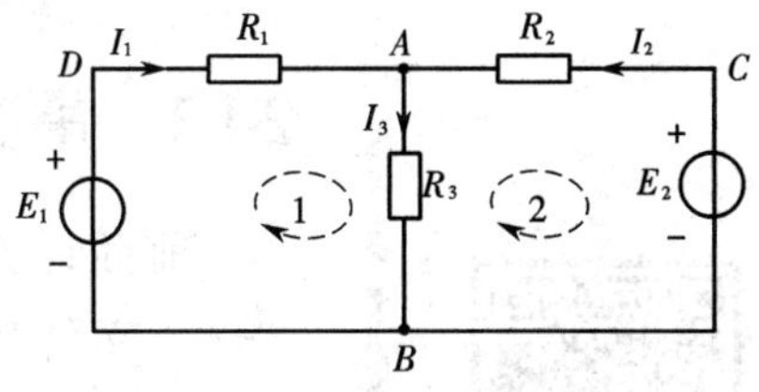

图 2-1-5　支路电流法举例

解　（1）设各支路电流分别为 I_1、I_2 和 I_3，参考方向如图 2-1-5 所示。该电路有三条支路、两个节点。

（2）根据 KCL 列出节点 A 和 B 的电流方程。

节点 A：

$$I_1+I_2-I_3=0$$

节点 B：

$$-I_1-I_2+I_3=0$$

对于上面的两个式子，只是各量的正负相反，化简完显然只有一个方程是独立的。

（3）电路中有三个回路，但为保证所列方程为独立方程，每次选取回路时最少应包含一条前面未曾用过的新支路，最好选用网孔作为回路。根据 KVL 列出回路电压方程，回路绕行方向如图 2-1-5 所示。

回路 1：

$$I_1R_1+I_3R_3=E_1$$

回路 2：

$$-I_2R_2-I_3R_3=-E_2$$

（4）把独立节点电流方程与独立回路电压方程联立起来，对于三个未知量 I_1、I_2 和 I_3，以下三个方程刚好可以求解出。

$$I_1+I_2-I_3=0$$
$$I_1R_1+I_3R_3=E_1$$
$$-I_2R_2-I_3R_3=-E_2$$

3. 求解步骤

通过上面的求解过程可以总结出支路电流法的求解步骤如下。

（1）假定各支路电流的参考方向，如果电路有 n 个节点，根据基尔霍夫电流定律列出（$n-1$）个独立的节点电流方程。

（2）如果电路有 b 条支路，根据基尔霍夫电压定律列出（$b-n+1$）个独立的回路电压方程，通常选择网孔作为回路。

（3）解方程组，求出 b 条支路的电流。

当电路中含有电流源时，将电流源的端电压作为待求量计入回路电压方程中，因此应先选定电流源端电压的参考方向。此时，电流源所在支路的电流为已知的电流源的电流，方程组中待求量的数目仍然不变。

扫一扫：叠加定理

文档

动画

动画（18 s）

2.1.3 叠加定理

前面讨论了线性电路分析的基本方法——支路电流法，其需要列一系列方程，因此也称为网络方程法。为了能更直接、更简便地分析电路，减少烦琐的计算过程，除这些方法外，还有一些分析线性电路的常用定理，能更直接、更简便地分析电路。其中，叠加定理是线性电路普遍适用的基本定理，也是线性电路的重要性质之一。

叠加性是线性电路的基本性质，叠加定理是反映线性电路特性的重要定理，是线性电路分析中普遍适用的重要定理，在电路理论中占有重要地位。

1. 定义

叠加定理可表述为在线性电路中，当有两个或两个以上的独立源作用时，电路中任意支路的电压（或电流）响应，等于各个独立源单独作用时在该支路中产生的电压（或电流）响应的代数和。

下面以图 2-1-6（a）所示电路为例，推导叠加定理的定义和应用。图中有两个独立电源且 $U_S=12$ V，$I_S=3$ A，$R_1=3\ \Omega$，$R_2=6\ \Omega$，求各支路电流，电流参考方向如图所示。

解 （1）分别画出一个电源单独作用时的电路图，另一个电源做置零处理（对理想电压源，用短路替代；对理想电流源，用开路替代），如图 2-1-6（b）和（c）所示。

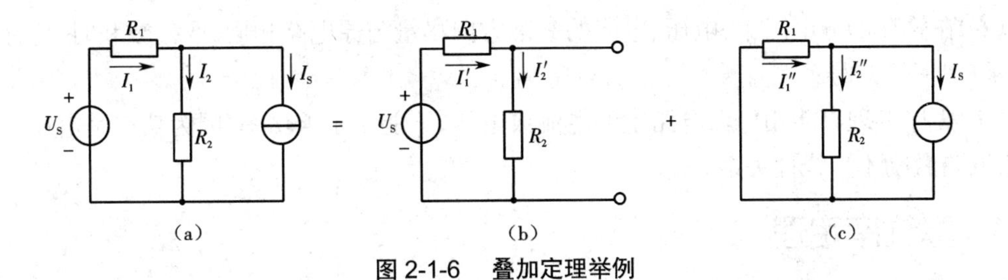

图 2-1-6　叠加定理举例

（2）按电阻串、并联的计算方法，分别求出每个电源单独作用时的支路电流。

对于图 2-1-6（b），各支路电流为

$$I_1' = I_2' = \frac{U_S}{R_1 + R_2} = \frac{12}{3+6} = \frac{4}{3}\text{A}$$

对于图 2-1-6（c），各支路电流为

$$I_1'' = \frac{R_2}{R_1 + R_2} I_S = \frac{6}{3+6} \times 3 = 2\text{ A}$$

$$I_2'' = I_1'' - I_S = 2 - 3 = -1\text{ A}$$

（3）求出各电源在各支路中产生的电流（或电压）的代数和，这些电流（或电压）就是各电源共同作用时，在各支路中产生的电流（或电压）。在求和时，要注意各电流（或电压）的正、负值。

$$I_1 = I_1' + I_1'' = \frac{4}{3} + 2 = \frac{10}{3}\text{A}$$

$$I_2 = I_2' + I_2'' = \frac{4}{3} + (-1) = \frac{1}{3}\text{ A}$$

2. 求解步骤

（1）在原电路中标出所求量（总量）的参考方向。

（2）画出各电源单独作用时的电路图，并标明各分量的参考方向，尽量与原电路分量方向一致。

（3）分别计算各分量，不作用的电压源置零，在电压源处用短路代替；不作用的电流源置零，在电流源处用开路代替。

（4）将各分量叠加，若分量与总量的方向一致，该分量取正；若分量与总量的方向相反，该分量取负。

注意事项：

（1）叠加定理只适用于线性电路，不适用于非线性电路；

（2）叠加方式是任意的，可以一次一个独立源单独作用，也可以一次几个独立源同时作用，主要为了使分析计算简便；

（3）在叠加的分电路中，不作用的电压源置零，在电压源处用短路代替；

（4）在叠加的分电路中，不作用的电流源置零，在电流源处用开路代替；

（5）在叠加的分电路中，电路中所有的电阻不改动，受控源则保留在各分电路中；

(6)在叠加的分电路中,电压、电流的参考方向尽量与原电路相同,取代数和时,应注意各分量前的"+""-"号;

(7)叠加定理只能用于求电路中的电流或电压,不能用于求功率,因为功率是电压和电流的乘积,与激励不呈线性关系。

2.1.4　戴维南定理

扫一扫:戴维南定理

在工程实际中,常常碰到只需研究某一支路的电压、电流或功率的问题。对所研究的支路来说,电路的其余部分就成为一个有源二端网络,可等效变换为较简单的含源支路(电压源与电阻串联或电流源与电阻并联的支路),使分析和计算简化。戴维南定理正是给出了等效含源支路及其计算方法。

在线性电路的分析中,有时仅需要计算某条指定支路的电流或电压,而不必对所有的支路进行分析,为减少计算工作量,这时就可以利用戴维南定理求解。

1. 名词介绍

(1)二端网络:任何具有两个引出端的电路(也叫网路或网络)都称为二端网络。若网络中有电源,则称为有源二端网络,否则称为无源二端网络,如图 2-1-7 所示。

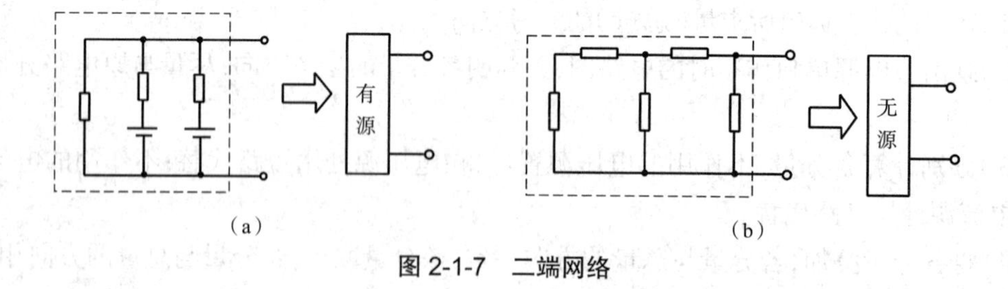

图 2-1-7　二端网络

(2)开路电压 U_{OC}:将待求支路断开后,端口两点之间的电压称为开路电压。

(3)短路电流 I_{SC}:若将待求支路的两端用一根导线短接,则短路线上流过的电流称为短路电流。

2. 定义

戴维南定理又称为等效电压源定理。其内容为任一线性有源二端网络,对其外部电路来说,可以用一个理想电压源与电阻串联构成的实际电压源模型来等效替代,该实际电压源模型的电压等于该电路端口处的开路电压,其串联的电阻(内阻)等于电路去掉内部独立电源后,从端口处得到的等效电阻(该电阻也称为戴维南电阻),如图 2-1-8 所示。这里要注意的是,去掉内部独立电源的含义是指将一端口网络内部的电压源短路、电流源开路,但须保留它们的内阻不变。

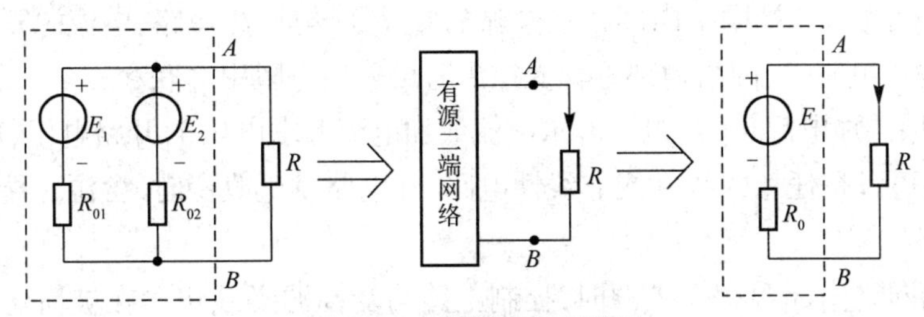

图 2-1-8　戴维南定理举例

下面以图 2-1-9 所示电路为例,推导戴维南定理的定义和应用。图中有两个独立电源,求此二端网络的戴维南等效电路,电流参考方向如图所示。

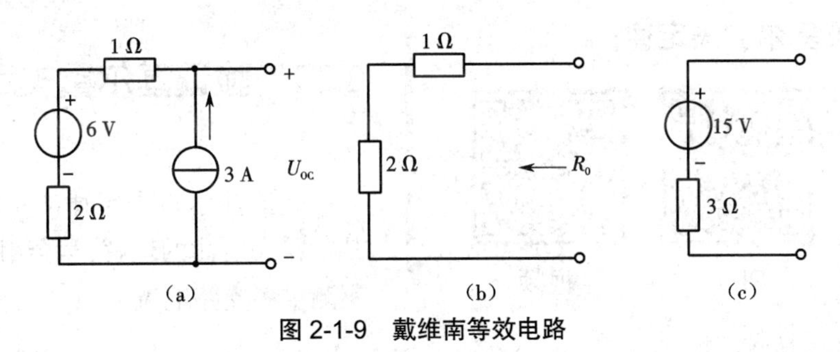

图 2-1-9　戴维南等效电路

解　(1)求开路电压 U_{OC},如图 2-1-9(a)所示,有

$$U_{OC}=3\times1+6+3\times2=15\ \text{V}$$

(2)求等效电阻 R_0,如图 2-1-9(b)所示,有

$$R_0=2+1=3\ \Omega$$

(3)画出 U_{OC} 和 R_0 构成的戴维南等效电路,如图 2-1-9(c)所示。

3. 求解步骤

戴维南定理是一个很重要的电路分析方法,特别是在只需要计算电路中某一指定支路的电流、电压,或分析某支路上电阻变化引起的电流和电压变化时,这个方法是很有效的。值得注意的是,这里所说的等效是对划出的外电路而言的,对有源二端网络内部的电流、电压及功率关系一般是不等效的。

利用戴维南定理求解电路的步骤如下:

(1)画出把待求支路从电路中移去后的有源线性二端网络;

(2)求有源线性二端网络的开路电压 U_{OC};

(3)求有源线性二端网络内部所有独立源置零时(电压源以短路代替,电流源以开路代替)的等效电阻 R_0;

(4)画出戴维南等效电路,将待求支路连接起来,计算未知量。

注意事项：

（1）戴维南等效电路中电压源电压等于将外电路断开时的开路电压 U_{OC}，电压源方向与所求开路电压方向有关，计算 U_{OC} 时视电路形式可选择前面介绍过的任意方法，以便于计算；

（2）等效电阻为将二端网络内部独立电源全部置零（电压源短路，电流源开路）后，所得无源二端网络的输入电阻，当网络内部不含受控源时可采用电阻串并联和△-Y 互换的方法计算等效电阻，或采用外加电源法（加电压源求电流或加电流源求电压），开路电压、短路电流法；

（3）外电路可以是任意的线性或非线性电路，外电路发生改变时，含源二端网络的等效电路不变（伏安特性等效）；

（4）当二端网络内部含有受控源时，控制电路与受控源必须包含在被简化的同一部分电路中。

任务二　技能性任务

扫一扫：验证基尔霍夫定律

文档

PPT

视频

2.2.1　验证基尔霍夫定律

1. 实训目的

验证基尔霍夫定律的正确性，加深对基尔霍夫定律的理解，学会用电流插头、插座测量各支路电流。

2. 实训原理说明

基尔霍夫定律是电路的基本定律。测量得到的某电路的各支路电流及每个元件的端电压，应能分别满足基尔霍夫电流定律（KCL）和基尔霍夫电压定律（KVL）：对电路中的任一节点而言，应有 $\sum I_{入}=\sum I_{出}$；对任何一个闭合回路而言，应有 $\sum_{j=1}^{m}u(t)=0$。

3. 实训设备

所需实训设备见表 2-2-1。

表 2-2-1　所需实训设备

序号	名称	型号与规格	数量	备注
1	直流可调稳压电源	0~30 V	两路	DG04
2	万用表		1	自备
3	直流数字电压表	0~200 V	1	D31
4	电位、电压测定实验线路板		1	DG05

4. 实训内容

实训电路如图 2-2-1 所示，利用 DG05 挂箱的“基尔霍夫定律/叠加定理”电路。

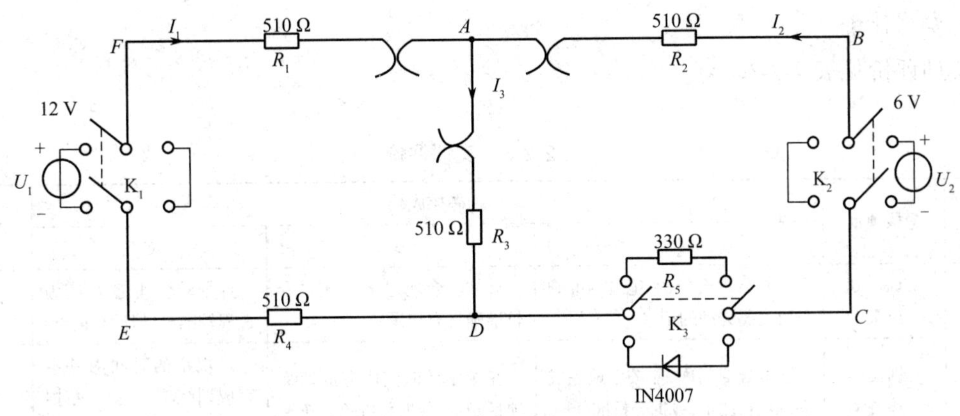

图 2-2-1　验证基尔霍夫定律实验图

（1）将 DG05 挂箱的"基尔霍夫定律 / 叠加定理"线路，按图 2-2-1 接线。

（2）实施前任意设定三条支路的电流方向和三个闭合回路的绕行方向。其中 I_1、I_2、I_3 的方向已设定，如图 2-2-1 所示；并设三个闭合回路的绕行方向为 *ADEFA*，*BADCB*，*FBCEF*。

（3）分别将两路直流稳压源接入电路，令 U_1=12 V，U_2=6 V。

（4）熟悉电流插头的结构，将电流插头的两端接至数字毫安表的"+""−"两端。

（5）将电流插头分别插入三条支路的三个电流插座中（图 2-2-2），读出电流值，并将其记录于表 2-2-2 中。

（6）用直流数字电压表分别测量两路电源及电阻元件上的电压值，并将其记录于表 2-2-2 中。

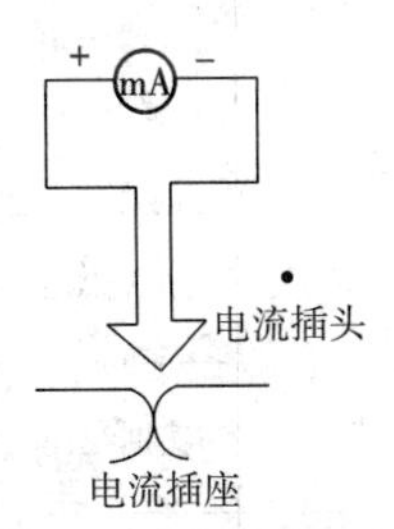

图 2-2-2　电流插头和电流插座

表 2-2-2　实验数据记录

被测量	I_1/mA	I_2/mA	I_3/mA	U_1/V	U_2/V	U_{FA}/V	U_{AB}/V	U_{AD}/V	U_{CD}/V	U_{DE}/V
计算值										
测量值										
相对误差										

5. 实训注意事项

（1）线路板可多个实训通用，本次实训中需使用电流插头。DG05 挂箱上的 K_3 应拨向 330 Ω 侧，三个故障按键均不得按下。

（2）所有需要测量的电压值，均以电压表测量的读数为准，U_1、U_2 也需测量，不应取电源本身的显示值。

（3）防止稳压电源两个输出端碰线短路。

（4）用指针式万用表测量电压或电流时，如果仪表指针反偏，则必须调换两个表笔，重新测量；如果仪表指针正偏，可读得电压或电流值。利用直流数字电压表或直流数字电流表测量时，则可直接读出电压值或电流值。

6. 实训评价

实训评价见表 2-2-3。

表 2-2-3 实训评价

序号	考核项目	考核成绩			成绩
		A	B	C	
1	实训计划决策	计划合理充分,实施过程准确且有完整详细的记录	计划较合理充分,实施过程较准确且有记录	计划较合理充分,实施过程较准确,但没有记录	20%
2	实训实施检查	在规定时间内,能较好地完成训练项目测量,数据分析准确	在规定的时间内完成训练项目测量,数据分析较准确	在规定的时间内基本完成训练项目测量,数据分析较准确	35%
3	实训评估讨论	能独立完成实训项目,准确分析数据、得出结论,并能积极解决实训过程中出现的问题	能较独立完成实训项目,较准确分析数据、得出结论,并能部分解决实训过程中出现的问题	能基本完成实训项目,能分析数据、得出结论,并能部分解决实训过程中出现的问题	15%
4	仪器使用维护	能严格按照仪器仪表的操作规范进行操作,并在使用完成后能及时清理垃圾,将仪器摆放整齐等	能较严格按照仪器仪表的操作规范进行操作,并在使用完成后能清理垃圾,将仪器摆放整齐等	能按照仪器仪表的操作规范进行操作,并在使用完成后能清理垃圾,将仪器摆放整齐等	10%
	团队协作	积极与小组成员配合,井然有序地完成训练项目	能与小组成员配合,井然有序地完成训练项目	能与小组成员配合,基本完成训练项目	10%
	实训纪律	认真遵守实训时间,实训中积极动手、动脑	较认真遵守实训时间,实训中能动手、动脑	能遵守实训时间,实训中不够积极	10%
总评					

7. 实训思考及报告要求

(1)在基尔霍夫定律的验证过程中,根据图 2-2-1 所示的电路参数,计算出待测的电流 I_1、I_2、I_3 和各电阻上的电压值,记录于表 2-2-2 中,以便于实训实施时正确选定毫安表和万用表的量程。

(2)若用指针式万用表的直流毫安挡测各支路电流,在什么情况下可能出现指针反偏,应如何处理?在记录数据时应注意什么?若用直流数字毫安表进行测量,表盘会怎样显示?

(3)根据测试数据,选定节点 A,验证 KCL 的正确性。

(4)根据测试数据,选定测试电路中的任一个闭合回路,验证 KVL 的正确性。

(5)将支路电流方向和闭合回路的绕行方向重新设定,重复(3)和(4)两项验证。

(6)进行误差原因分析。

(7)写出心得体会。

[思政要点]

1. 温故知新

在使用万用表测量相关的电压、电位时,进一步强化万用表的使用,温故而知新,一定要清楚各个挡位的量程,以及每个挡位测量的操作顺序与注意事项。

2. 刻苦努力

在实训过程中,结合基尔霍夫的事迹,激发学生树立崇高理想,弘扬伟大奋斗精神,从而更加刻苦努力地学习。

2.2.2　验证叠加定理

扫一扫:验证叠加定理

文档

PPT

视频

1. 实训目的

验证线性电路叠加定理,加深对线性电路叠加性和齐次性的认识和理解。

2. 实训原理说明

叠加定理指出:在有多个独立源共同作用的线性电路中,通过每一个元件的电流或其两端的电压,可以看成是由每一个独立源单独作用时在该元件上所产生的电流或电压的代数和。

3. 实训设备

所需实训设备见表 2-2-4。

表 2-2-4　实训设备

序号	名称	型号与规格	数量	备注
1	直流稳压电源	0~30 V,可调	两路	DG04
2	万用表		1	自备
3	直流数字电压表	0~200 V	1	D31
4	直流数字毫安表	0~200 mV	1	D31
5	叠加定理实验电路板		1	DG05

4. 实训内容

实训电路如图 2-2-3 所示,利用 DG05 挂箱的“基尔霍夫定律 / 叠加定理”电路。

(1)将两路稳压源的输出分别调节为 12 V 和 6 V,接入 U_1 和 U_2 处。

(2)令 U_1 电源单独作用(将开关 K_1 拨向 U_1 侧,开关 K_2 拨向短路侧)。

(3)令 U_2 电源单独作用(将开关 K_1 拨向短路侧,开关 K_2 拨向 U_2 侧),重复上一实训实验的测量和记录,将数据记入表 2-2-5。

(4)令 U_1 和 U_2 共同作用(开关 K_1 和 K_2 分别拨向 U_1 和 U_2 侧),重复上述的测量和记录,将数据记入表 2-2-5。

(5)将 U_2 的数值调至 +12 V,重复上述实训步骤(3)的测量和记录,将数据记入表 2-2-5。

(6)将 R_5(330 Ω)换成二极管 IN4007(即将开关 K_3 拨向二极管 IN4007 侧),重复(1)~(5)的测量过程,将数据记入表 2-2-6(重新制一个空表)。

（7）任意按下某个故障设置键，重复实训步骤（4）的测量和记录，再根据测量结果判断出故障的性质，将数据记入表 2-2-6。

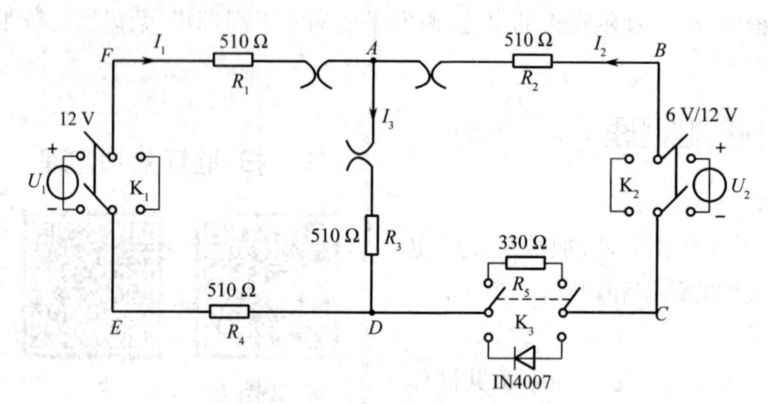

图 2-2-3 验证叠加定理实验图

表 2-2-5 实验数据记录 1

测量项目 实验内容	U_1 /V	U_2 /V	I_1 /mA	I_2 /mA	I_3 /mA	U_{AB} /V	U_{CD} /V	U_{AD} /V	U_{DE} /V	U_{FA} /V
U_1 单独										
U_2 单独										
U_1、U_2 共同										
$2U_2$ 单独										

表 2-2-6 实验数据记录 2

测量项目 实验内容	U_1 /V	U_2 /V	I_1 /mA	I_2 /mA	I_3 /mA	U_{AB} /V	U_{CD} /V	U_{AD} /V	U_{DE} /V	U_{FA} /V
U_1 单独										
U_2 单独										
U_1、U_2 共同										
$2U_2$ 单独										

5. 实训注意事项

（1）用电流插头测量各支路电流时，或者用电压表测量电压时，应注意仪表的极性，正确判断测得值的“+”“−”号后，记入数据表格。

（2）注意仪表量程的及时更换。

6. 实训评价

实训评价见表 2-2-7。

表 2-2-7　实训评价

序号	考核项目	考核成绩			成绩
		A	B	C	
1	实训计划决策	计划合理充分,实施过程准确且有完整详细的记录	计划较合理充分,实施过程较准确且有记录	计划较合理充分,实施过程较准确,但没有记录	20%
2	实训实施检查	在规定时间内,能较好地完成训练项目测量,数据分析准确	在规定的时间内完成训练项目测量,数据分析较准确	在规定的时间内基本完成训练项目测量,数据分析较准确	35%
3	实训评估讨论	能独立完成实训项目,准确分析数据、得出结论,并能积极解决实训过程中出现的问题	能较独立完成实训项目,较准确分析数据、得出结论,并能部分解决实训过中出现的问题	能基本完成实训项目,能分析数据、得出结论,并能部分解决实训过程中出现的问题	15%
4	仪器使用维护	能严格按照仪器仪表的操作规范进行操作,并在使用完成后能及时清理垃圾,将仪器摆放整齐等	能较严格按照仪器仪表的操作规范进行操作,并在使用完成后能清理垃圾,将仪器摆放整齐等	能按照仪器仪表的操作规范进行操作,并在使用完成后能清理垃圾,将仪器摆放整齐等	10%
	团队协作	积极与小组成员配合,井然有序地完成训练项目	能与小组成员配合,井然有序地完成训练项目	能与小组成员配合,基本完成训练项目	10%
	实训纪律	认真遵守实训时间,实训中积极动手、动脑	较认真遵守实训时间,实训中能动手、动脑	能遵守实训时间,实训中不够积极	10%
总评					

7. 实训思考及报告要求

(1)在叠加定理的验证过程中,要令 U_1 和 U_2 分别单独作用,应如何操作?可否直接将不作用的电源(U_2 或 U_1)短接置零?

(2)在测试电路中,若将一个电阻改为二极管,试问叠加定理的叠加性还成立吗?为什么?

(3)根据测试数据,进行分析、比较,归纳、总结出结论,即验证线性电路的叠加性。

(4)各电阻所消耗的功率能否用叠加定理计算得出?试用上述测试数据进行计算,并做出结论。

(5)通过实训内容中的步骤(4)分析对应表格中的数据,你能得出什么结论?

(6)写出心得体会。

2.2.3　验证戴维南定理

扫一扫:文档 - 验证戴维南定理

1. 实训目的

验证戴维南定理,加深对该定理的理解;掌握测量有源二端网络等效参数的一般方法。

2. 实训原理说明

任何一个线性有源网络,如果仅研究其中一条支路的电压和电流,则可将电路的其余部分看作一个有源二端网络。

戴维南定理指出:任何一个线性有源网络,总可以用一个电压源与一个电阻的串联来等效代替,此电压源的电压 U_S 等于这个有源二端网络的开路电压 U_{OC},其等效内阻 R_0 等于该网络中所有独立源均置零(理想电压源视为短接,理想电流源视为开路)时的等效电阻。U_{OC}(U_S)和 R_0 或者 I_{SC}(I_S)和 R_0 称为有源二端网络的等效参数。

有源二端网络等效参数的测量方法如下。

1)开路电压、短路电流法测 R_0

在有源二端网络输出端开路时,用电压表直接测其输出端的开路电压 U_{OC},然后将其输出端短路,用电流表测其短路电流 I_{SC},则其等效内阻为

$$R_0 = \frac{U_{OC}}{I_{SC}}$$

如果二端网络的内阻很小,若将其输出端短路,则易损坏其内部元件,因此不宜用此法。

2)伏安法测 R_0

用电压表、电流表测出有源二端网络的外特性曲线,根据外特性曲线求出斜率即为内阻。

3)半电压法测 R_0

当负载电压为被测网络开路电压的一半时,负载电阻(由电阻箱的读数确定)即为被测有源二端网络的等效内阻值。

4)零示法测 U_{OC}

在测量具有高内阻有源二端网络的开路电压时,用电压表直接测量会造成较大的误差。为了消除电压表内阻的影响,往往采用零示法测量。

零示法的测量原理是用一低内阻的稳压电源与被测有源二端网络进行比较,当稳压电源的输出电压与有源二端网络的开路电压相等时,电压表的读数将为零。然后将电路断开,测量此时稳压电源的输出电压,即为被测有源二端网络的开路电压。

3. 实训设备

所需实训设备见表 2-2-8。

表 2-2-8 实训设备

序号	名 称	型号与规格	数量	备注
1	可调直流稳压电源	0~30 V	1	DG04
2	可调直流恒流源	0~500 mA	1	DG04
3	直流数字电压表	0~200 V	1	D31
4	直流数字毫安表	0~200 mA	1	D31
5	万用表		1	自备
6	可调电阻箱	0~99 999.9 Ω	1	DG09
7	电位器	1 kΩ/2 W	1	DG09
8	戴维南定理实验电路板		1	DG05

4. 实训内容

被测有源二端网络如图 2-2-4(a)所示。

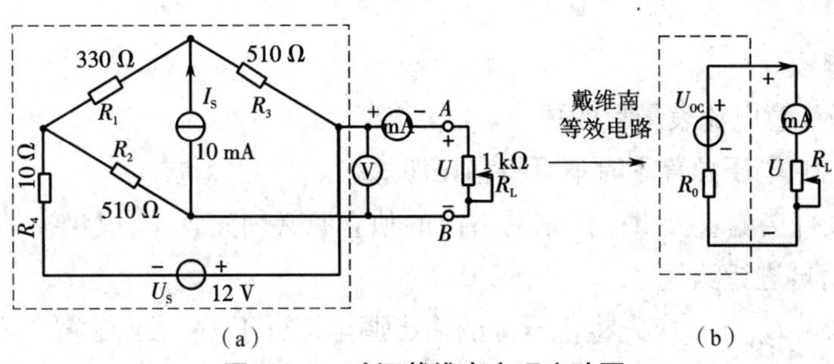

(a)　　(b)

图 2-2-4　验证戴维南定理实验图

(1)用开路电压、短路电流法测定戴维南等效电路的 U_{OC}、R_0 或诺顿等效电路的 I_{SC}、R_0。按图 2-2-4(a)接入稳压电源 U_S=12 V 和恒流源 I_S=10 mA，不接入 R_L，测出 U_{OC} 和 I_{SC}，并计算出 R_0(测 U_{OC} 时，不接入电流表)，将测量数据记入表 2-2-9。

表 2-2-9　实验数据记录 1

U_{OC}/V	I_{SC}/mA	R_0=U_{OC}/I_{SC}/Ω

(2)负载实验。按图 2-2-4(a)接入 R_L，改变 R_L 阻值，测量有源二端网络的外特性曲线，将测量数据记入表 2-2-10，并画出特性曲线。

表 2-2-10　实验数据记录 2

U/V									
I/mA									

(3)验证戴维南定理。从电阻箱上取得按步骤(1)所得的等效电阻 R_0 值，然后令其与直流稳压电源(调到步骤(1)所测得的开路电压 U_{OC} 值)相串联，如图 2-2-4(b)所示，仿照步骤(2)测其外特性，对戴维南定理进行验证，将数据记入表 2-2-11。

表 2-2-11　实验数据记录 3

U/V									
I/mA									

(4)有源二端网络等效电阻(又称入端电阻)的直接测量法。如图 2-2-4(a)所示，将被测有源二端网络内的所有独立源置零(去掉电流源 I_S 和电压源 U_S，并在原电压源所接的两点用一根短路导线相连)，然后用伏安法或者直接用万用表的欧姆挡测定负载 R_L，开路时端口两点

间的电阻,即为被测网络的等效内阻 R_0,或称网络的入端电阻 R_i。

(5)用半电压法和零示法测量被测电源二端网络的等效内阻 R_0 及其开路电压 U_{OC},线路及数据表格自拟。

5. 实训注意事项

(1)测量时应注意电流表量程的更换。

(2)步骤(5)中,电压源置零时不可将稳压源短接。

(3)用万用表直接测量 R_0 时,首先网络内的独立源必须先置零,以免损坏万用表;其次欧姆挡必须经调零后再进行测量。

(4)零示法测量 U_{OC} 时,应先将稳压源的输出调至接近于 U_{OC},再测量。

(5)改接线路时,要关掉电源。

6. 实训评价

实训评价见表 2-2-12。

表 2-2-12 实训评价

序号	考核项目	考核成绩			成绩
		A	B	C	
1	实训计划决策	计划合理充分,实施过程准确且有完整详细的记录	计划较合理充分,实施过程较准确且有记录	计划较合理充分,实施过程较准确,但没有记录	20%
2	实训实施检查	在规定时间内,能较好地完成训练项目测量,数据分析准确	在规定的时间内完成训练项目测量,数据分析较准确	在规定的时间内基本完成训练项目测量,数据分析较准确	35%
3	实训评估讨论	能独立完成实训项目,准确分析数据、得出结论,并能积极解决实训过程中出现的问题	能较独立完成实训项目,较准确分析数据、得出结论,并能部分解决实训过程中出现的问题	能基本完成实训项目,能分析数据、得出结论,并能部分解决实训过程中出现的问题	15%
4	仪器使用维护	能严格按照仪器仪表的操作规范进行操作,并在使用完成后能及时清理垃圾,将仪器摆放整齐等	能较严格按照仪器仪表的操作规范进行操作,并在使用完成后能清理垃圾,将仪器摆放整齐等	能按照仪器仪表的操作规范进行操作,并在使用完成后能清理垃圾,将仪器摆放整齐等	10%
	团队协作	积极与小组成员配合,井然有序地完成训练项目	能与小组成员配合,井然有序地完成训练项目	能与小组成员配合,基本完成训练项目	10%
	实训纪律	认真遵守实训时间,实训中积极动手、动脑	较认真遵守实训时间,实训中能动手、动脑	能遵守实训时间,实训中不够积极	10%
总评					

7. 实训思考及报告要求

(1)在求戴维南或诺顿等效电路时,做短路实验,测 I_{SC} 的条件是什么?可否直接做负载短路实验?实验前对图 2-2-4(a)预先做好计算,以便调整实验线路及测量时可准确地选取仪表的量程。

（2）简述测有源二端网络开路电压及等效内阻的几种方法，并比较其优缺点。

（3）根据步骤（2）、（3）、（4），分别绘出曲线，验证戴维南定理和诺顿定理的正确性，并分析产生误差的原因。

（4）根据步骤（1）、（5）的几种方法测得的 U_{OC} 和 R_0，与预习时电路计算的结果进行比较，能得出什么结论？

（5）写出心得体会。

任务三　拓展性任务

2.3.1 Y 形网络和△形网络的等效变换

1. 电阻的△、Y 形连接

Y 形连接也称为星形连接，△形连接也称为三角形连接。它们都具有 3 个端子与外部相连。在图 2-3-1 所示电桥电路中，R_1、R_2、R_3 构成 Y 形连接；R_{12}、R_{23}、R_{31} 构成△形连接。图 2-3-1（a）和（b）分别表示接于端子 1、2、3 的三个电阻的 Y 形连接与△形连接。端子 1、2、3 与电路的其他部分相连，图中没有画出电路的其他部分。当两种电路的电阻之间满足一定关系时，它们在端子 1、2、3 上及端子以外的特性可以相同，就是说它们可以互相等效变换。如果在它们的对应端子之间具有相同的电压，而流入对应端子的电流分别相等，则它们彼此等效。这就是 Y-△等效变换的条件。

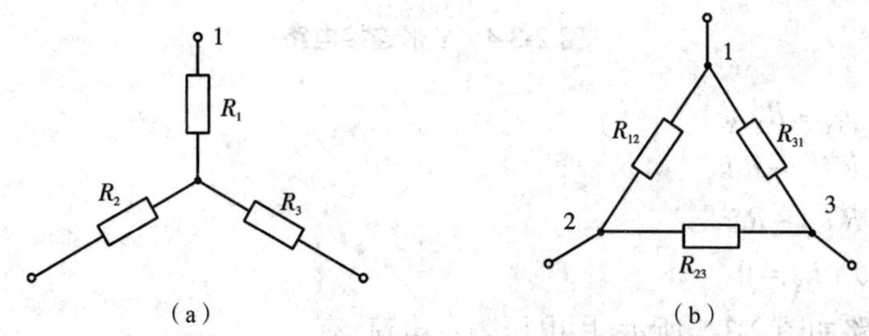

图 2-3-1　Y 形连接和△形连接的等效变换

2. △、Y 形网络的变形

（1）π 形电路（△形），如图 2-3-2 所示。

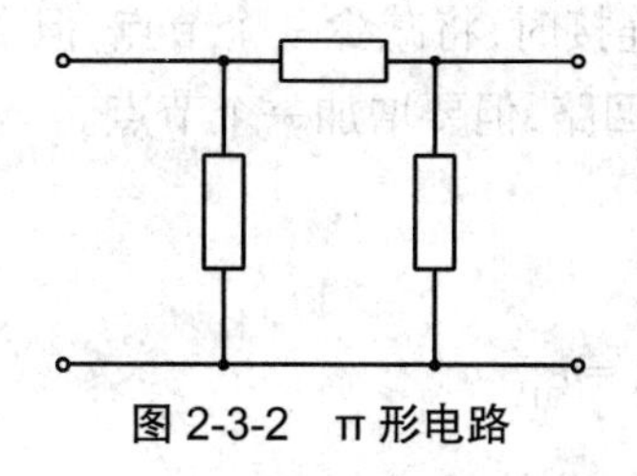

图 2-3-2　π 形电路

(2)T 形电路(Y 形),如图 2-3-3 所示。

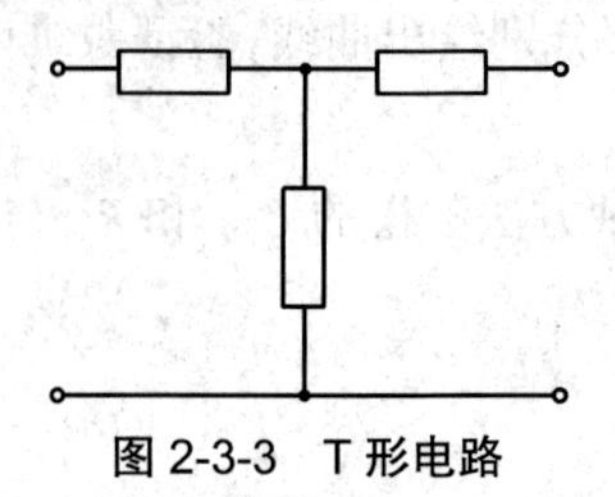

图 2-3-3 T 形电路

注意:以上两个电路,当它们的电阻满足一定关系时,能够相互等效。

3. △-Y 变换的等效条件

Y 形连接电路如图 2-3-4 所示,用电流表示电压,有

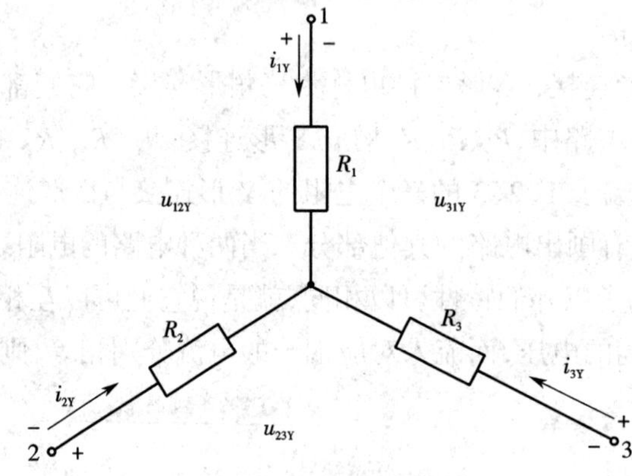

图 2-3-4 Y 形连接电路

$$\begin{cases} u_{12Y}=R_1 i_{1Y}-R_2 i_{2Y} \\ u_{23Y}=R_2 i_{2Y}-R_3 i_{3Y} \\ u_{31Y}=R_3 i_{3Y}-R_1 i_{1Y} \\ i_{1Y}+i_{2Y}+i_{3Y}=0 \end{cases} \tag{2-1}$$

△形连接电路如图 2-3-5 所示,用电压表示电流,有

$$\begin{cases} i_{1\triangle}=u_{12\triangle}/R_{12}-u_{31\triangle}/R_{31} \\ i_{2\triangle}=u_{23\triangle}/R_{23}-u_{12\triangle}/R_{12} \\ i_{3\triangle}=u_{31\triangle}/R_{31}-u_{23\triangle}/R_{23} \end{cases} \tag{2-2}$$

将星形连接转换成三角形连接时,将减少一个节点,但要增加一个回路;而将三角形连接转换成星形连接时,将减少一个回路,但要增加一个节点。

△-Y 变换的等效条件:

$$i_{1\triangle}=i_{1Y},\ i_{2\triangle}=i_{2Y},\ i_{3\triangle}=i_{3Y}$$

$$u_{12\triangle}=u_{12Y},u_{23\triangle}=u_{23Y},u_{31\triangle}=u_{31Y}$$

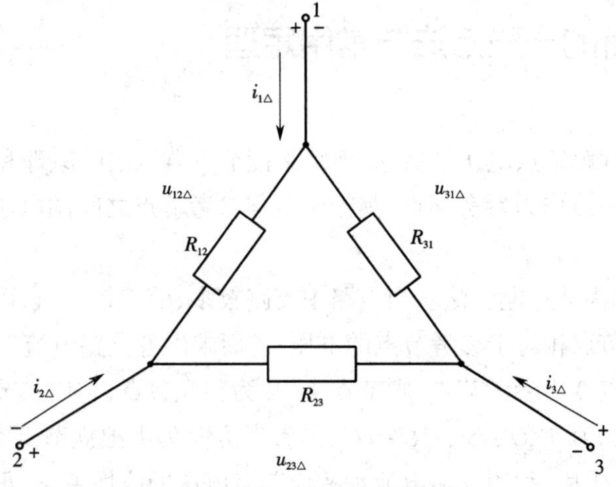

图 2-3-5　△形连接电路

将式(2-1)化简，得

$$\begin{cases} i_{1Y}=\dfrac{u_{12Y}R_3-u_{31Y}R_2}{R_1R_2+R_2R_3+R_3R_1} \\ i_{2Y}=\dfrac{u_{23Y}R_1-u_{12Y}R_3}{R_1R_2+R_2R_3+R_3R_1} \\ i_{3Y}=\dfrac{u_{31Y}R_2-u_{23Y}R_1}{R_1R_2+R_2R_3+R_3R_1} \end{cases} \tag{2-3}$$

根据等效条件，比较式(2-3)与式(2-2)，得 Y-△变换的等效条件为

$$\begin{cases} R_{12}=R_1+R_2+\dfrac{R_1R_2}{R_3} \\ R_{23}=R_2+R_3+\dfrac{R_2R_3}{R_1} \\ R_{31}=R_3+R_1+\dfrac{R_3R_1}{R_2} \end{cases}$$

△-Y 变换的等效条件为

$$\begin{cases} R_1=\dfrac{R_{12}R_{31}}{R_{12}+R_{23}+R_{31}} \\ R_2=\dfrac{R_{23}R_{12}}{R_{12}+R_{23}+R_{31}} \\ R_3=\dfrac{R_{31}R_{23}}{R_{12}+R_{23}+R_{31}} \end{cases}$$

特例：若三个电阻相等(对称)，则有 $R_{\triangle}=3R_{Y}$。

2.3.2 电路分析的一般方法与常用定理

1. 节点电压法

基本要求：透彻理解节点电压的概念，熟练掌握节点电压法的原理和方程的列写规则。

节点电压：任选一点作为参考节点，其他各点与参考节点之间的电压称为该点的节点电压或节点电位。

节点电压法也称为节点电位法。当电路中支路较多、节点较少时，可选其中一个节点作为参考节点，求出其他节点相对于参考节点的电压，进而求出各支路电流。例如，在图 2-3-6 所示电路中，如果选择节点 0 为参考节点，则节点 1、2 为独立节点，它们与节点 0 之间的电压就称为节点电压 U_1 和 U_2，其中 $U_1=U_{10}$，$U_2=U_{20}$，其参考方向为由独立节点 1、2 指向参考节点 0。求得各独立节点的电压后，利用支路电流和相应节点电压的线性关系，很容易求得各支路的电流，即

$$\begin{cases} I_1 = \dfrac{U_1}{R_1} \\ I_2 = \dfrac{U_2}{R_2} \\ I_3 = \dfrac{U_{12}}{R_3} = \dfrac{U_1 - U_2}{R_3} \end{cases}$$

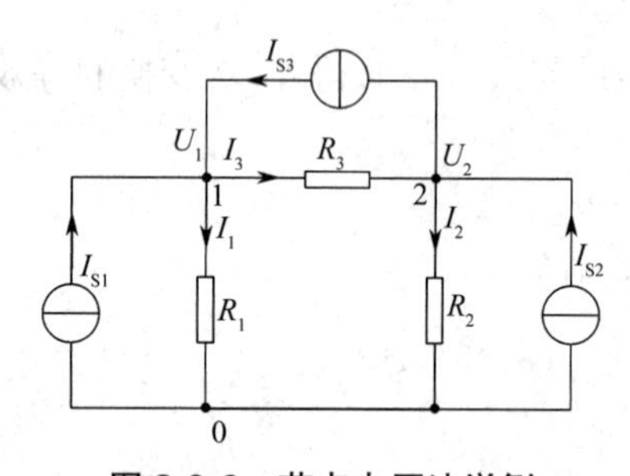

图 2-3-6 节点电压法举例

节点电压法是以节点电压作为电路的未知量，然后根据 KCL 列写电路中各独立节点电流方程的分析方法。节点上各电阻支路的电流大小是以节点电压的形式来表示的。节点电压法的独立方程数等于独立节点数，即（n-1）。求出各独立节点的电压后，就可求得全部支路电压，从而进一步解出各支路电流。

用节点电压法列写 KCL 方程原则上与用支路电流法列写 KCL 方程一样，但是这时应该用节点电压来表示各电阻支路中的电流。需要注意的是，节点电压分为两种：一种是电阻支路接在独立节点与参考节点之间，支路电压就是节点电压；另一种是电阻支路接在两个独立节点之间，列写方程时应该把这两个独立节点电压都计算进去，即支路电压是两个节点电压之差。

对图 2-3-6 所示电路中的两个节点，列写 KCL 方程，各支路电流的参考方向如图所示。

节点 1：

$$I_1+I_3-I_{S1}-I_{S2}=0 \tag{2-4}$$

节点 2：

$$I_2-I_3-I_{S2}+I_{S3}=0 \tag{2-5}$$

根据欧姆定律和不闭合回路基尔霍夫电压定律可得

$$\begin{cases} I_1=\dfrac{U_1}{R_1}=G_1U_1 \\ I_2=\dfrac{U_2}{R_2}=G_2U_2 \\ I_3=\dfrac{U_{12}}{R_3}=\dfrac{U_1-U_2}{R_3}=G_3\left(U_1-U_2\right) \end{cases} \tag{2-6}$$

将式（2-6）代入式（2-4）和式（2-5），整理后得

$$\begin{cases} \left(G_1+G_3\right)U_1-G_3U_2=I_{S1}+I_{S2} \\ -G_3U_1+\left(G_2+G_3\right)U_2=I_{S2}-I_{S3} \end{cases} \tag{2-7}$$

这就是以节点电位 U_1 和 U_2 为未知量的节点电压方程。将式（2-7）写成一般形式，有

$$\begin{cases} G_{11}U_1+G_{12}U_2=I_{S11} \\ G_{21}U_1+G_{22}U_2=I_{S22} \end{cases} \tag{2-8}$$

式（2-8）称为具有两个独立节点电路的节点方程的一般形式。其中，$G_{11}=G_1+G_3$ 表示节点 1 的自电导，其值等于直接连接在节点 1 的各条支路的电导之和；$G_{22}=G_2+G_3$ 表示节点 2 的自电导，其值等于直接连接在节点 2 的各条支路的电导之和；G_{12} 和 G_{21} 表示节点 1 和节点 2 之间的互电导。自电导恒为正值，这是因为假设节点电压的参考方向总是由独立节点指向参考节点，所以各节点电压在自电导中引起的电流总是流出该节点的。

$I_{S11}=I_{S1}+I_{S2}$ 表示流入节点 1 的所有电流源电流的代数和，$I_{S22}=I_{S2}-I_{S3}$ 表示流入节点 2 的所有电流源电流的代数和。当电流源电流流入节点时，前面取正号；流出节点时，前面取负号。若是理想电流源支路有串联电阻，在列写节点电压方程时，该电阻应去除（短路）。若电路中存在电压源与电阻串联的支路，则将其等效变换为电流源与电阻的并联。

节点电压法的解题步骤：

（1）选定参考节点，标出各独立节点的序号，将独立节点电压作为未知量，其参考方向由独立节点指向参考节点；

（2）按一般公式，列出（n-1）个独立节点的节点方程，自电导恒为正，互电导恒为负；

（3）联立求解节点方程，求出各节点电压；

（4）指定支路电压和支路电流的参考方向，由节点电压计算各支路电压和支路电流；

（5）若电路中存在电压源与电阻串联的支路，则将其等效变换为电流源与电阻的并联。

2. 诺顿定理

诺顿定理指出：任何线性有源电阻性二端网络 N_S，可以用一个电流为 I_{SC} 的理想电流源和阻值为 R_{eq} 的电阻并联的电路模型来替代。其电流 I_{SC} 等于该网络 N_S 端口短路时的短路电流；R_{eq} 等于该网络 N_S 中所有独立电源置零时，从端口看进去的等效电阻。

图 2-3-7(a)所示的含源二端网络 N_S 的戴维南等效电路如图 2-3-7(b)所示,再根据电源模型的等效变换知,图 2-3-7(b)可以等效变换成图 2-3-7(c)的形式。图 2-3-7(c)所示电路称为 N_S 的诺顿等效电路,其中 I_{SC} 是 N_S 的端口短路电流, G_{eq} 是 N_S 的无源等效电导。诺顿等效电路和戴维南等效电路的关系为

$$G_{eq}=\frac{1}{R_{eq}},I_{SC}=\frac{U_{OC}}{R_{eq}} \tag{2-9}$$

可见,在诺顿等效电路和戴维南等效电路中,只有 U_{OC}、I_{SC} 和 R_{eq}(或 G_{eq})3 个参数是独立的。由式(2-9)可得出

$$R_{eq}=\frac{U_{OC}}{I_{SC}} \tag{2-10}$$

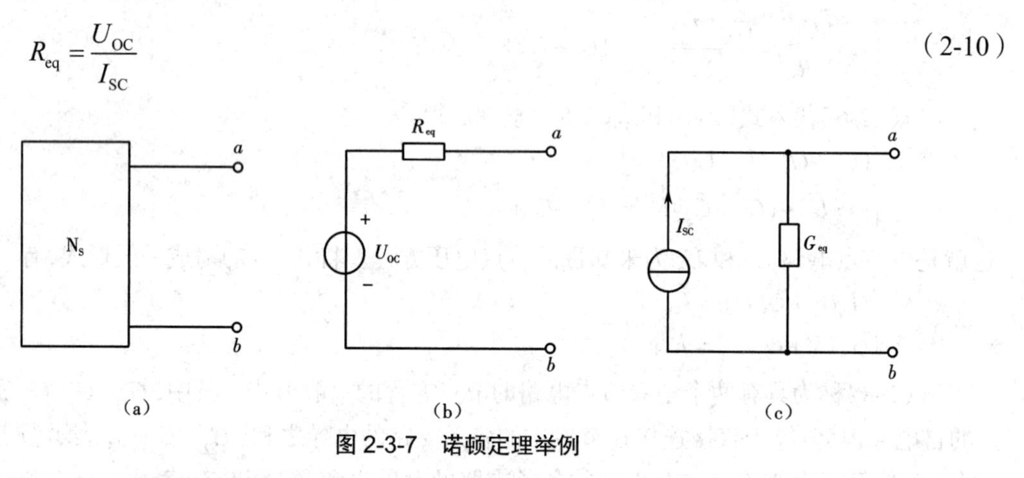

图 2-3-7 诺顿定理举例

因此,只要分别求出 N_S 的 U_{OC} 和 I_{SC},就可以利用式(2-10)求出 N_S 的无源等效电阻。

项目小结

1.KCL 是对支路电流的线性约束,KVL 是对回路电压的线性约束。

2.KCL、KVL 与组成支路的元件性质及参数无关。

3.KCL 表明在每一节点上电荷是守恒的;KVL 是能量守恒的具体体现(电压与路径无关)。

4. 支路电流法列写的是 KCL 和 KVL 方程,方程列写方便、直观,但方程数较多,适合在支路数不多的情况下使用。

5. 支路电流法是以支路电流为未知量,对(n−1)个独立节点列 KCL 方程,对 b−(n−1)个网孔列 KVL 方程求解电路的方法。使用该方法首先要选参考节点,并标示支路电流参考方向。

6. 在叠加的分电路中,不作用的电压源置零,在电压源处用短路代替;不作用的电流源置零,在电流源处用开路代替;电路中所有的电阻不改动,受控源则保留在各分电路中。

7. 叠加定理只能用于求电路中的电流或电压,不能用于求功率,因为功率是电压和电流的乘积,与激励不呈线性关系。

8. 任何线性有源二端网络,都可以用戴维南定理进行简化。

9. 任何线性有源二端网络，对其外部电路来说，可以用一个理想电压源与电阻串联构成的实际电压源模型来等效替代，该实际电压源模型的电压等于该电路端口处的开路电压，其串联的电阻（内阻）等于电路去掉内部独立电源后，从端口处得到的等效电阻。

10. 节点电压法是以独立节点上的电压为未知量，列（n-1）个 KCL 方程求解电路的方法。使用该方法时首先要选定参考节点。

11. 诺顿定理指出：任何线性有源电阻性二端网络 N_S，可以用一个电流为 I_{SC} 的理想电流源和阻值为 R_{eq} 的电阻并联的电路模型来替代。其电流 I_{SC} 等于该网络 N_S 端口短路时的短路电流；R_{eq} 等于该网络 N_S 中所有独立电源置零时，从端口看进去的等效电阻。

项目思考与习题

一、填空题

1. 两种电源模型之间等效变换的条件是________或________，且等效变换仅对______等效，而电源内部是________的。

2. 理想电压源的输出端电压与理想电流源的输出电流是由____确定的定值，是不随外接电路的改变而改变的。

3. 基尔霍夫电流定律的数学表达式为___________，基尔霍夫电压定律的数学表达式为__________。

4. 在应用叠加定理考虑某个电源的单独作用时，应保持电路结构不变，将电路中的其他理想电源视为零值，即理想电压源____________，电压为___________；理想电流源_________，电流为____________。

5. 叠加定理只适用于________的________和________的计算，而不能用于________的叠加计算，因为________和电流的平方成正比，不是线性关系。

6. 一个具有 b 条支路，n 个节点（$b>n$）的复杂电路，用支路电流法求解时，需列出________个方程式来联立求解，其中________个为节点电流方程式，________个为回路电压方程式。

二、判断题

1. 理想电压源的输出电流和电压都是恒定的，是不随负载而变化的。（　　）

2. 叠加定理仅适用于线性电路，对非线性电路则不适用。（　　）

3. 叠加定理不仅能叠加线性电路中的电压和电流，也能对功率进行叠加。（　　）

4. 任何一个含源二端网络，都可以用一个电压源模型来等效替代。（　　）

5. 用戴维南定理对线性二端网络进行等效替代时，对电路是等效的。（　　）

三、选择题

1. 电压源和电流源的输出端电压（　　）。

A. 均随负载的变化而变化

B. 均不随负载的变化而变化

C. 电压源的输出端电压不变，电流源的输出端电压随负载而变化

D. 电流源的输出端电压不变,电压源的输出端电压随负载而变化

2. 将图中所示电路化为电流源模型,其电流和电阻分别为(　　)。

A.1 A,2 Ω　　B.1 A,1 Ω　　C.2 A,1 Ω　　D.2 A,2 Ω

3. 将图中所示电路化为电压源模型,其电压和电阻分别为(　　)。

A.2 V,1 Ω　　B.1 V,2 Ω　　C.2 V,2 Ω　　D.4 V,2 Ω

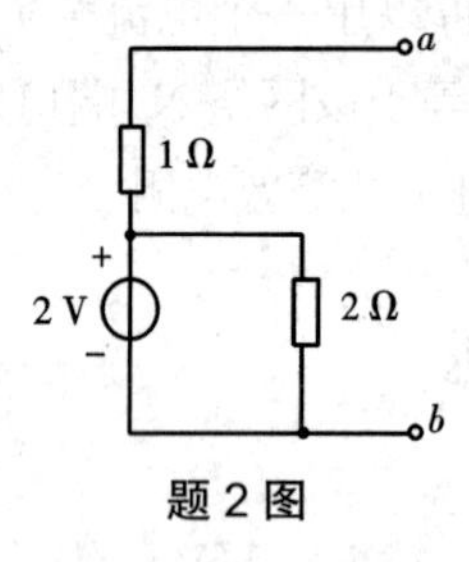

题 2 图

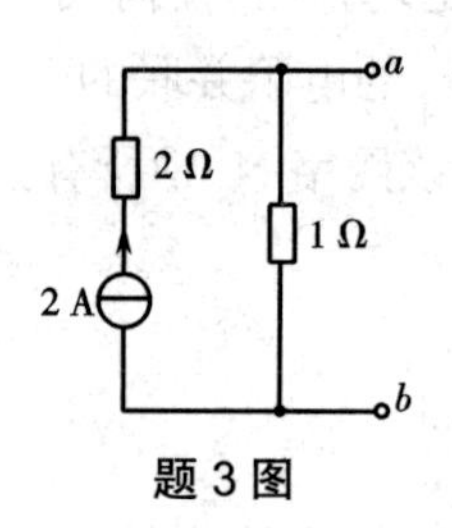

题 3 图

4. 用叠加定理计算图中的电流为(　　)。

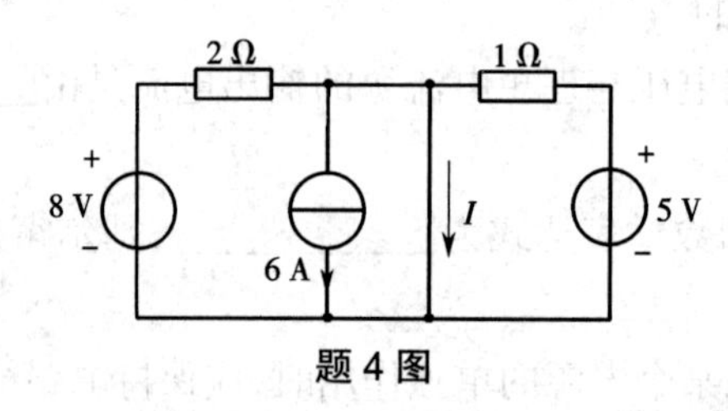

题 4 图

A.0 A　　B.1 A　　C.2 A　　D.3 A

四、计算题

1. 求图中所示电路的 I_1 和 I_2。

2. 求图中所示电路的 I。

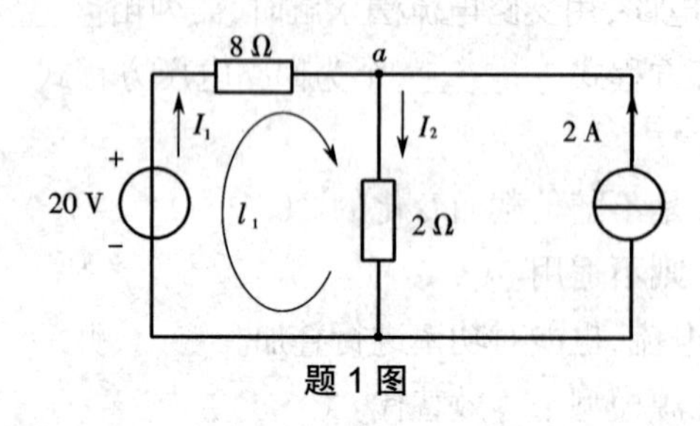

题 1 图

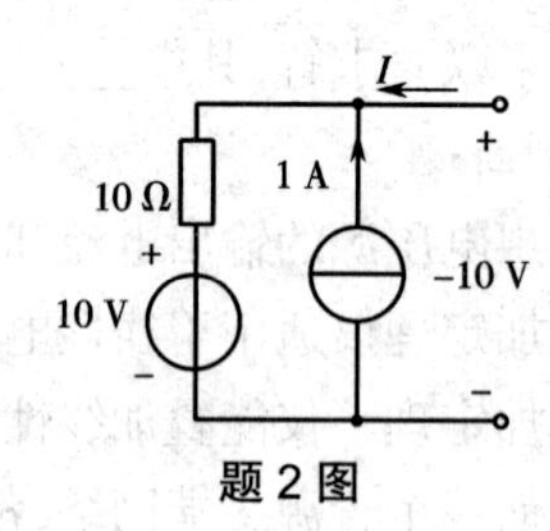

题 2 图

3. 求图中所示电路的 U。

4. 如图所示电路中,已知 U_{S1}=36 V, U_{S2}=18 V, R_1=2 Ω, R_2=3 Ω, R_3=6 Ω,求各支路电流。(使用支路电流法求解)

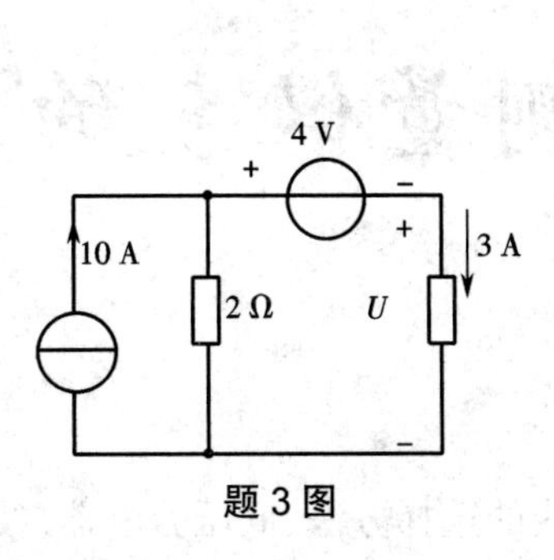

题 3 图

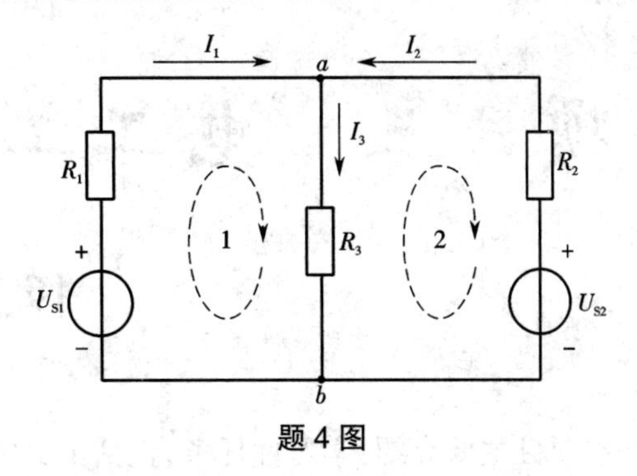

题 4 图

5. 用叠加定理求如图所示电路中的 U 和 I。

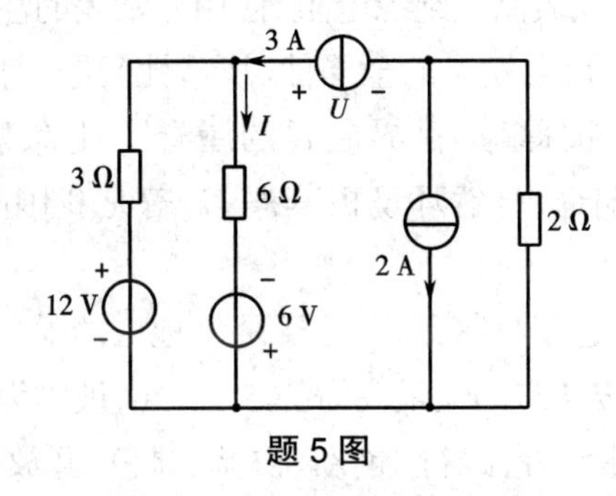

题 5 图

6. 如图所示，已知 U_{S1}=15 V，U_{S2}=12 V，R_1=1 Ω，R_2=2 Ω，R=4 Ω，试利用戴维南定理求负载电阻 R 中的电流。

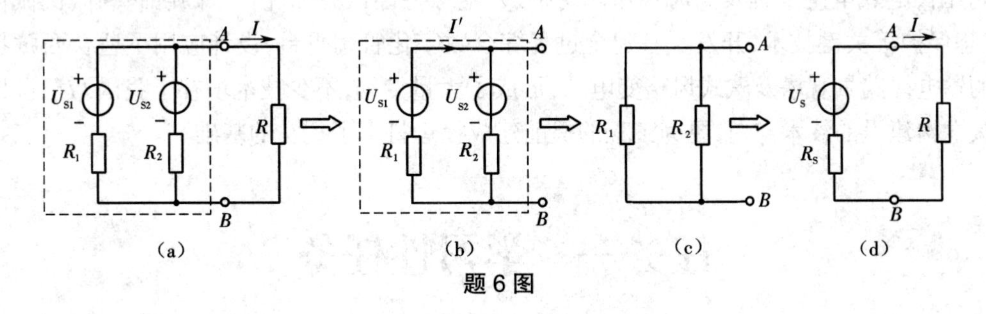

题 6 图

7. 利用 Y- △转换的方法求如图所示电路中的等效电阻 R_{ab}。

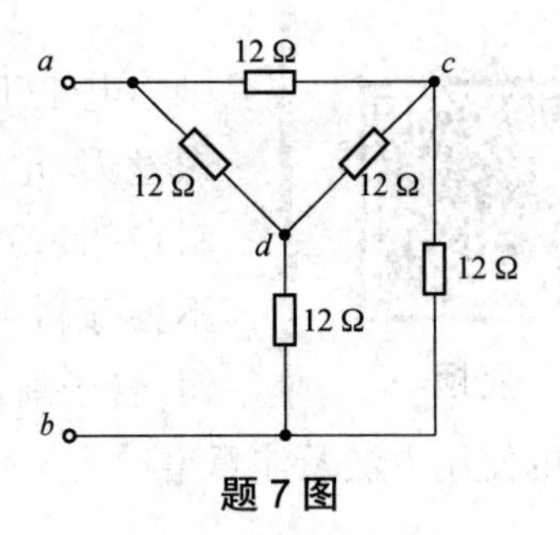

题 7 图

项目三　电工工具及测量仪表的使用

本项目主要介绍:学习性任务,包括工具的使用方法、导线的选择方法、低压验电器;技能性任务,包括常用工具的使用、导线的连接、常用电工仪表的使用;拓展性任务,包括兆欧表使用前的准备、兆欧表的接线、兆欧表测量绝缘电阻、使用兆欧表的注意事项。

能源安全是关系国家经济社会发展的全局性、战略性问题,对国家繁荣发展、人民生活改善、社会长治久安至关重要。被称为“世界屋脊的屋脊”“生命禁区”的阿里地区平均海拔4 500 m以上,地理位置十分偏远,自然环境极其恶劣,曾是我国陆路地区最后一个“电力孤岛”,长期处于严重缺电状态。

国家电网的阿里联网工程起于日喀则市,止于阿里地区的噶尔县,总投资74亿元,输电线路长度1 689 km,塔位平均海拔4 572 m、最高海拔5 357 m,被称为“云端上的电网”。

国网西藏电力集结3万建设者,践行“创新、协调、绿色、开放、共享”的发展理念,以设计创新、管理创新、科技创新为主线,战缺氧、斗严寒、跨雪山、越峻岭,克服了难以想象的困难和挑战,仅用1年时间完成了建设任务。建设期间,工程共开展了15项科技创新,攻克了超高海拔超高压长链式电网工程及高海拔雷电防护、外绝缘特性试验和优化、螺旋锚基础、机械化施工、生态保护等关键技术,开发了基建全过程综合数字化管理平台,设计应用了适合西藏特殊环境的输电线路景观塔及藏式风格变电站,形成了大量专利,不少技术填补了我国乃至世界极高海拔电网建设的技术空白,更为工程的提前建成投运打下了扎实的基础。

任务一　学习性任务

扫一扫:工具使用方法

文档

PPT

视频

3.1.1　工具使用方法

电工工具有随身携带的常用工具,如螺丝刀、电工刀、剥线钳、钢丝钳、尖嘴钳、斜口钳、验电笔及扳手等;此外,还有一些不便于随身携带的工具,如冲击钻、管子钳、管子割刀、电烙铁、转速表等。

下面介绍几种常用电工工具的使用方法及注意事项。

1. 螺丝刀

螺丝刀又称“起子”、螺钉旋具等，其头部形状有“一”字形和“十”字形两种，如图 3-1-1 所示。“一”字形螺丝刀用来紧固或拆卸带一字槽的螺钉；“十”字形螺丝刀专用于紧固或拆卸带十字槽的螺钉。电工常用的“十”字形螺丝刀有四种规格：Ⅰ号适用的螺钉直径为 2~2.5 mm；Ⅱ号为 3~5 mm；Ⅲ号为 6~8 mm；Ⅳ号为 10~12 mm。

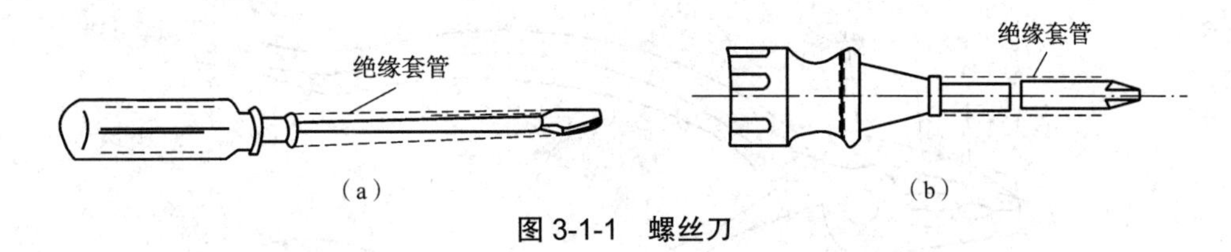

图 3-1-1　螺丝刀

使用螺丝刀应注意以下几点：

（1）使用金属杆直通柄顶的螺丝刀进行电工操作，否则易造成触电事故；

（2）为避免螺丝刀的金属杆触及皮肤或邻近带电体，应在金属杆上套绝缘套管，如图 3-1-1 中螺丝刀金属杆的侧虚线；

（3）螺丝刀头部厚度应与螺钉尾部槽形相配合，斜度不宜太大，头部不应有倒角，否则容易打滑；

（4）使用时应将螺丝刀头部顶牢螺钉槽口，防止打滑而损坏槽口；

（5）不用小号螺丝刀拧旋大螺钉，否则不易旋紧，或将螺钉尾槽拧豁，或损坏螺丝刀头部，反之也不能用大号螺丝刀拧旋小螺钉，以防因力矩过大而导致小螺钉滑丝。

2. 电工刀

电工刀适用于装配维修工作中割削导线绝缘外皮，以及割削木桩和割断绳索等，其外形如图 3-1-2 所示。电工刀有普通型和多用型两种，按刀片尺寸可分为大号（112 mm）和小号（88 mm）两种。多用型电工刀上除刀片外，还有可收式的锯片、锥针和螺丝刀等。

使用电工刀应注意以下几点：

（1）使用时切勿用力过大，以免不慎划伤手指和其他器具；

（2）使用时刀口应朝外操作；

（3）电工刀的手柄一般不绝缘，严禁用电工刀进行带电操作。

3. 剥线钳

剥线钳适用于剥削截面面积在 6 mm^2 以下的塑料或橡胶绝缘导线的绝缘层，由钳口和手柄两部分组成，其外形如图 3-1-3 所示。钳口上面有尺寸为 0.5~3 mm 的多个直径切口，用于不同规格线芯的剥削。使用时，切口大小必须与导线芯线直径相匹配，过大难以剥离绝缘层，过小会损伤或切断芯线。

4. 钢丝钳

钢丝钳又称克丝钳，一般有 150 mm、175 mm、200 mm 三种规格，其外形如图 3-1-4 所示。其用途是夹持或折断金属薄板，以及切断金属丝（导线）。电工用钢丝钳的手柄必须绝缘，一般钢丝钳的绝缘套耐压为 500 V，只适于在低压带电设备上使用。

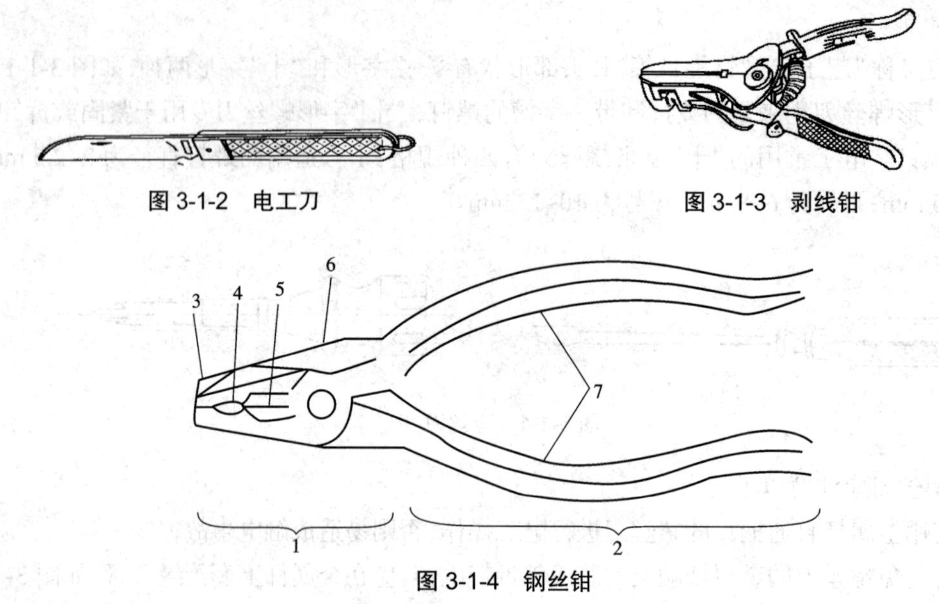

图 3-1-2　电工刀

图 3-1-3　剥线钳

图 3-1-4　钢丝钳

1—钳头；2—钳柄；3—钳口；4—齿口；5—刀口；6—铡口；7—绝缘套

使用钢丝钳应注意以下几点：

（1）使用钢丝钳时，切勿将绝缘手柄碰伤、损伤或烧伤，并注意防潮；

（2）钳轴要经常加油，防止生锈，保持操作灵活；

（3）带电操作时，手与钢丝钳的金属部分要保持 2 cm 以上间距。

5. 尖嘴钳

尖嘴钳的头部尖细，使用灵活方便；适用于在狭小的工作空间或低压电气设备上带电操作，也可用于电气仪表制作或维修、剪断细小的金属丝等，其外形如图 3-1-5 所示。电工维修时，应选用带有耐酸塑料套管绝缘手柄、耐压在 500 V 以上的尖嘴钳，常用规格有 130 mm、160 mm、180 mm、200 mm 四种。

使用尖嘴钳应注意以下几点：

（1）不可使用绝缘手柄已损坏的尖嘴钳切断带电导线；

（2）操作时，手离金属部分的距离应不小于 2 cm，以保证人身安全；

（3）因钳头部分尖细，又经过热处理，钳夹物不可太大，用力切勿过猛，以防损坏钳头；

（4）钳子使用后应清洁干净，钳轴要经常加油，以防生锈。

6. 斜口钳

斜口钳又称断线钳，其头部扁斜，电工用斜口钳的钳柄采用绝缘柄，其外形如图 3-1-6 所示，其耐压等级为 1 000 V。斜口钳专供剪断较粗的金属丝、线材及电线电缆等。

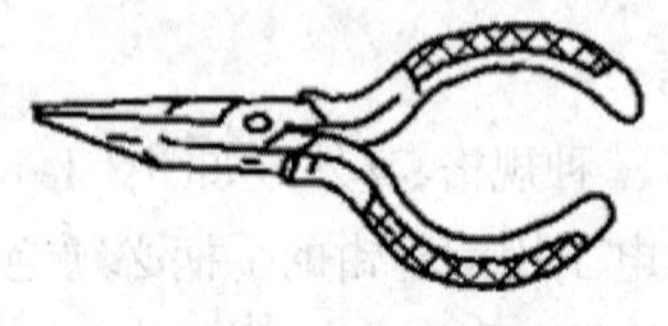

图 3-1-5　尖嘴钳

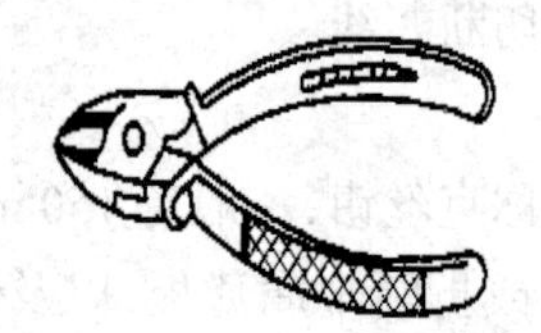

图 3-1-6　斜口钳

7. 验电笔

验电笔又称试电笔，有低压和高压之分。常用的低压验电笔是检验导线、电器和电气设备是否带电的常用工具，检测范围为 60~500 V，有钢笔式、螺丝刀式和组合式等多种。其他内容在后面介绍。

8. 扳手

扳手是用来紧固、拆卸螺纹连接的工具。扳手种类很多，有活扳手、呆扳手、梅花扳手、套筒扳手、内六角扳手等。活扳手由头部和柄部组成，如图 3-1-7（a）所示。其头部由活扳唇、呆扳唇、蜗轮等组成，旋动蜗轮可调节扳口的大小。活扳手的开口宽度可在一定范围内调节，其规格以长度乘最大开口宽度来表示，如图 3-1-7（b）和（c）所示。

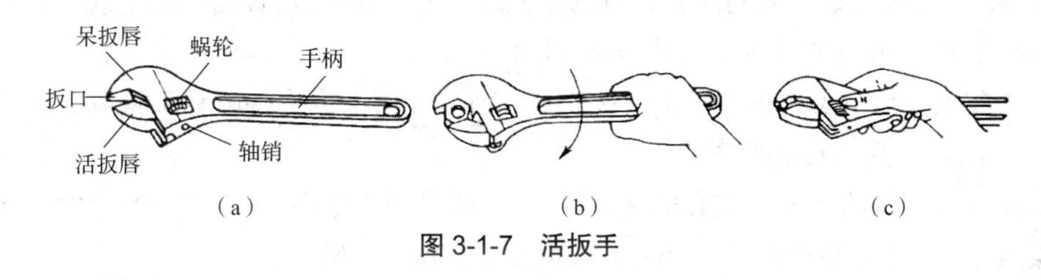

图 3-1-7　活扳手

呆扳手的扳口不能调节，其规格用扳口大小表示。梅花扳手是双头扳手，其工作部分为封闭圆环，圆环内分布了 12 个可与六角螺钉或螺母相配的牙，适用于工作空间狭小的场合。套筒扳手是由一套尺寸不同的梅花套筒头和配套的手柄组成的，可用于一般扳手难以接近的场合。内六角扳手是用于旋动内六角螺钉的扳手。

使用扳手时应注意以下几点：

（1）为防止操作时打滑，所选用扳手的扳口应与螺钉或螺母良好配合，应收紧活扳手的活扳唇；

（2）扳动大螺母时，手应握在手柄尾部，扳动较小螺母时，为防止滑扣，手应握在近手柄中部或头部；

（3）活扳手不可反向使用，不可用钢管来接长手柄以加大扳拧力矩；

（4）活扳手不得代替撬棒或手锤使用。

9. 电钻和电锤

电钻分为普通电钻和冲击电钻，冲击电钻的外形如图 3-1-8 所示。冲击电钻有两种功能：调整到“钻”的位置时用作普通电钻；调整到“锤”的位置时具有冲击作用，用来在建筑物砖结构或混凝土结构上钻孔、凿眼。在建筑物混凝土、砖石结构上打孔时需用冲击钻头，其最大钻头不宜超过 20 mm。一般的冲击电钻都装有辅助手柄。有的冲击电钻可调节转速。使用电钻在金属件上钻孔前，应在工件上画线冲眼，小孔用较高转速，大孔用较低转速。钻孔时，先对准试钻浅坑，根据需要校正孔位，再加力钻削，钻削过程中注意适时退钻排屑，将要钻穿时适当减力。

图 3-1-8　冲击电钻

电锤是一种具有旋转、冲击复合运动机构的电动工具。电锤冲击力比冲击电钻大，工效高，可用于在建筑物混凝土、砖石结构上钻孔、凿眼、开槽，且不受方向限制。常用电锤钻头直径有 16 mm、22 mm、30 mm 等。

使用电钻、电锤等手持电动工具时，应当注意以下安全要求。

（1）使用前应辨认铭牌，检查工具或设备的性能是否与使用条件相适应。

（2）检查其防护罩、防护盖、手柄防护装置等有无损伤、变形或松动，不得任意拆除机械防护装置；检查电源开关是否失灵、是否破损、是否牢固，接线有无松动；检查设备的转动部分是否灵活；冲击电钻和电锤的高速运动部件应保持润滑良好。

（3）电源线应采用橡胶绝缘软电缆，如芯缆、三相用芯电缆；电缆不得有破损或龟裂，中间不得有接头；电源线与设备之间防止拉脱的紧固装置应保持完好；设备的软电缆及其插头不得任意接长、拆除或调换；电源线不应被挤压、缠绕。

（4）Ⅰ类设备应有良好的接零线（或接地）措施，使用Ⅰ类手持电动工具应配用绝缘用具或采取电气隔离及其他安全措施。

（5）长期未使用的冲击电钻和电锤，使用前应测量绝缘电阻；带电部分与可触及导体之间的绝缘电阻，Ⅰ类设备不得低于 2 MΩ，Ⅱ类设备不得低于 7 MΩ。

（6）根据需要装设漏电保护或采取气隔措施。

（7）非专职人员不得擅自拆卸和修理手持电动工具，Ⅱ类和Ⅲ类手持电动工具修理后不得降低原设计规定的安全技术指标。

（8）用冲击电钻等在砖石建筑物上钻孔时，要戴护目镜，防止砂石、灰尘进入眼睛。

（9）必须在不带电状态下调节冲击电钻转速。

（10）在建筑物上钻孔时，应经常把钻头从钻孔中抽出，以排除灰砂碎石。使用冲击电钻钻孔遇到坚硬物体时，不能施加过大推力，以防钻头退火或冲击电钻因过载而损坏。操作中冲击电钻和电锤突然堵转时，应立即切断电源。

（11）使用电锤时，应握住两个手柄，垂直向下钻孔无须用力，向其他方向钻孔也不能用力过大。

（12）使用完毕及时切断电源，并妥善保管。

10. 射钉枪

图 3-1-9 射钉枪

射钉枪是利用枪管内火药爆炸所产生的高压推力，将特制的钉子打入木板、混凝土和砖墙内的手持工具，其外形如图 3-1-9 所示。射钉枪中间可以扳折，扳折后前枪露出弹膛，用来装、退射钉。为使用安全和减少噪声，其中设置了防护罩和消音装置。有的射钉枪装有保险装置，以防止射钉打飞、落地起火。有的射钉枪装有防护罩，防护罩脱落时不能射钉。根据需要，可选择使用不同规格的射钉和射钉弹。射钉弹有三种规格，使用时应与活塞和枪管配套。

在使用射钉枪时，必须使之紧靠基体，并与基体垂直，由操作人员顶紧发射。使用射钉枪的注意事项如下：

(1)射钉枪必须由经培训考核合格的人员使用,并按规定程序操作；

(2)制定发放、保管、使用、维修等管理制度,并有专人负责；

(3)在薄墙、轻质墙上射钉时,对面不得有人停留或经过,且应设专人监护；

(4)射钉发射后,如果钉帽留在被紧固件的外面,可以装上威力小一级的射钉弹,不装射钉,进行一次补射；

(5)每次使用完后,应将射钉枪用煤油浸泡,擦净存放,以防锈蚀；

(6)发现射钉枪有故障时,应停止使用,并由专业人员检查、修理；

(7)射钉弹属于爆炸危险物品,每次应限量取用,并设专人保管；

(8)枪管内不得有杂物,如装弹后暂时不用,应及时退出射钉弹；

(9)不得取下防护罩操作；

(10)枪管前方不得有人。

11. 压接钳

压接钳是用于导线连接的工具,其外形如图 3-1-10 所示。

手动阻尼式压接钳利用两级杠杆原理工作,适用于单芯铜、铝导线用压线帽的压接。压模应与导线和压线帽的规格相符。为了便于压实导线,压线帽内应用同材质、同线径的线芯插入填实。手动式导线压接钳也利用杠杆原理工作,多用于截面面积 35 mm^2 以下导线接头的钳接管压接。手提式油压钳用于截面面积 16 mm^2 及以上导线接头的钳接管压接。

12. 电烙铁

电烙铁是针焊(锡焊)工具,用于铜、铜合金、薄钢板等材料的焊接。电烙铁由手柄、电热元件和紫铜头等组成,其外形如图 3-1-11 所示。按铜头加热方式不同,可分为内热式电烙铁和外热式电烙铁,内热式电烙铁的热效率较高。

图 3-1-10　压接钳

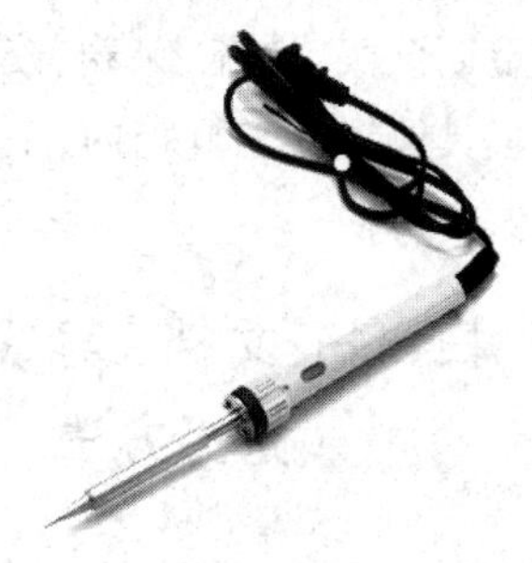

图 3-1-11　电烙铁

电烙铁的规格用所消耗的电功率表示,通常在 20~300 W。焊接电子线路宜选用 20~40 W 电烙铁；焊接截面面积较大的铜导线宜选用 75~150 W 电烙铁；对面积较大的工件进行搪锡处理需选用 300 W 电烙铁。针焊所用的材料是焊锡和焊剂。常用的焊剂有松香液、焊锡膏、氯化锌溶液。

使用电烙铁的注意事项如下：

(1)电烙铁必须接保护线;

(2)电源线、保护线应保持完好;

(3)使用中的电烙铁不能放在可燃物上;

(4)使用中较长时间不进行焊接的电烙铁应断开电源;

(5)使用中应注意防止电烙铁的铜头及所黏的焊锡烫伤人员。

13. 电工防护用品

电工防护用品包括防护眼镜、手套、安全帽等。防护眼镜用于更换熔丝、室外操作、浇灌电缆绝缘胶、更换蓄电池液等工作的个体防护。手套有线手套和帆布手套,后者用于有可熔金属的操作、浇灌电缆绝缘胶等工作的个体防护。安全帽用于空中作业以及其他有碰撞、砸伤危险的作业,保护人员头部。

[思政要点]

所谓“工欲善其事,必先利其器”,工具是生产高品质产品和保证设备正常运转的必备条件,是工匠精神的具体体现。

如此重要的工具,你是否遇到过以下情况:

(1)需要使用时,不知道放在哪里;

(2)大费周章寻找,找到的却是一把工具残骸;

(3)使用时发现没有保养,无法使用。

其实工具的管理摆放极其重要,它是一个技术人员思路清晰、工作严谨的外在表现,也是一个企业生产有序的重要标志,更是提升工作效率的有效方法。

一个专业技术人员的工具应该按照以下规则管理:

(1)保持工具无灰尘、脏污、折损等;

(2)工具使用者使用完毕后,按照类型和规格大小归位放置;

(3)工具定期核实、检查、保养、校验;

(4)成套工具放置在工具箱内,工具箱内实施定置管理。

扫一扫:文档 - 导线选择方法

3.1.2 导线选择方法

1. 导线分类

常用导线按照结构特点,可分为绝缘导线、裸导线、电磁线和电缆等。

1)绝缘导线

绝缘导线是用铜或铝做导电线芯,外层覆以绝缘材料的电线。常用的外层绝缘材料有聚氯乙烯塑料和橡胶等。常用聚氯乙烯绝缘导线的结构如图 3-1-12 所示,目前常用绝缘导线的型号、特性及用途见表 3-1-1。

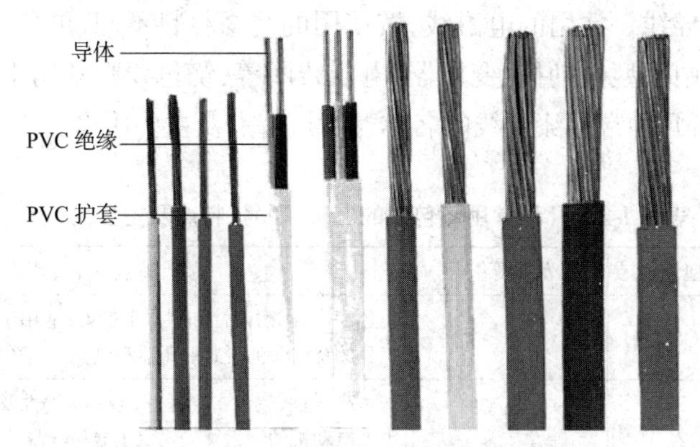

图 3-1-12　常用聚氯乙烯绝缘导线的结构

表 3-1-1　常用绝缘导线的型号、特性及用途

产品名称	型号		长期最高工作温度 /℃	用途
	铜芯	铝芯		
橡皮绝缘导线	BX	BLX	65	用于交流 500 V 及以下或直流 1 000 V 及以下环境，固定敷设于室内（明、暗敷或穿管），可用于室外，也可作为设备内部安装用线
氯丁橡皮绝缘导线	BXF	BLXF		同 BX 型，耐气候性好，适用于室外
橡皮绝缘软线	BXR			同 BX 型，仅用于安装要求柔软的场合
聚氯乙烯绝缘软导线	BVR			适用于各种交流直流电气装置，电工仪表、仪器、电信设备，动力及照明线路固定敷设
聚氯乙烯绝缘导线	BV	BLY	65	同 BVR 型，且耐湿性和耐气候性较好
聚氯乙烯绝缘护套圆形导线	BVY	BLWV		同 BVR 型，用于超市等机械防护要求较高的场合，可明敷、暗敷或直埋于土中
聚氯乙烯绝缘护套圆形软线	RVV		65	同 BV 型，用于潮湿、机械防护要求较高以及经常移动、弯曲的场合
聚氯乙烯绝缘软线	RV、RVB、RVS		65	用于各种移动电器、仪表、电信设备及自动化装置接线（B 为两芯平型；S 为两芯绞型）
丁氰聚氯乙烯复合物绝缘软线	RFB、RFS		70	同 RVB、RVS 型，且低温柔软性较好
棉纱编织橡皮绝缘双绞软线、棉纱纺织橡皮绝缘软线	RXS、RX		65	室内家用电器、照明电源线

2）裸导线

常用的裸导线有 L 裸铝绞线、T 裸铜绞线和 LGT 钢芯铝绞线三种。钢芯铝绞线强度较高，用于电压较高或电杆挡距较大的线路。一般低压电力线路多采用铝绞线。

3）电磁线

电磁线是指专用于电能与磁能相互转换的带有绝缘层的导线，常用于电动机、电工仪表中做绕组或元件的绝缘导线。常用的电磁线,按使用的绝缘材料不同,可分为漆包线和绕包线。漆包线主要用于制造中小型电动机、变压器、电器线圈等;绕包线则常用于大中型耐高温的设备中。表 3-1-2 列出了几种常用漆包线的名称、型号、特点及主要用途。

表 3-1-2　几种常用漆包线的名称、型号、特点及主要用途

名称	型号	耐热等级	特点及主要用途
缩醛漆包线	QQ	E	热冲击性、耐刮性和耐水解性好;适用于普通中小型电动机、电动工具的绕组及油浸式变压器和电器、仪表等的线圈
聚酯漆包线	QZ、QZB、QZL	B	耐高压性、软化击穿性好,但耐水解性及热冲击性较差;适用于中小型电动机的绕组及干式变压器和电器、仪表等的线圈
聚酯亚胺漆包线	QZY、QZYB	F	耐高压性、热冲击性及软化击穿性好,但耐水解性较差;适用于高温电动机和制冷设备电动机的绕组及干式变压器和电器、仪表等的线圈
聚酰亚胺漆包线	QY、QYB	C	耐热性优,热冲击性及软化击穿性好,且耐腐蚀;适用于高温电动机的绕组及干式变压器、密封式继电器的线圈及电子元件
聚酰胺酰亚胺漆包线	QXY、QXYB	C	耐高压性、耐热性和耐刮性好,热冲击性及软化击穿性好,且耐腐蚀;适用于高温重负荷电动机和制冷设备电动机的绕组及干式变压器和电器、仪表等的线圈

4)电缆

电缆是一种特殊的导线,它是将一根或数根绝缘导线组合成线芯,裹上相应的绝缘层(橡皮、纸或塑料),外面再包上密闭的护套层(常为铝、铅或塑料等)。电缆的内部结构如图 3-1-13 所示。

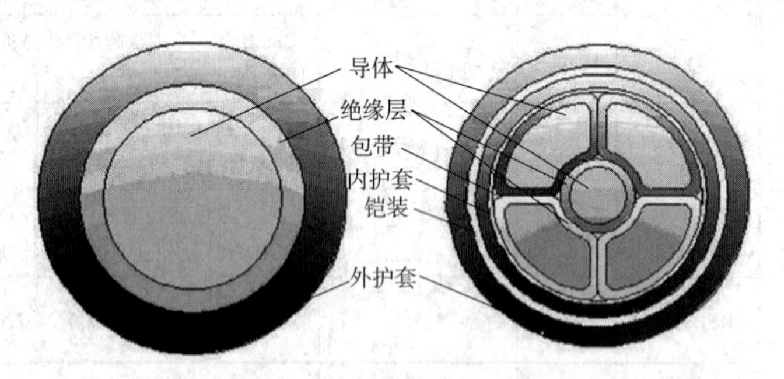

图 3-1-13　电缆内部结构

扫一扫: PPT- 导线的正确选择

2. 导线的正确选用

1)线芯材料的选择

铜导线焊接性能和力学性能比铝导线好,常用于要求较高的场合;由于铝导线价格相对低廉,因此应用比较普遍。

2)导线的选用

根据使用场合、负载电流的大小、经济指标等综合因素来确定导线的材质、外形及线径的

大小。例如，架空导线一般选用钢芯铝导线；振动耐弯曲的场合则选用铜软接线。

3)电气装备用电线、电缆的选用

电气装备用电线、电缆的选用见表 3-1-3。

表 3-1-3　电气装备用电线、电缆的选用

选用依据	方法
用途	根据是专用线还是通用线，是户内线还是户外线，是固定线还是移动线来选择电线、电缆的类型
环境	(1)根据温度、湿度、散热条件选择线芯的长期允许工作温度； (2)按外力情况选择外护层机械强度参数； (3)根据有无腐蚀性气体、液体、油污的浸渍等选择耐化学腐蚀性； (4)按振动大小、弯曲状况选择柔软性； (5)按是否预防电磁干扰选择是否用屏蔽线
额定电压、电流值	(1)根据额定电压选择导线的电压等级； (2)根据负载电流值的大小选择截面面积
经济指标	在满足要求的前提下，尽量降低成本、节省资源

3. 导线截面的选择

扫一扫：PPT- 导线截面的选择

导线截面的选择有三种方法：一是根据导线发热条件选择；二是根据线路的机械强度选择；三是根据电压损失条件选择。

根据发热条件选择导线截面时，首先要了解一个重要参数——安全载流量，它是指在不超过最高工作温度的条件下，允许长期通过的最大电流值，不同截面塑料绝缘导线的安全载流量见表 3-1-4；其次要掌握根据发热条件选择导线截面的方法，具体见表 3-1-5。

表 3-1-4　不同截面塑料绝缘导线的安全载流量

截面面积 /mm^2	电线线芯根数 / 单根直径 /mm	明线 /A		塑料管配线 /A					
				两根		三根		四根	
		铜	铝	铜	铝	铜	铝	铜	铝
1.0	1/1.13	17	—	10	—	10	—	9	—
1.5	1/1.37	21	16	14	11	13	10	11	9
2.5	1/1.76	28	22	21	16	18	14	17	12
4.0	1/2.24	37	28	27	21	24	19	22	17
6.0	1/2.73	48	37	36	27	31	23	28	22
10	7/1.33	65	51	49	36	42	33	38	29
16	7/1.70	91	69	62	48	56	42	49	38
25	7/2.12	120	91	82	63	74	56	65	50
35	7/2.50	147	113	104	78	91	60	81	61
50	19/1.83	187	143	130	88	114	88	102	78

续表

截面面积 /mm²	电线线芯根数 / 单根直径 /mm	明线 /A		塑料管配线 /A					
				两根		三根		四根	
		铜	铝	铜	铝	铜	铝	铜	铝
70	19/2.14	230	178	160	136	145	113	128	100
95	19/2.50	282	216	199	151	178	137	160	121

表 3-1-5 根据发热条件选择导线截面的具体方法

电路类别	具体方法
动力部分	根据公式 $P=\sqrt{3}UI\cos\varphi$，若计算出的额定工作电流值为 92 A 左右，并考虑经济指标等因素，可以选用 BV 系列（聚氯乙烯绝缘铜芯线），截面面积为 25 mm² 的导线
照明部分	根据公式 $P=UI$，若计算出的额定工作电流值为 23 A，可以选用 BV 系列，截面面积为 2.5 mm² 的导线
电源部分	为动力和照明部分的综合，可选用 BV 系列，截面面积为 25 mm² 的导线

在实际工作中，根据经验，总结了一套口诀，用来估算导线明敷设、环境温度为 25 ℃时的安全载流量及条件改变后的换算方法，口诀如下：10 下五，100 上二；25、35，四、三界；70、95，两倍半；穿管、温度，八九折；裸线加一半；铜线升级算。

“10 下五，100 上二”的意思是 10 mm² 以下的铝导线以截面面积数乘以五为该导线的安全载流量，100 mm² 以上的铝导线以截面面积数乘以 2 为该导线的安全载流量。

“25、35，四、三界”的意思是 16 mm²、25 mm² 的铝导线以截面面积数乘以 4 为该导线的安全载流量，而 35 mm²、50 mm² 的铝导线以截面面积数乘以 3 为该导线的安全载流量。

“70、95，两倍半”的意思是 70 mm²、95 mm² 的铝导线以截面面积数乘以 2.5 为该导线的安全载流量。

“穿管、温度，八九折”的意思是当导线穿管敷设时，因散热条件变差，所以将导线的安全载流量打八折；当环境温度过高时，则将导线的安全载流量打九折。例如，6 mm² 的铝导线的安全载流量为 30 A，当环境温度过高时，导线的安全载流量应为 $30\times0.9=27$ A。假如导线穿管敷设，环境温度又过高，则应将导线的安全载流量先打八折，再打九折，即安全载流量为 $30\times0.8\times0.9=21.6$ A。

“裸线加一半”的意思是当为裸导线时，同样条件下通过导线的电流可增加，其安全载流量为同样截面面积、同种导线安全载流量的 1.5 倍。

“铜线升级算”的意思是铜导线的安全载流量相当于高一级截面面积铝导线的安全载流量，即 15 mm² 铜导线的安全载流量和 25 mm² 铝导线的安全载流量相同，以此类推。

提示：

（1）按安全载流量选择导线截面面积时，若供电线路较长或线路上有重复启动的电动机，则必须校核线路的电压降是否超过允许值，在照明线路上两根线的电压降不得超过干线电压降的 4%，对动力线路为 2%，若超过允许电压降，则应加大导线截面；

（2）为保证导线有一定的力学强度，接到设备上的铜导线最小截面面积为 15 mm²，铝导线为 25 mm²；

（3）根据线路的机械强度选择导线截面，在导线安装和运行中要受到外力的影响，由于导线本身自重和不同的敷设方式使导线受到不同的张力，如果所用导线不能承受所施加的张力，就会造成断线事故；

（4）根据电压损失条件选择导线截面，对住宅用户，由变压器二次侧至线路末端，电压损失应小于 6%，正常情况下，电动机端电压与额定电压不得相差 ±5%；

（5）根据以上条件选择导线截面的结果，在同样负载条件下可能得出不同的截面数值，此时应选择其中最大的截面。

3.1.3　低压验电器介绍

扫一扫：低压验电器介绍

文档

PPT

验电器是检验导线和电气设备是否带电的一种常用的电工检测工具，根据使用条件不同可分为低压验电器和高压验电器两种，本节主要介绍低压验电器。

1. 低压验电器的结构

低压验电器又称为测电笔，简称电笔，有笔式（图 3-1-14（a））和螺钉旋具式（图 3-1-14（b））两种。

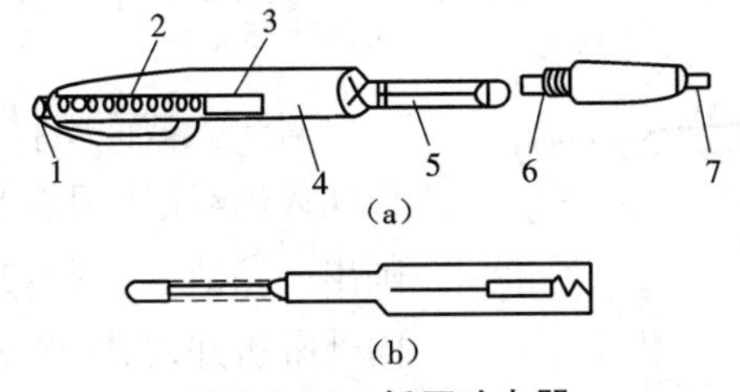

图 3-1-14　低压验电器

1—笔尾金属部分；2—弹簧；3—观察窗；4—笔身；5—氖泡；6—电阻；7—笔尖金属部分

低压验电器由笔尖、笔身、弹簧、氖泡、电阻等组成。使用时用手指触及笔尾的金属部分，使氖管小窗背光朝向自己，如图 3-1-15 所示。当用低压验电器测带电体时，电流经带电体、低压验电器、人体、大地形成回路，只要带电体与大地之间的电位差超过 60 V，低压验电器中的氖泡就发光。使用低压验电器时，应防止笔尖金属部分触及人手或别的导体，以防触电和短路。

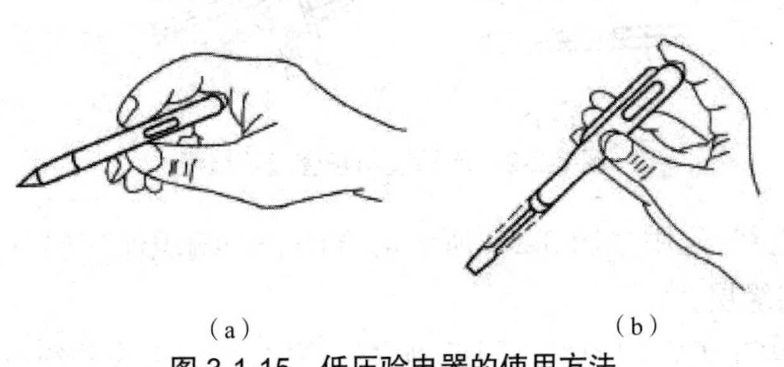

图 3-1-15　低压验电器的使用方法

2. 低压验电器的作用

(1)根据氖泡发光的强弱来估计电压的高低,氖泡发光越强,电压越高。

(2)区别相线与零线,在交流电路中,当验电器触及导线时,氖泡发光的即为相线;正常情况下,触及零线不发光。

(3)区别直流电与交流电,交流电通过验电器时,氖泡里两个极同时发光;直流电通过验电器时,氖泡里两个极只有一个发光,发光的一极即为直流电的负极。

3. 低压验电器使用注意事项

使用低压验电器应注意以下几点:

(1)使用前,先检查部件是否齐全,电笔是否损坏,确定合格后才可使用;

(2)使用前,先在已知部位检查一下氖泡是否能正常发光,如果正常发光,则可开始使用;

(3)如把验电笔当成螺丝刀使用,用力要轻,扭矩不可过大,以防损坏;

(4)使用完毕后,要保持验电笔清洁,放置在干燥、防潮、防摔碰的地方。

任务二 技能性任务

3.2.1 练习常用工具使用

小截面塑料导线可直接用剥线钳或钢丝钳、尖嘴钳剥除绝缘层。注意不要剥伤线芯,剥除长度不应太短。

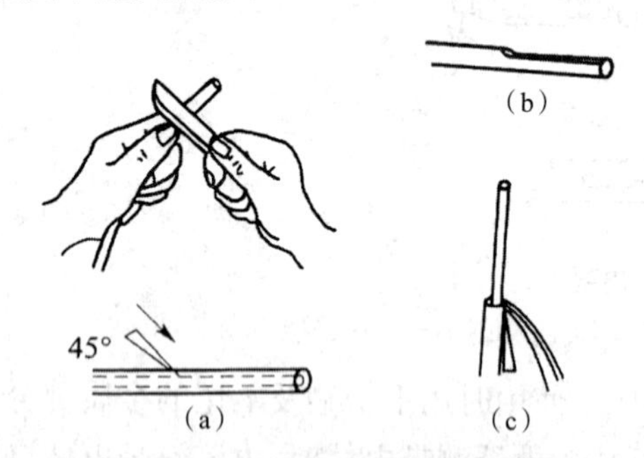

图 3-2-1 剥削塑料导线绝缘层

对于大截面塑料导线,先将电工刀口以 45° 角切入绝缘层(图 3-2-1(a)),再以 15° 角沿导线削出一条缺口(图 3-2-1(b)),然后将剩余绝缘层向外翻折并切齐(图 3-2-1(c))。

塑料护套线绝缘层的剥除:先用电工刀尖在线芯缝隙间划开护套层(图 3-2-2(a)),将其向外翻折并切齐(图 3-2-2(b)),然后再用剥除导线绝缘层的方法剥去芯线绝缘层。芯线绝缘层的切口与护套层的切口间应留有 5~10 mm 的距离。

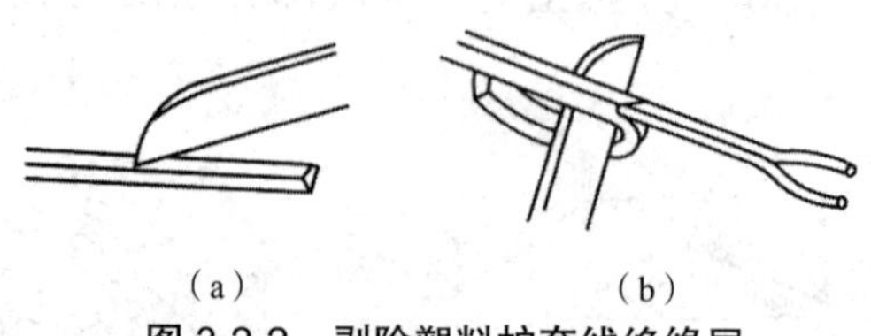

图 3-2-2 剥除塑料护套线绝缘层

对于橡胶绝缘电线,先用如图 3-2-2 所示的方法剥去编织保护层,再在距编织保护层约 10 mm 处剥去橡胶绝缘层。

对于花线,先用电工刀在四周切一圈后剥去保护层,再剥去橡胶绝缘层,然后散开棉纱层

（图 3-3-3（a）），并割断内部棉纱层（图 3-2-3（b））。

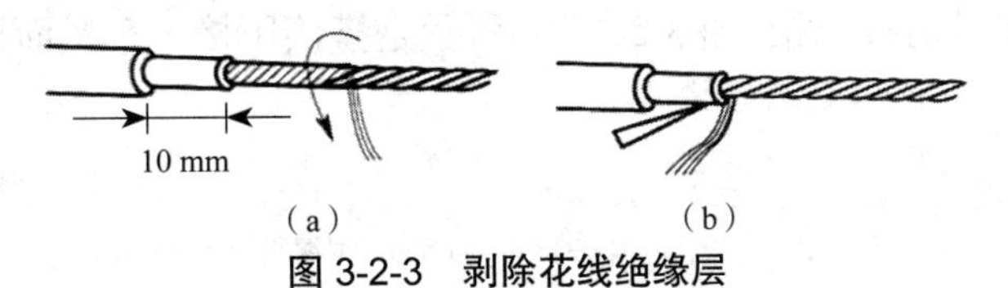

图 3-2-3　剥除花线绝缘层

对于橡套软线，先剥去护套层，再剥去棉纱保护层和橡胶绝缘层。

3.2.2　导线的连接训练

扫一扫：导线的连接训练

PPT

视频

1. 单股导线缠接法

缠接法可用于单股导线的铜线与铜线、铝线与铝线的连接。铜线与铜线的连接，其做法是先将导线绝缘层剥去60~70 mm，清除连接部位的污物和氧化层后，用电烙铁在导体上搪上焊料，冷却后缠接，锉接后再用电烙铁在接头上焊接。小截面导线的缠接方法如图 3-2-4 所示，其中（a）为对接，（b）为分支连接，（c）为十字分支连接，（d）为双芯线连接，（e）为接线盒内连接；大截面导线的缠接方法如图 3-2-5 所示。

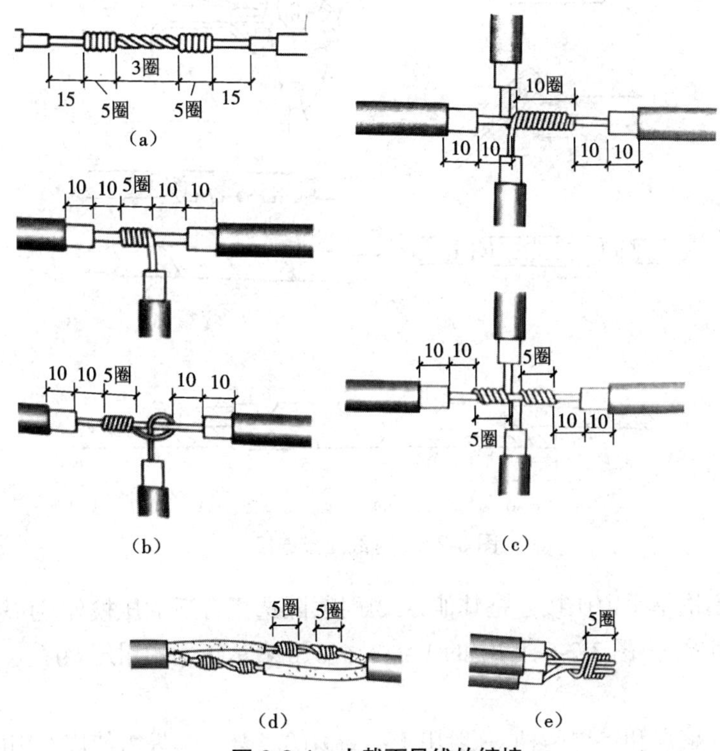

图 3-2-4　小截面导线的缠接

由于缠接的可靠性较低，大截面导线和多股导线多采用可靠性较高的压接和线夹连接。

2. 压接法

压接是指利用压接钳对导体套上钳压管或压线帽进行压力连接。单股导线、多股导线均可用压接法连接,其做法是剥去绝缘层,清洁导体后涂导电膏,再穿入压接管用压接钳进行压接。图 3-2-6(a)所示是对接压接,图 3-2-6(b)所示是搭接压接。小截面导线可用压线帽进行压接。

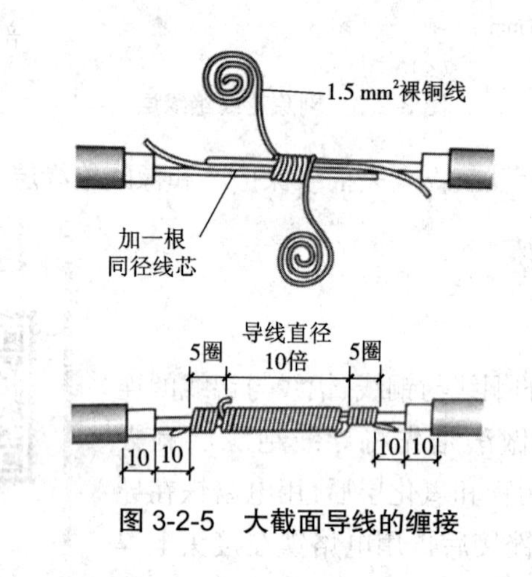

图 3-2-5 大截面导线的缠接

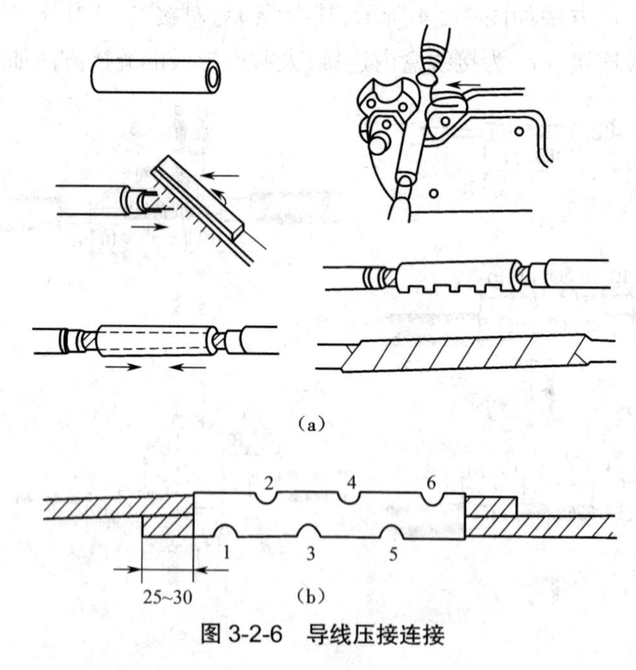

图 3-2-6 导线压接连接

导线的压接不论是手力压接还是其他方式压接,除选择合适的压模外,还应按照一定的顺序施压,且压力应适中。图 3-2-6(b)中的 1、2、3、4、5、6 表示正确的钳压顺序。

3. 焊接法

导线焊接包括熔焊和针焊两种,一般用于不受力的场合。熔焊需使用专用电焊钳,针焊需使用电烙铁。焊接前应在焊接部位涂上焊药,焊接后应用湿布擦净焊药。

针焊有电烙铁锡焊和浇焊两种。电烙铁锡焊用于截面面积 10 mm² 及以下导线的焊接,有绞接法和连接套管法。绞接法锡焊的步骤:剥去线头两端长 35 mm 的绝缘层,并清除芯线氧化层;将两根芯线均匀绞接 8~10 圈,接头处涂上焊剂,将接头放平焊接,再清除残留焊剂,如图 3-2-7(a)所示。连接套管法锡焊的步骤:清除铜片表面上的脏污和氧化层,用相应直径的铁丝做模具,将铜片制成图 3-2-7(b)所示的连接套管;剥去线头两端长 35 mm 的绝缘层,清除芯线氧化层,并搪锡;将搪锡的线头塞进连接套管,两线头顶接在套管中部,涂上焊剂,放平焊接,再清除残留焊剂。

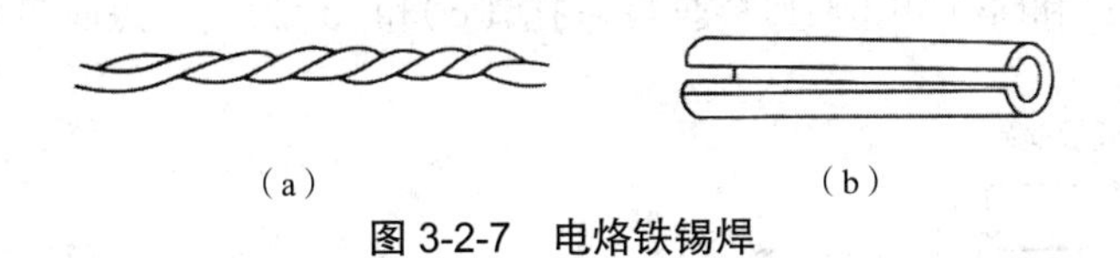

图 3-2-7　电烙铁锡焊

浇焊用于截面面积 16 mm² 及以上导线的焊接,其做法是先将焊锡放在化锡锅内用喷灯或电炉熔化,至焊锡表面呈黄色时,将接头置于化锡锅上方,用勺盛熔化的焊锡,并浇在接头上。必要时,可先加热线头。

4. 线夹连接

线夹连接是应用接线夹和螺钉压紧导线的连接方式。并沟线夹连接如图 3-2-8 所示。采用并沟线夹连接时,线夹数不应少于 2 个,应清除槽内氧化膜,并涂中性凡士林(电力复合脂)。

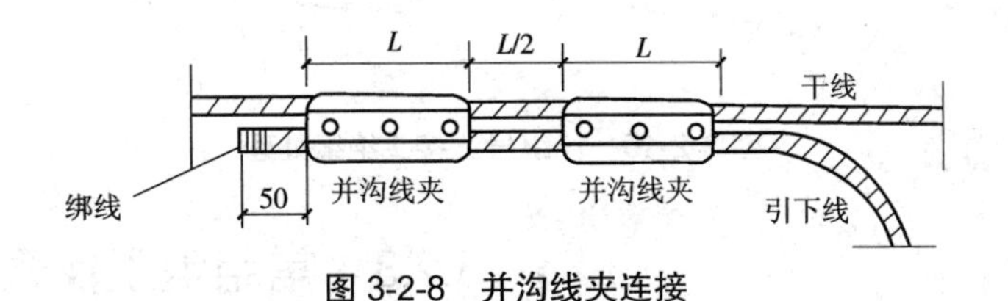

图 3-2-8　并沟线夹连接

5. 螺钉连接

螺钉连接是应用小型塑料接头和螺钉压紧导线的连接方式。对铝导线,应除去氧化膜,并涂中性凡士林。做直线连接时,应在线头处将导线卷上 2~3 圈,以备后用。塑料线夹螺钉连接如图 3-2-9 所示。

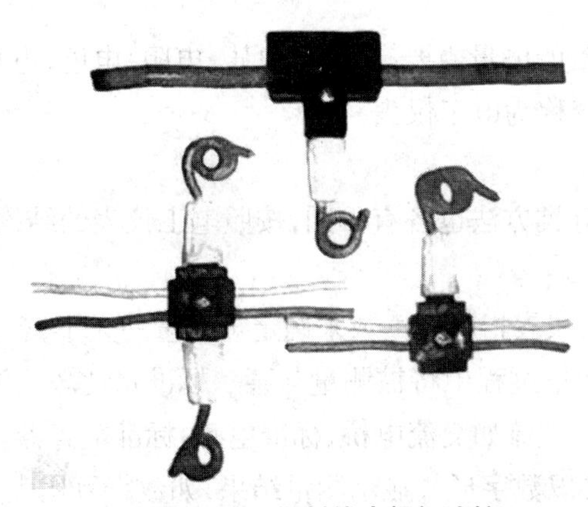

图 3-2-9　塑料线夹螺钉连接

6. 接头绝缘处理

绝缘导线缠接后必须恢复绝缘，常用黄蜡绸带、涤纶带和黑胶带作为恢复绝缘的材料。在普通干燥场合，可用普通电工黑胶带双叠绕包扎 2~3 圈，最少应有 4 层胶带。在潮湿场合，应先用电工塑料胶带包扎 2~3 圈，再用电工黑胶带包扎 2~3 圈。在高温场合，应先用黄蜡绸带包扎 2~3 圈，再用电工黑胶带包扎 2~3 圈。包扎时，每圈应叠压带宽的 1/2。包扎操作如图 3-2-10 所示，其中（a）和（b）为电工塑料胶带包扎，（c）和（d）为电工黑胶带包扎。

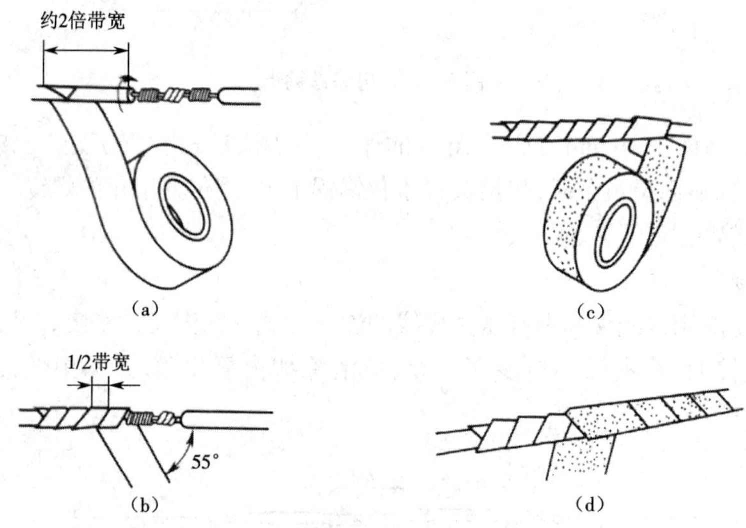

图 3-2-10 绝缘导线接头绝缘处理

扫一扫：文档 - 常用电工仪表的使用

3.2.3 常用电工仪表的使用

1. 电工仪器仪表概述

电工仪器仪表用来对电流、电压、电阻、电能、电功率等进行测量，以便了解和掌握电气设备的特性、运行情况，检查电气元器件的质量情况。由此可见，正确掌握电工仪器仪表的使用是十分必要的。

在电工技术中，需要测量的电量主要有电流、电压、电阻、电能、电功率和功率因数等，测量这些电量所用的仪器仪表，统称为电工仪表。

2. 电工仪表的分类

电工仪表的种类繁多，分类方法也各有不同，按照电工仪表的结构和用途大体可分为以下五类。

（1）指示仪表类：直接从仪表指示的读数来确定被测量的大小，有安装式和可携式两种。

（2）比较仪器类：需在测量过程中将被测量与某一标准量比较后才能确定其大小，直流如电桥、电位差计、标准电阻箱，交流如交流电桥、标准电感、标准电容器。

（3）数字式仪表类：直接以数字形式显示测量结果，如数字万用表、数字频率记。

（4）记录仪表和示波器类：如 X-Y 记录仪、示波器等。

（5）扩大量程装置和变换器：如分流器、附加电阻、电流互感器、电压互感器等。

3. 指示仪表的分类

指示仪表是应用最多和最常见的一种电工仪表。指示仪表的特点是把被测电量转换为驱动仪表可动部分的角位移，根据可动部分的指针在标尺刻度盘的位置，直接读出被测量的数值。指示仪表的优点是测量迅速，可直接读数；缺点是体积大，精度稍差。常用指示类仪表可以按以下七种方法分类。

（1）按仪表的工作原理分，常用的有电磁式、电动式和磁电式，其他还有感应式、振动式、热电式、热线式、静电式、整流式、光电式和电解式等。

（2）按测量对象的种类分，有电流表（又分安培表、毫安表、微安表）、功率计、电阻表和瓦时计（电度表）等。

（3）按被测电流的种类分，有直流仪表、交流仪表、交直流两用仪表。

（4）按使用方式分，有安装式仪表和可携式仪表。安装式仪表固定安装在开关板或电气设备的板面上，造价低廉。这种仪表准确度较低，但过载能力较强。可携带式仪表不做固定安装使用，有的可以在室外使用（如万用表、兆欧表），有的可以在实验室内做精密测量和标准表使用。这种仪表准确度较高，但过载能力较差，造价较高。

（5）按仪表的准确度分，有 0.1、0.2、0.5、1.0、1.5、2.5 和 5.0 七个等级，仪表的级别表示仪表准确度的等级。所谓几级，是指仪表测量时可能产生的误差占满刻度的百分之几。表示级别的数字越小，仪表精度越高。

① 0.1、0.2 级仪表用于标准表和检验仪表。

② 0.5、1.0 和 1.5 级仪表用于实验时进行测量。

③ 2.5 和 5.0 级仪表用于工程测量，一般装在配电盘和操作台上。

（6）按使用环境条件分，有 A、B、C 三组。

① A 组：工作环境在 0~40 ℃，相对湿度在 85% 以下。

② B 组：工作环境在 −20~50 ℃，相对湿度在 85% 以下。

③ C 组：工作环境在 −40~60 ℃，相对湿度在 98% 以下。

（7）按对外界磁场的防御能力分，有Ⅰ、Ⅱ、Ⅲ、Ⅳ四个等级。

4. 常用电工仪表的结构

常用电工仪表由标度尺和有关符号的面板、表头电磁系统、指针、阻尼器、转轴、游丝和零位调节器等组成。

1）常用电工仪表的工作原理

电工仪表的种类很多，就指针式仪表而言，其结构和工作原理也不尽相同。下面对磁电式、电磁式、电动式仪表的结构和工作原理进行简单的介绍。

Ⅰ. 磁电式仪表

磁电式仪表的结构如图 3-2-11 所示。

磁电式仪表的工作原理：永久磁铁的磁场与通有直流电流的可动线圈相互作用而产生偏

转力矩,使可动线圈发生偏转,同时与可动线圈固定在一起的游丝因可动线圈偏转而发生变形,产生反作用力矩,当反作用力矩与转动力矩相等时,活动部分将最终停留在相应的位置,指针在标度尺上指出待测量的数值,指针的偏转与通过线圈的电流成正比,因此刻度是均匀的。

磁电式仪表使用注意事项:

(1)测量时,电流表要串联在电路中,电压表要并联在电路中;

(2)使用直流表,电流要从"+"极进入,否则指针将反偏;

(3)一般的直流仪表不能用来测量交流电,当误接入交流电时,指针不动,如果电流过大,将损坏仪表;

(4)磁电式仪表过载能力较低,注意不要过载。

Ⅱ. 电磁式仪表

电磁式仪表的结构如图 3-2-12 所示。

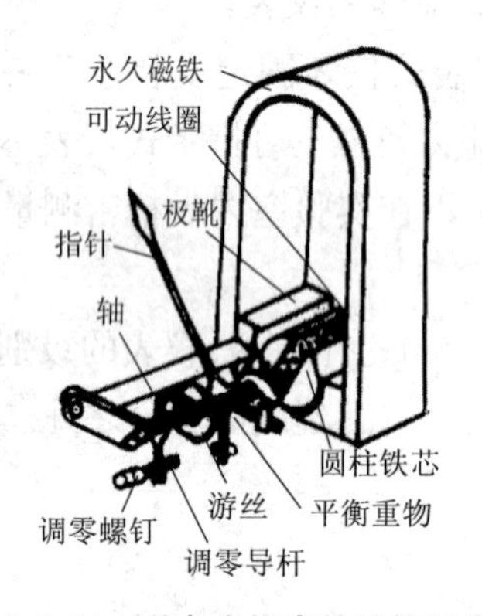

图 3-2-11 磁电式仪表的结构示意图

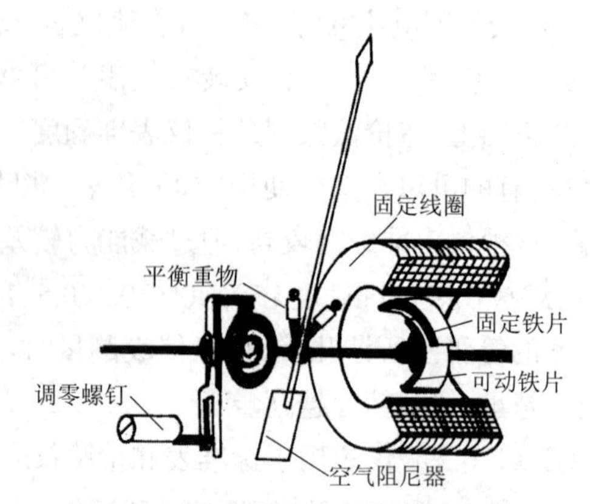

图 3-2-12 电磁式仪表的结构示意图

电磁式仪表的工作原理:在线圈内有一块固定铁片和一块装在转轴上的可动铁片,当电流通入仪表后,载流线圈产生磁场,固定铁片和可动铁片同时被磁化,并呈同一极性。由于同极相斥的缘故,铁片间产生一个排斥力,可动铁片转动,同时带动转轴与指针一起偏转,当该转动力矩与弹簧反作用力矩平衡时,便获得读数。电磁式仪表转动力矩的大小与通入电流的二次方成正比,指针的偏转由转动力矩决定,所以标尺刻度是不均匀的,即非线性的。

电磁式仪表的优点:适用于交直流测量,过载能力强,可无须辅助设备而直接测量大电流,可用来测量非正弦量的有效值。

电磁式仪表的缺点:标度不均匀,准确度不高,读数受外磁场影响。

Ⅲ. 电动式仪表

电动式仪表的结构如图 3-2-13 所示。

电动式仪表的工作原理:仪表由固定线圈(电流线圈与负载串联,以反映负载电流)和可动线圈(电压线圈串联一定的附加电阻与负载并联,以反映负载电压)组成,当它们通电流后,由于载流导体磁场间的相互作用而产生偏转力矩,从而使可动线圈偏转,当其与弹簧反作用力矩平衡时,便获得读数。

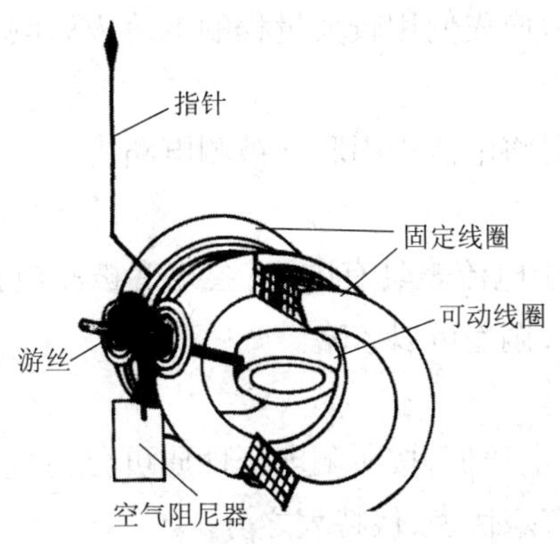

图 3-2-13　电动式仪表的结构示意图

电动式仪表的优点：适用于交直流测量，灵敏度和准确度比用于交流测量的其他类型的仪表要高，可用来测量非正弦量的有效值。

电动式仪表的缺点：标度不均匀，过载能力差，读数受外磁场影响大。

2）电流表

电流表用来测量电路中的电流值，按所测电流性质可分为直流电流表、交流电流表和交直流两用电流表；按测量范围又有微安表、毫安表和安培表之分。

Ⅰ.电流表的工作原理

电流表有磁电式、电磁式和电动式等种类，它们串接在被测电路中。被测电路的电流流过仪表线圈，使仪表指针发生偏转，指针偏转的角度可以反映被测电流的大小。

磁电式仪表的灵敏度高，其游丝和线圈导线的截面面积都很小，不能直接测量较大的电流。因此，常用一个电阻与磁电式仪表并联，来扩大磁电式仪表的量程。并联电阻起分流作用，称为分流电阻或分流器，如图 3-2-14 所示。

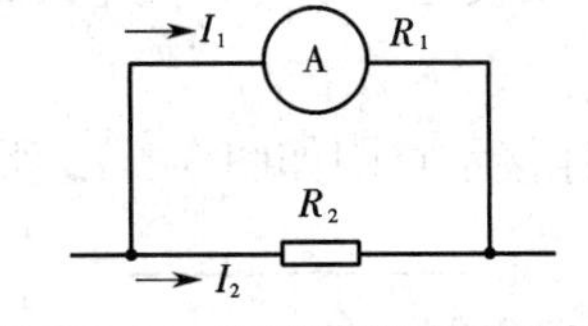

图 3-2-14　电流表扩大量程电路

Ⅱ.电流表的选择

测量直流电流时，可使用磁电式、电磁式或电动式仪表，其中磁电式仪表使用较为普遍。测量交流电流时，可使用电磁式或电动式仪表，其中电磁式仪表使用较多。对于测量要求准确度高、灵敏度高的场合，如测量晶体管电路、控制电路，采用磁电式仪表。对于测量精度要求不严格、测量值较大的场合，如装在固定位置、监测电路工作状态，常选择价格低、过载能力强的电磁式仪表。

在选择电流表形式的同时，还要考虑电流表的量程。电流表的量程要根据被测电流的大小来确定，要使被测电流值处于电流表的量程之内，应尽量使表头指针指到满刻度的 2/3 左右。当不明确被测电流大小时,应先使用较大量程的电流表试测,以免因过载而烧毁仪表。

Ⅲ. 电流表的使用

在测量电路电流时,一定要将电流表串联在被测电路中。

Ⅳ. 电流表的内阻

电流表串联在电路中,由于电流表具有内阻,会改变被测电路的工作状态,影响被测电路的数值。如果电流表内阻较小,偏差可以忽略。

3)电压表

电压表用来测量电路中的电压值,按所测电压性质可分为直流电压表、交流电压表和交直流两用电压表;按测量范围又有毫伏表、伏特表之分。

Ⅰ. 电压表的工作原理

磁电式、电磁式和电动式也是电压表的主要形式。将被测电路两点间的电压加在仪表的接线端上,电流通过仪表内的线圈,其电流的大小与被测电路两点的电压有关,同样使用指针的偏转角可以反映被测电路的电压。灵敏度较高的仪表允许通过的电流值受到限制,为了扩大测量电压的量程,可采用电阻与仪表串联的方法,构成大量程的电压表,串联电阻起分压作用。

Ⅱ. 电压表的选择

电压表的选择原则和方法与电流表的选择相同,主要从测量对象、测量范围、要求精度和仪表价格等方面考虑。工厂的低压配线电路,其电压多为 380 V 和 220 V,对测量精度要求不太高,所以一般多采用电磁式电压表,选择量程为 450 V 和 300 V。实验中测量电子电路电压时,因为对测量精度和灵敏度要求高,常采用磁电式多量程电压表,其中普遍使用的是万用表的电压挡,其交流测量是通过整流后实现的。

Ⅲ. 电压表的使用

用电压表测量电路电压时,一定要使电压表与被测电压的两端并联,电压表指针所示为被测电路两点间的电压。

测量 220 V 交流电压的电压表连接示意图如图 3-2-15 所示,电压表与电路是并联的。

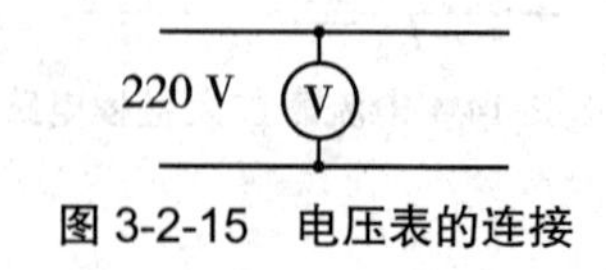

图 3-2-15 电压表的连接

注意:测量时所选用的电压表量程一定要大于被测电路的电压,否则将损坏电压表。使用磁电式电压表测量直流电压时,要注意电压表接线端上的“+”“-”极性标记。

Ⅳ. 电压表的内阻

用电压表测量电路两端的电压,电压表要与被测电路并联,因为电压表的内阻不是无限大,其接入会改变被测电路的工作状态,影响被测电路两端的电压。如果电压表的内阻较大,则测量的精度较高。

4）钳形电流表

扫一扫：PPT-钳形电流表的使用方法

如果用电流表测量电流，需要将电路开路进行测量，这样很不方便，因此可以用一种不断开电路而能够测量电流的仪表，即钳形电流表。

Ⅰ.钳形电流表的工作原理

钳形电流表是根据电流互感器的原理制成的，其外形像钳子一样，如图3-2-16所示。

将被测电路从铁芯的缺口处放入铁芯中，这条导线就等于电流互感器的一次绕组，然后闭合钳口，被测导线的电流就在铁芯中产生交变磁感应线，使二次绕组感应出与导线流过的电流成一定比例的二次电流，经过采样电路、A/D转换电路后在表盘上显示出来，于是可以直接读数。

图3-2-16　数字式钳形电流表外形

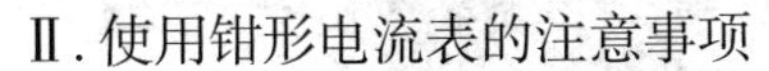

Ⅱ.使用钳形电流表的注意事项

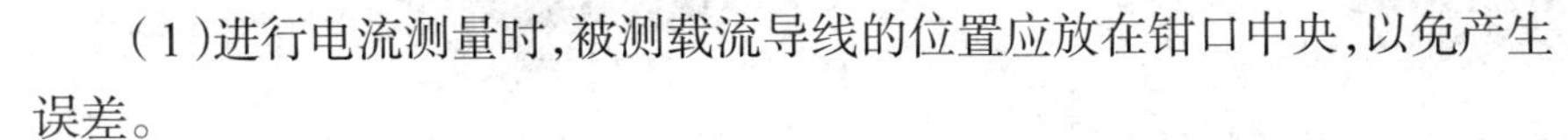

（1）进行电流测量时，被测载流导线的位置应放在钳口中央，以免产生误差。

（2）测量前，应先估计被测电流大小，选择合适的量程；或先选用较大量程测量，然后再视被测电流大小，减小量程。

（3）如果被测电路的电流远小于最小测量范围，为了方便读数，可以将导线在钳口多绕几圈，然后再闭合钳口测量读数，该结果要除以所绕的圈数。

Ⅲ.多功能的钳形电流表

现在市场上的数字式钳形电流表，除能测量交流电流外，还有测量电压、电阻、三相电流的相序等功能，具体可以参照相应产品的说明书。

任务三　拓展性任务

3.3.1　兆欧表使用前的准备

扫一扫：兆欧表使用方法

文档

PPT

兆欧表在使用时，自身会产生高电压，而测量对象又是电气设备，所以必须正确使用，否则会造成人身或设备事故。兆欧表使用前，首先要做好以下各种准备。

（1）测量前，必须将被测设备的电源切断，并对地短路放电，绝不允许设备带电进行测量，以保证人身和设备安全。

（2）对可能感应出高压电的设备，必须消除这种可能性后，才能进行测量。

（3）被测设备表面要清洁，减少接触电阻，确保测量结果的准确性。

（4）测量前，要检查兆欧表是否处于正常工作状态，主要检查其“0”和“∞”两点。即摇动手柄,使电动机达到额定转速,兆欧表在短路时应指在“0”位置,开路时应指在“∞”位置。兆欧表使用前应先进行开路实验(图 3-3-1(a))和短路实验(图 3-3-1(b)),检查兆欧表能否正常工作。

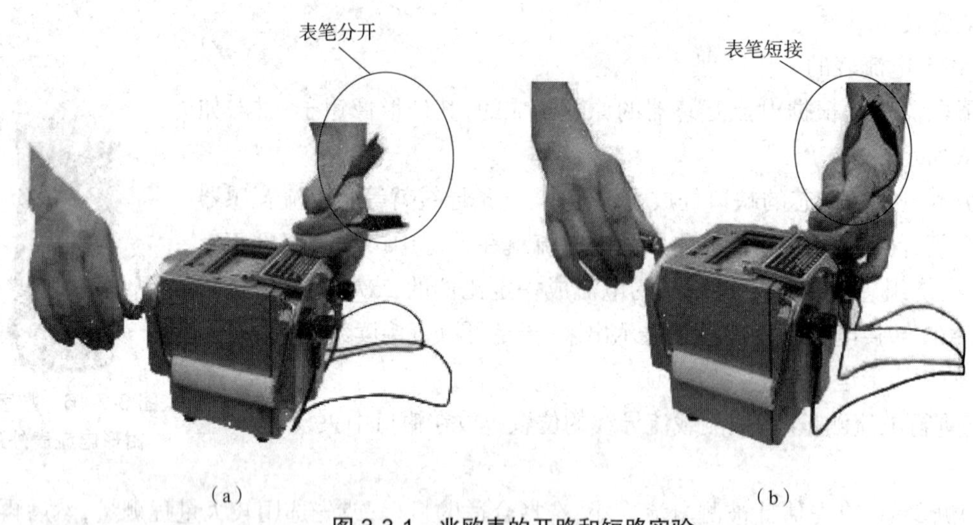

图 3-3-1 兆欧表的开路和短路实验

兆欧表使用时应放在平稳、牢固的地方,且远离大的外电流导体和外磁场。

3.3.2 兆欧表的接线

做好上述准备工作后,就可以进行测量了。在测量时,还要注意兆欧表的正确接线,否则将引起不必要的误差甚至错误。当用兆欧表摇测电气设备的绝缘电阻时,一定要注意“L”和“E”端不能接反,正确的接法是“L”线端钮接被测设备导体,“E”地端钮接被测设备外壳,“G”屏蔽端接被测设备的绝缘部分。如果将“L”和“E”接反了,流过绝缘体内及表面的漏电流就会经外壳汇集到地,由地经“L”端流进测量线圈,使“G”端失去屏蔽作用而给测量带来很大误差。另外,因为“E”端内部引线与外壳的绝缘程度比“L”端与外壳的绝缘程度要低,当兆欧表放在地上采用正确接线方式时,“E”端对仪表外壳和外壳对地的绝缘电阻相当于短路,不会造成误差;而当“L”与“E”接反时,“E”端对地的绝缘电阻与被测绝缘电阻并联,从而使测量结果偏小,给测量带来较大误差。

由此可见,要想准确地测量出电气设备等的绝缘电阻,必须正确使用兆欧表;否则,将失去测量的准确性和可靠性。

3.3.3 用兆欧表测量绝缘电阻

(1)测量电动机的绝缘电阻时,将电动机绕组接于电路“L”端,机壳接于接地“E”端,如图 3-3-2 所示。

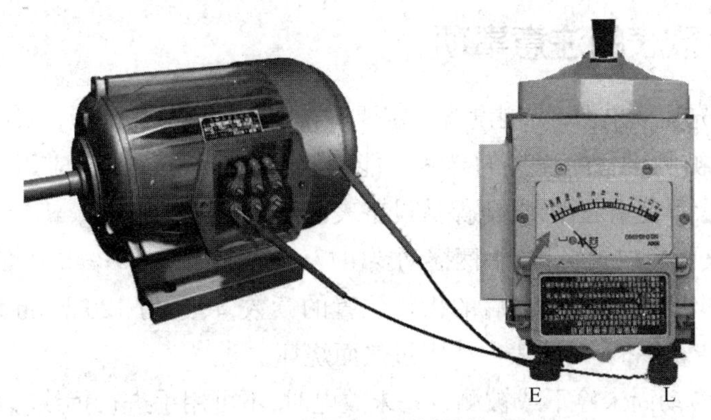

图 3-3-2　测量电动机的绝缘电阻

（2）测量电动机绕组间的绝缘性能时，将电路“L”端和接地“E”端分别接在电动机的两绕组间，如图 3-3-3 所示。

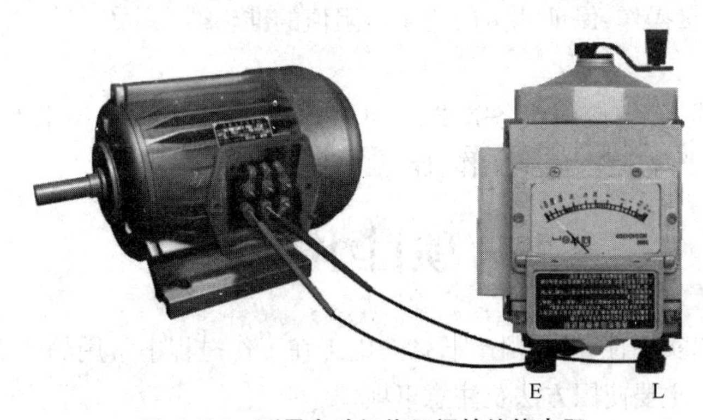

图 3-3-3　测量电动机绕组间的绝缘电阻

（3）测量电缆芯对电缆外壳的绝缘电阻时，除将电缆芯接电路“L”端和电缆外壳接接地“E”端外，还需要将电缆外壳与电缆芯之间的内层绝缘部分接保护环“G”端，以消除表面漏电产生的误差，如图 3-3-4 所示。

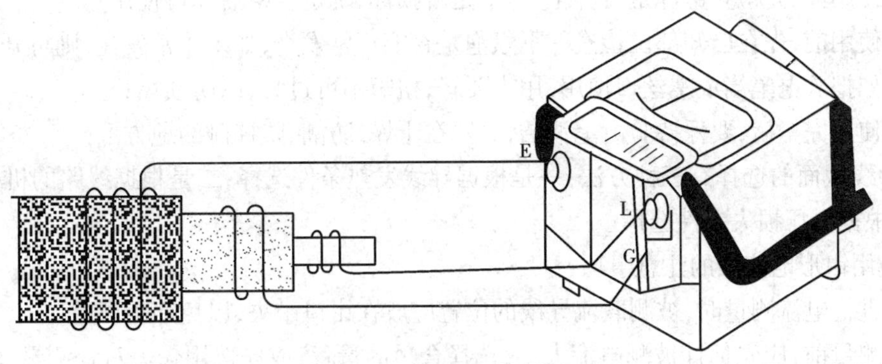

图 3-3-4　测量电缆的绝缘电阻

3.3.4 使用兆欧表的注意事项

（1）测量前要先切断电源，被测设备一定要进行放电（需 2~3 min），以保障设备自身安全。

（2）接线柱与被测设备间连接的导线不能用双股绝缘线或绞线，应用单股线分开单独连接，不能因绞线绝缘不良引起误差，应保持设备表面清洁干燥。

（3）测量时，表面应放置平稳，手柄摇动要由慢逐渐变快。

（4）一般采用均匀摇动 1 min 后的指针位置的读数，转速为 120 r/min。测量中如发现指示为零，则应停止转动手柄，以防表内线圈过热而烧坏。

（5）在兆欧表转动尚未停下或被测设备未放电时，不可用手进行拆线，以免触电。

[思政要点]

1. 质量意识

在使用兆欧表过程中，必须按照标准步骤来操作，不可偷工减料，或省去部分步骤直接测量；要按步骤保质保量操作，保证测量的绝缘电阻值的准确性。

2. 安全意识

在测量大功率设备后，应将设备放电，防止残余电压使人触电；技术人员应该树立高度的安全意识，在工作中严谨工作、安全工作，保障自身和他人安全。

项目小结

本项目内容突出实用性和可操作性，针对电工在工作过程中常用的电工工具和电工仪表，讲解了其主要原理和主要使用方法及注意事项。

1. 电工工具有随身携带的常用工具，如螺丝刀、电工刀、剥线钳、钢丝钳、尖嘴钳、斜口钳、验电笔及活动扳手等；此外，还有一些不便于随身携带的工具，如冲击钻、管子钳、管子割刀、电烙铁、转速表等。

2. 使用低压验电笔应注意以下几点：

（1）使用前，先检查部件是否齐全，电笔是否损坏，确定合格后才可使用；

（2）使用前，先在已知部位检查一下氖泡是否能正常发光，如果正常发光，则可开始使用；

（3）如把验电笔当成螺丝刀使用，用力要轻，扭矩不可过大，以防损坏；

（4）使用完毕后，要保持验电笔清洁，放置在干燥、防潮、防摔碰的地方。

3. 导线截面的选择有三种方法：一是根据导线发热条件选择；二是根据线路的机械强度选择；三是根据电压损失条件选择。

4. 使用钳形电流表的注意事项：

（1）进行电流测量时，被测载流导线的位置应放在钳口中央，以免产生误差；

（2）测量前，应先估计被测电流大小，选择合适的量程，或先选用较大量程测量，然后再视被测电流大小，减小量程；

（3）如果被测电路的电流远小于最小测量范围，为了方便读数，可以将导线在钳口多绕几圈,然后再闭合钳口测量读数,该结果要除以所绕的圈数。

5. 使用兆欧表的注意事项:

(1)测量前要先切断电源,被测设备一定要进行放电(需 2~3 min),以保障设备自身安全;

(2)接线柱与被测设备间连接的导线不能用双股绝缘线或绞线,应用单股线分开单独连接,不能因绞线绝缘不良引起误差,应保持设备表面清洁干燥;

(3)测量时,表面应放置平稳,手柄摇动要由慢逐渐变快;

(4)一般采用均匀摇动 1 min 后的指针位置的读数,转速为 120 r/min,测量中如发现指示为零,则应停止转动手柄,以防表内线圈过热而烧坏;

(5)在兆欧表转动尚未停下或被测设备未放电时,不可用手进行拆线,以免引起触电。

项目思考与习题

简答题

1. 导线的选择需要考虑哪几个方面?

2. 兆欧表在使用过程中应注意什么?

3. 简述钳形电流表的工作原理。

4. 低压验电器在使用时应注意什么?

项目四　单相正弦交流电路

本项目主要介绍:学习性任务,包括正弦交流电的基本概念,正弦量的表示方法,单一参数元件的交流电路,电阻、电感与电容串联的交流电路,功率因数的提高;技能性任务,包括单相正弦交流电路电压、电流及功率的测量,功率因数的提高;拓展性任务,包括电路的谐振、非正弦交流电路。

党的二十大将“科技自立自强能力显著提升”列为我国未来五年的主要目标任务之一。

在中国电科院电力调度自动化实验室的大型服务器上,一套可以滚动推演电网供电能力和新能源电量消纳空间的模拟仿真系统正在运行。这是该院计划与市场研究团队的最新科技成果——大电网多周期电力电量平衡分析平台。1 月以来,计划与市场研究团队不断完善平台功能及计算性能,并滚动开展电网平衡状态分析。

这个平台是在电网模型与历史运行数据基础上集成气象、新能源、水电、负荷等预测数据,利用平衡裕度分析、机组启停优化组合、出力优化调度等功能,从年、月、周、日等不同时间维度模拟推演电网平衡状态,滚动预警供电能力不足等供需失衡状态,为平衡策略制订提供辅助决策,支撑电力可靠供应及新能源电量高效消纳。

党的二十大强调,坚持面向世界科技前沿、面向经济主战场、面向国家重大需求、面向人民生命健康,加快实现高水平科技自立自强。中国电科院计划与市场研究团队负责人戴赛说:“我们重点关注‘双碳’目标下的新型电力系统电力电量平衡问题,集中精力开展技术研究。现在我们加快在平台系统调节潜力和平衡优化决策方面培育创新成果,进一步提升电力电量平衡技术水平。”

科技自立自强离不开一系列关键核心成果的支撑。中国电科院以党的二十大精神为指引,加快实施新型电力系统科技攻关行动计划,在新能源主动支撑、电力电量平衡、新型配电网安全运行控制等研究领域组建攻关团队,细化时间表、路线图、任务书,确保早日取得创新突破。科研团队是该院创新团队的典型代表。与他们一样,中国电科院各创新团队正全力开展关键核心技术攻关,力争产出更多的技术创新成果,推动电力科技高水平自立自强。

任务一　学习性任务

扫一扫:正弦交流电的基本概念

文档

PPT

视频

4.1.1　正弦交流电的基本概念

交流电一般指大小和方向随时间做周期性变化的电动势、电压和电流。与直流电相比,由于交流发电设备构造更为简单,以及可以采用变压器升压输送和降压使用等优点,因此交流电在日常生活和工业生产中得到了广泛的应用。

交流电的变化规律有许多波形,例如正弦波、三角波、矩形波等,其波形如图 4-1-1 所示,它们的共同点是电压或电流的大小和方向都随时间做周期性变化。

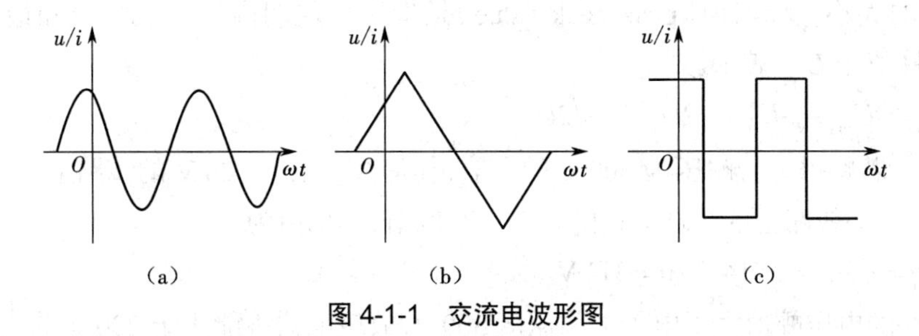

图 4-1-1　交流电波形图

相对于其他波形的交流电来说,正弦交流电变化平滑,在使用中更有利于保护电气设备,应用最为广泛。人们在生活中使用的市电就是正弦交流电。

由高等数学知识可知,各种非正弦交流电一般经傅里叶级数分解后,都可分解成不同频率的正弦交流电的叠加。因此,对非正弦交流电或电子线路中的各种信号,实际上都可用正弦交流电的分析方法来分析。

随时间按正弦规律变化的电动势、电压或电流,统称为正弦量。对正弦交流电的数学描述,可以采用正弦函数,也可以采用余弦函数,在本书中统一用正弦函数来描述正弦交流电。以电流正弦量为例,采用正弦函数描述的瞬时值表达式为

$$i = I_m \sin(\omega t + \theta_i)$$

其波形如图 4-1-2 所示。

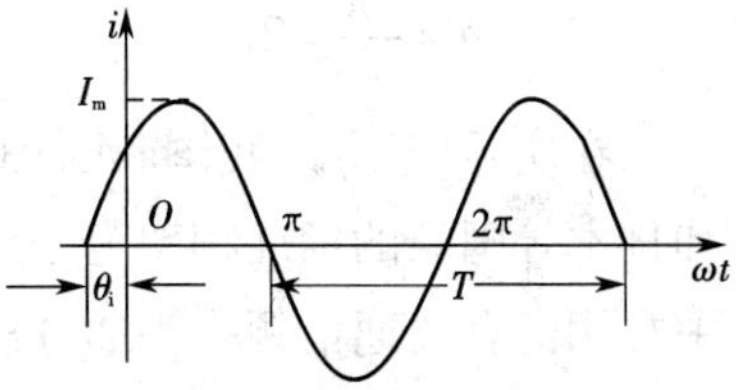

图 4-1-2　电流正弦量及其波形

其中,I_m 为幅值,ω 为角频率,θ_i 为初相位。正弦量在任一瞬时的值完全取决于幅值、角频率和初相位,因此把这三个量称为正弦量的三要素。

在书写时必须注意,电流和电压的幅值分别用大写字母加下标 m 的 I_m 和 U_m 表示,而电流和电压的瞬时值分别用小写字母 i 和 u 表示。

1. 幅值与有效值

幅值是正弦交流电在变化过程中所能达到的最大值。

由于正弦量的瞬时值是随时间而变化的,而幅值也只表示一点的值,因此用瞬时值和幅值表示交流电没有实际意义。一般在实际使用中常采用有效值来度量交流电的大小。

在图 4-1-3 中,将相同的电阻 R 上分别通以直流电流 I 和交流电流 i,如果它们在相同时间内在电阻上所消耗的电能相等,则把该直流电流 I 作为交流电流 i 的有效值。

图 4-1-3　交流电有效值的规定

可以证明,正弦交流电的有效值和幅值之间满足:

$$U_m = \sqrt{2}U = 1.414U, I_m = \sqrt{2}I = 1.414I$$

需要注意的是:交流电压表、电流表测量的数据均为有效值,交流设备铭牌上标注的电压、

电流也是有效值，如用于电动机的 380 V 电源和用于照明电路的 220 V 电源，指的都是有效值。电压和电流的有效值分别用大写字母 U 和 I 表示。

在电子电路中，对于正弦交流信号来说，除采用有效值外，还经常采用峰峰值来描述信号值变化范围的大小。峰峰值（peak-peak value）是指一个周期内信号最大值和最小值之间的差。电压峰峰值用 U_{pp} 表示，则有

$$U_{pp}=U_m-(-U_m)=2U_m=2\sqrt{2}U$$

例 4.1.1 若购得一台耐压为 300 V 的电器，其是否可用于 220 V 的线路上。

解 220 V 的线路上的 220 V 指的是电压有效值，其幅值为

$$U_m=\sqrt{2}U=1.414\times220=311\text{ V}$$

由于线路的电压幅值大于电器的耐压值 300 V，故该电器不能用于 220 V 的线路上。

【思考与讨论】

周期性变化的非正弦交流电的幅值和有效值也满足 $U_m=\sqrt{2}U$ 吗？

2. 角频率

角频率表示每秒内变化的弧度，单位为弧度 / 秒（rad/s）。角频率也经常用频率 f 表示，其单位为赫兹（Hz）。

因为一个周期交流电变化 2π 弧度，所以角频率 ω 与周期 T 和频率 f 的关系为

$$\omega=\frac{2\pi}{T}=2\pi f$$

在实际应用中，我国和欧洲一些国家电力系统所用的标准频率为 50 Hz，称为工频；而美国和日本等国家的标准频率为 60 Hz。在其他技术领域内会使用各种不同的频率，例如电子技术中常用的有线通信频率为 300 Hz~5 kHz；无线电工程上采用的频率则可高达 10^4~3×10^{11} Hz。

3. 初相位

正弦量表达式 $i=I_m\sin(\omega t+\theta_i)$ 中的 $\omega t+\theta_i$ 称为相位，表示正弦量变化的进程。θ_i 称为初相位，表示 $t=0$ 时刻的相位，决定了正弦量的初始值。显然，正弦量的初相位不同，其初始值也不同。相位和初相位的单位为弧度（rad），也可用角度表示。对于初相位，规定 $-\pi\leqslant\theta_i(\theta_u)\leqslant\pi$。

在正弦交流电路中，由于电容、电感等储能元件的存在，使电路中同频率正弦量的相位通常并不相同，而相位的不同又影响到电路性质及其功率的分析等。因此，与直流电路的分析不同，在交流电路分析中必须考虑正弦量的相位差。

两个同频率正弦量的相位之差称为相位差，用 φ 表示。在交流电路分析计算中，应用最多的是电压与电流的相位差。

设同频率的正弦电压和正弦电流分别为

$$u=U_m\sin(\omega t+\theta_u)$$

$$i=I_m\sin(\omega t+\theta_i)$$

则电压与电流的相位差 φ 为

$$\varphi=(\omega t+\theta_u)-(\omega t+\theta_i)=\theta_u-\theta_i$$

即两个同频率正弦量的相位差等于它们的初相位之差。相位差共有图 4-1-4 所示 5 种

情况。

需要注意的是：相位差只对同频率正弦量才有意义，因为只有同频率正弦量的相位差是恒定的，能够确定超前、滞后的关系；而不同频率正弦量的相位差是随时间变化的，无法确定超前、滞后的关系，故不能进行相位的比较。同时，相位差不得超过 ±180°。

例 4.1.2　已知：

$$u = 220\sqrt{2}\sin(\omega t + 235°)\text{V}$$

$$i = 10\sqrt{2}\sin(\omega t + 45°)\text{A}$$

试求 u 和 i 的初相位及两者间的相位关系。

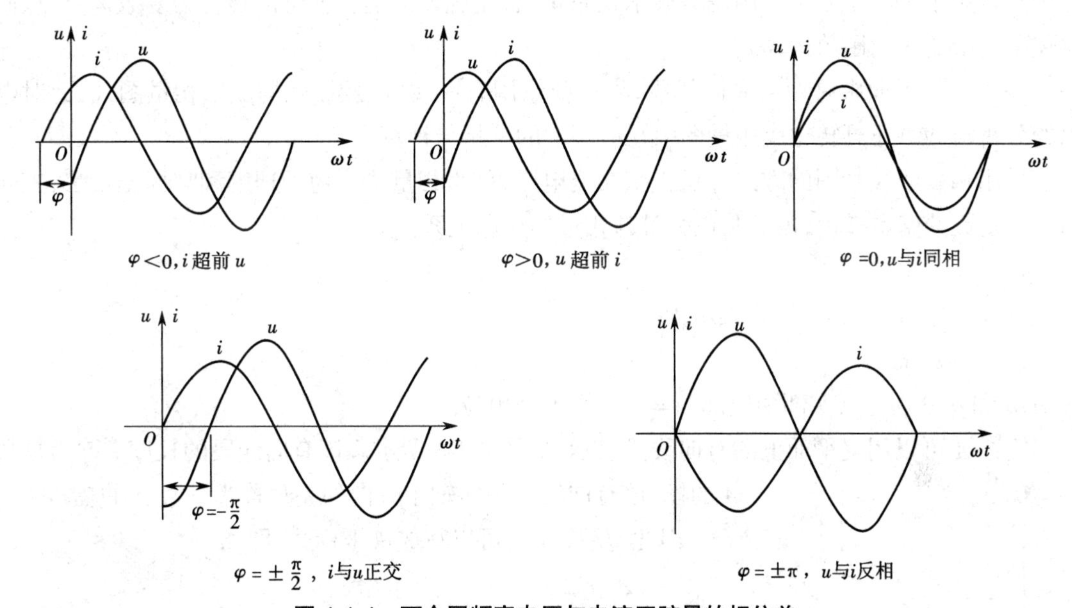

图 4-1-4　两个同频率电压与电流正弦量的相位差

解　$u = 220\sqrt{2}\sin(\omega t + 235°)\text{V}=220\sqrt{2}\sin(\omega t - 125°)\text{V}$，电压的初相位为 −125°；$i = 10\sqrt{2}\sin(\omega t + 45°)\text{A}$，电流的初相位为 45°。

电压与电流的相位差为

$$\varphi=\theta_u-\theta_i=-125°-45°=-170°<0$$

表明电压滞后于电流 170°。

4.1.2　正弦量的表示方法

【问题引导】

在正弦交流电路中，能否直接采用幅值或有效值进行分析和计算？

在图 4-1-5 中，已知电流 i_1、i_2 的瞬时值表达式分别为

$$i_1=I_{m1}\sin(\omega t+\theta_1)$$

$$i_2=I_{m2}\sin(\omega t+\theta_2)$$

试求 i_3 的瞬时值表达式。

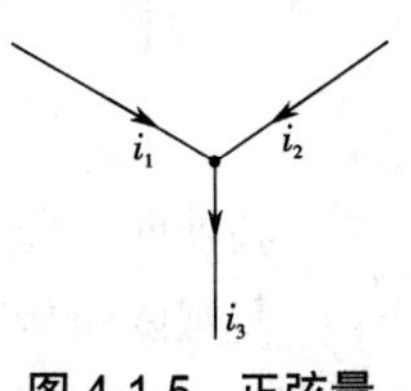

图 4-1-5　正弦量表示举例

假设 i_3 的瞬时值表达式为

$$i_3=I_{m3}\sin(\omega t+\theta_3)$$

因此求 i_3 的关键在于求出 I_{m3} 和 θ_3。显然，对于图 4-1-5 中的节点，电流瞬时值满足基尔霍夫电流定律，即

$$i_1+i_2=i_3$$

但直接利用三角函数或波形图对它们进行四则运算相当麻烦，更不用说交流电路中有时还涉及积分和微分运算。

对于按正弦规律变化的电流、电压，还可以用相量表示。所谓相量，实际是一个复数，只是这个复数用于表示正弦量。用复数表示正弦量后，正弦量的运算就可以转化为复数运算，从而避免了复杂的三角函数运算。

复数在复平面中是一条有向线段，将正弦量用有向线段表示，就构成了相量图，因此对电路的分析与计算还可转化成相量图中几何图形的分析与计算。

采用相量或相量图的方法分析正弦交流电路，称为相量法。为了理解和掌握相量法，先介绍有关复数的基本知识，再说明正弦量与相量的对应关系。

1. 复数

设 A 为一复数，其代数式表示为

$$A=a+\mathrm{j}b$$

其中，a 和 b 分别为其实部和虚部；$\mathrm{j}=\sqrt{-1}$ 为虚部单位。

复数 A 可以用复平面上的有向线段表示，如图 4-1-6 所示。该有向线段的长度 r 称为复数 A 的模，该有向线段与实轴正方向的夹角称为复数 A 的辐角。

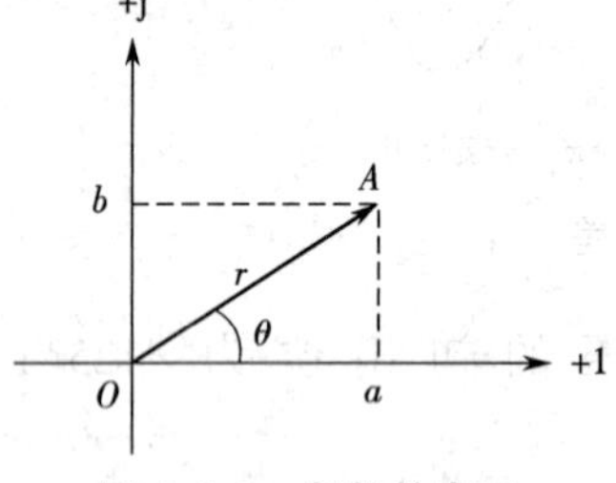

图 4-1-6 复数的表示

因此，复数 A 也可以写成极坐标式，即

$$A=r\angle\theta$$

利用复数对正弦交流电路进行分析和计算时，常常需要在代数式和极坐标式之间进行转换。

如果已知复数的极坐标式，要转换成代数式，则转换后的代数式中实部 a 和虚部 b 可由图 4-1-6 的几何关系求得，即

$$\begin{cases}a=r\cos\theta\\b=r\sin\theta\end{cases}$$

如果已知复数的代数式，要转换成极坐标式，同样由图 4-1-6 的几何关系可推导出复数的模 r 和辐角的计算式如下：

$$\begin{cases}r=\sqrt{a^2+b^2}\\\theta=\arctan\dfrac{b}{a}\end{cases}$$

转换时注意：复数的模只取正值，辐角的取值则根据复数在复平面上的象限确定。

复数除可以写成代数式和极坐标式外，还可以写成三角函数式，即

$$A=r\cos\theta+\mathrm{j}r\sin\theta$$

由欧拉公式 $e^{j\theta}=\cos\theta+j\sin\theta$ 可知,复数 A 还可表示为

$$A=r(\cos\theta+j\sin\theta)=re^{j\theta}$$

将 $A=re^{j\theta}$ 称为复数 A 的指数式。

综上所述,一个复数可以写成四种形式:

$$A=a+jb \quad (\text{代数式})$$

$$=r\cos\theta+jr\sin\theta \quad (\text{三角函数式})$$

$$=re^{j\theta} \quad (\text{指数式})$$

$$=r\angle\theta \quad (\text{极坐标式})$$

在复数计算时,如能对复数进行不同形式间的转换,往往可以简化运算。

1)复数的加减运算

复数相加或相减,就是把它们的实部和虚部分别相加或相减。因此,必须将复数事先转换成代数式才能进行加减运算。例如,若 $A_1=a_1+jb_1, A_2=a_2+jb_2$,则

$$A_1 \pm A_2=(a_1 \pm a_2)+j(b_1 \pm b_2)$$

复数的加减运算也可以采用平行四边形法则在复平面上进行。例如,计算复数 A_1 和复数 A_2 的和 A_1+A_2,以 A_1 和 A_2 为邻边作平行四边形,该平行四边形的对角线 OC 所代表的复数 C 就是复数 A_1 和复数 A_2 的和,如图 4-1-7(a)所示。

两复数相减,如 A_1-A_2,可看成是 $A_1+(-A_2)$,作为加法处理,如图 4-1-7(b)所示。注意,复数 A_2 与 $-A_2$ 的关系是它们的模相等,但方向相反。

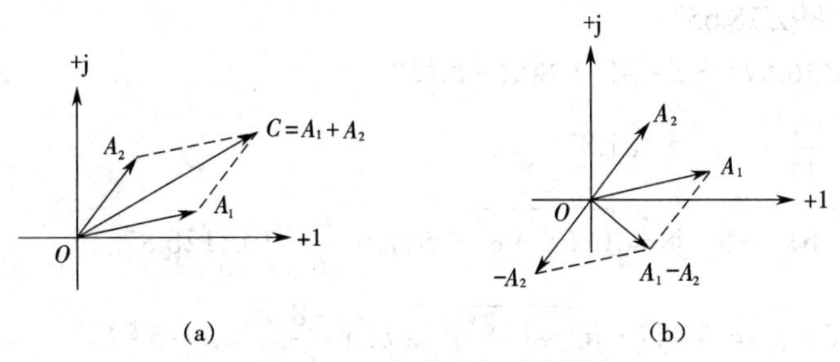

图 4-1-7　复数的加减运算

2)复数的乘法运算

复数的乘法运算一般采用指数式或极坐标式比较方便。复数相乘,就是把它们的模相乘,辐角相加。

例如,若 $A_1=r_1\angle\theta_1$, $A_2=r_2\angle\theta_2$,则

$$A_1 \cdot A_2=r_1r_2\angle\theta_1+\theta_2$$

或

$$A_1 \cdot A_2=r_1e^{j\theta_1} \cdot r_2e^{j\theta_2}=r_1r_2e^{j(\theta_1+\theta_2)}$$

3)复数的除法运算

复数的除法运算一般也采用指数式或极坐标式。复数相除,就是把它们的模相除,辐角

相减。

例如，若$A_1 = r_1\angle\theta_1$，$A_2 = r_2\angle\theta_2$，则

$$\frac{A_1}{A_2}=\frac{r_1}{r_2}\angle\theta_1-\theta_2$$

或

$$\frac{A_1}{A_2}=\frac{r_1 e^{j\theta_1}}{r_2 e^{j\theta_2}}=\frac{r_1}{r_2}e^{j(\theta_1-\theta_2)}$$

例 4.1.3 已知两个复数分别为A=8+j6，B=8∠−45°，试求$A+B$、$A-B$、$A\cdot B$、$\frac{A}{B}$、jA、−jA。

解 $A=8+j6=\sqrt{8^2+6^2}\angle\arctan\frac{6}{8}=10\angle 36.87°$

$$B=8\angle-45°=8\cos(-45°)+j8\sin(-45°)=5.66-j5.66$$

$$A+B=8+j6+5.66-j5.66$$
$$=13.66+j0.34$$
$$=\sqrt{13.66^2+0.34^2}\angle\arctan\frac{0.34}{13.66}$$
$$=13.66\angle 1.43°$$

$$A-B=8+j6-(5.66-j5.66)$$
$$=2.34+j11.66$$
$$=\sqrt{2.34^2+11.66^2}\angle\arctan\frac{11.66}{2.34}$$
$$=11.89\angle 78.65°$$

$$A\cdot B=10\angle 36.87°\times 8\angle-45°=80\angle-8.13°$$

$$\frac{A}{B}=\frac{10\angle 36.87°}{8\angle-45°}=1.25\angle 81.87°$$

$$jA=j(8+j6)=-6+j8=\sqrt{(-6)^2+8^2}\angle\arctan\frac{8}{-6}=10\angle 126.87°$$

$$-jA=-j(8+j6)=6-j8=\sqrt{6^2+(-8^2)}\angle\arctan\frac{-8}{6}=10\angle-53.13°$$

由例 4.1.3 可见，任意一个复数A乘上 j 实际上是将复数A逆时针旋转 90° 后得到的新复数 jA；而复数A乘上 −j 实际上是将复数A顺时针旋转 90° 后得到新的复数 −jA，如图 4-1-8 所示。

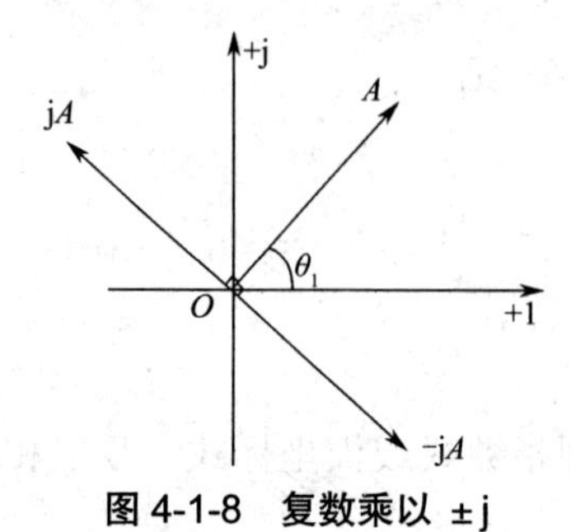

图 4-1-8 复数乘以 ±j

2. 正弦量的相量表示法

扫一扫:正弦量的相量表示法

PPT

文档

正弦量具有幅值、频率及初相位三个基本特征量,表示一个正弦量就要将这三个要素表示出来。

由于在线性电路中,各处电压和电流的频率是相同的,其角频率 ω 固定不变,因此在电路分析中不需考虑角频率 ω,即实际上只需确定三要素中幅值和初相位这两个要素,而复数正好包括它们,因此复数可以表示正弦量。

一般把表示正弦量的复数称为相量。为了区别于一般复数,相量用大写字母上加点来表示。例如,用 $\dot{I}_m$ 和 $\dot{U}_m$ 表示电流和电压的幅值相量,用 $\dot{I}$ 和 $\dot{U}$ 表示电流和电压的有效值相量。对于正弦电压 $u=U_m\sin(\omega t+\theta_u)$,其幅值相量和有效值相量分别为

$$\dot{U}_m=U_m e^{j\theta_u}=U_m\angle\theta_u$$

$$\dot{U}=Ue^{j\theta_u}=U\angle\theta_u$$

显然,幅值相量的模就是幅值,而有效值相量的模就是有效值。所以,只要知道了正弦量的瞬时表达式,就可以写出它的相量;反之,若已知相量,也可以写出相应正弦量的瞬时表达式。有效值相量和幅值相量的关系为

$$\dot{I}_m=\sqrt{2}\dot{I}$$

$$\dot{U}_m=\sqrt{2}\dot{U}$$

例 4.1.4　试求正弦交流电压 $u=220\sqrt{2}\sin(\omega t+30°)$ V 的相量。

解　其相量为

$$\dot{U}_m=220\sqrt{2}\angle 30°\ \text{V}$$

或

$$\dot{U}=\frac{1}{\sqrt{2}}\dot{U}_m=220\angle 30°\ \text{V}$$

在正弦量用相量表示后,三角函数的运算就可转化为复数运算。但值得注意的是,只有正弦量才能用相量表示。同时,由于相量只具备正弦量三要素中的两个要素,因此只是代表正弦量,并不等于正弦量。

另外,需要注意的是,相量不仅可以表示用正弦函数描述的正弦量,也可以表示用余弦函数描述的正弦量,但在表示前,应将所有的正弦量统一转换成正弦函数或余弦函数的描述形式。

由于在正弦交流电路中基尔霍夫定律同样成立,即对于任意时刻,任意节点有 $\sum i=0$ 和任意回路有 $\sum u=0$ 。而由于正弦量可以用相量表示,因此相量也满足基尔霍夫定律。

基尔霍夫电流定律的相量形式为

$$\sum\dot{I}=0$$

它表示在正弦交流电路中,对于任意时刻的任意节点,流入或流出该节点的各支路电流相量的代数和恒等于零。

基尔霍夫电压定律的相量形式为

$$\sum \dot{U} = 0$$

它表示在正弦交流电路中，对于任意时刻的任意回路，各段电压相量的代数和恒等于零。

例 4.1.5 已知：

$$i_1 = 12.7\sqrt{2}\sin(314t + 30°)\,\text{A}$$

$$i_2 = 11\sqrt{2}\sin(314t - 60°)\,\text{A}$$

试求 $i=i_1+i_2$。

解 第一步，根据正弦量的瞬时值表达式写出有效值相量：

$$\dot{I}_1 = 12.7\angle 30°\,\text{A}$$

$$\dot{I}_2 = 11\angle -60°\,\text{A}$$

第二步，用相量运算代替瞬时值表达式的运算：

$$\begin{aligned}\dot{I} = \dot{I}_1 + \dot{I}_2 &= 12.7\angle 30° + 11\angle -60° \\ &= 12.7(\cos 30° + \text{j}\sin 30°) + 11(\cos 60° - \text{j}\sin 60°) \\ &= 16.5 - \text{j}3.18 \\ &= 16.8\angle -10.9°\,\text{A}\end{aligned}$$

第三步，由相量写出正弦量的瞬时值表达式：

$$i = 16.8\sqrt{2}\sin(314t - 10.9°)\,\text{A}$$

将几个同频率的正弦量用相应的相量表示，并画在同一个坐标平面上的图称作相量图。用相量图的方法可对电路进行分析，即将相量的复数运算转化为平面几何图形的计算。相量图法在某些电路的分析中快捷方便。例如，已知

$$i_1 = 10\sqrt{2}\sin(\omega t + 30°)\,\text{A}$$

$$i_2 = 5\sqrt{2}\sin(\omega t - 60°)\,\text{A}$$

i_1 和 i_2 对应的有效值相量表达式分别为

$$\dot{I}_1 = 10\angle 30°\,\text{A}$$

$$\dot{I}_2 = 5\angle -60°\,\text{A}$$

其相应的相量图如图 4-1-9 所示。

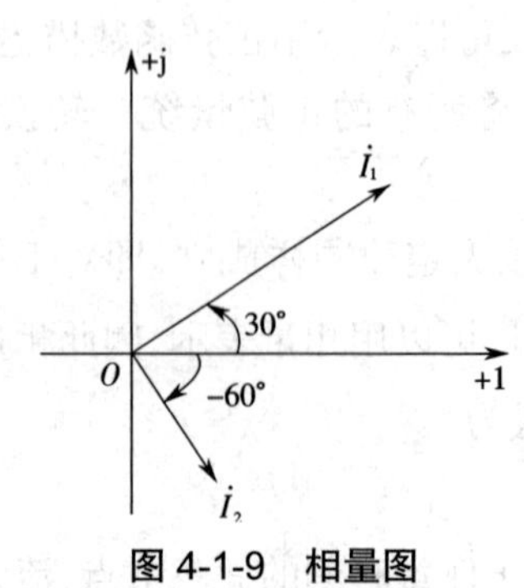

图 4-1-9 相量图

在画相量图时，需注意以下几点：

（1）在不产生歧义的情况下，坐标可以不用画出，以简化相量图；

（2）由于一个电路中的各正弦量是同频率的，且角频率 ω 是已知的，故不需要标出；

（3）只有频率相同的正弦量才可以画在同一相量图上；

（4）画出相量图后，任意两个同频率正弦量的和或差可用平行四边形法则求解。

例 4.1.6　试用相量图法求例 4.1.5。

解　画出 $\dot{I}_1$、$\dot{I}_2$ 的相量图，以 $\dot{I}_1$、$\dot{I}_2$ 为邻边作平行四边形，该平行四边形的对角线即为两相量之和，如图 4-1-10 所示。

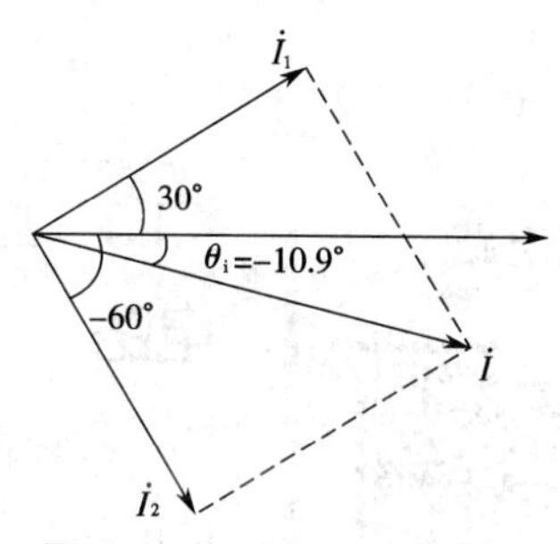

图 4-1-10　例 4.1.6 相量图

$$I=\sqrt{I_1^2+I_2^2}=\sqrt{12.7^2+11^2}=16.8\ \text{A}$$

$$\theta_i=-\left(60°-\arctan\frac{12.7}{11}\right)=-10.9°$$

$$i=16.8\sqrt{2}\sin\left(314t-10.9°\right)\text{A}$$

从例 4.1.6 可知：电流 i 的有效值 I=16.8 A，有效值 $I\neq I_1+I_2$，即有效值并不满足基尔霍夫定律。基尔霍夫定律只适用于瞬时值和相量，对有效值并不一定成立。

【思考与讨论】

在什么条件下，电流和电压的有效值满足 KCL 和 KVL？

例 4.1.7　已知 u_1 和 u_2 的有效值分别为 U_1=100 V，U_2=60 V，u_1 超前于 $u_2$60°，试求：

（1）总电压 $u=u_1+u_2$ 的有效值并画出相量图；

（2）总电压 u 与 u_1 及 u_2 的相位差。

解　（1）选 u_1 为参考相量，则

$$\dot{U}_1=100\angle 0°\ \text{V}$$

$$\dot{U}_2=60\angle -60°\ \text{V}$$

$$\dot{U}=\dot{U}_1+\dot{U}_2=100\angle 0°+60\angle -60°=140\angle -21.8°\ \text{V}$$

其相量图如图 4-1-11 所示。

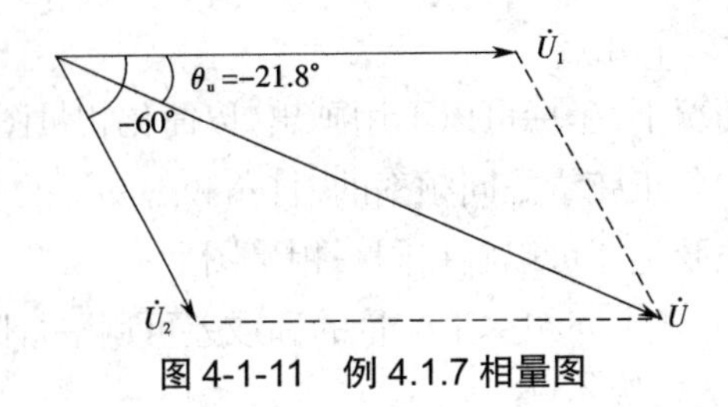

图 4-1-11　例 4.1.7 相量图

（2）总电压 u 与 u_1 的相位差为

$$\varphi_1=\theta_u-\theta_1=-21.8°-0°=-21.8°$$

总电压 u 与 u_2 相位差为

$$\varphi_2=\theta_u-\theta_2=-21.8°-(-60°)=38.2°$$

扫一扫：单一参数的正弦交流电路

文档

PPT

视频

4.1.3　单一参数元件的正弦交流电路

掌握电阻、电容、电感等单一参数元件的电压与电流之间的关系，特别是电压和电流的相量关系是分析一般交流电路的基础。

1. 电阻元件

扫一扫：动画 - 电阻电感电容

在图 4-1-12 中，假设电阻元件两端的电压和流过的电流的瞬时值表达式分别为

$$u=\sqrt{2}U\sin(\omega t+\theta_u)$$

$$i=\sqrt{2}I\sin(\omega t+\theta_i)$$

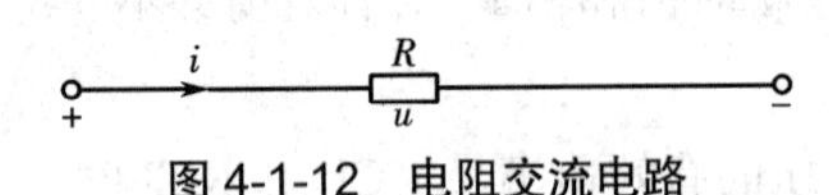

图 4-1-12　电阻交流电路

由于任意时刻电阻 R 的电压和电流之间的关系都满足欧姆定律，即

$$i=\frac{u}{R}=\frac{\sqrt{2}U}{R}\sin(\omega t+\theta_u)$$

由此可得出以下结论。

（1）电阻元件的电压与电流同相，即

$$\theta_u=\theta_i$$

电阻两端的电压 u 与流过其的电流 i 同相，两者同时达到最大值、最小值或零值。其波形图和相量图如图 4-1-13 所示。

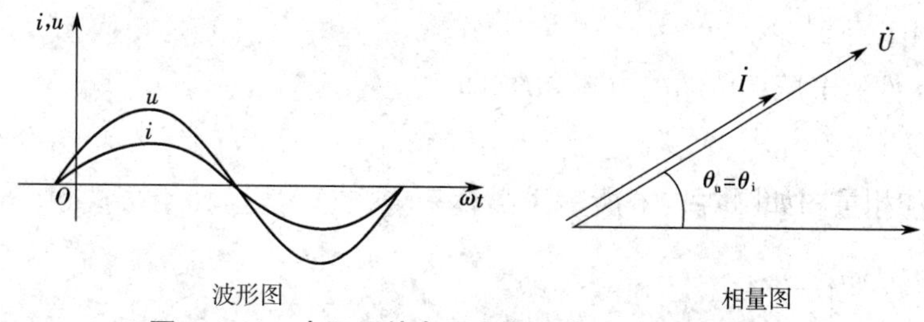

图 4-1-13　电阻元件电压和电流的波形图和相量图

(2)电压与电流的有效值满足欧姆定律,即

$$I=\frac{U}{R}$$

(3)电压与电流取相量形式,则有

$$I\angle\theta_{\mathrm{i}}=\frac{U\angle\theta_{\mathrm{u}}}{R}$$

即

$$\dot{I}=\frac{\dot{U}}{R}$$

此式为电阻元件欧姆定律的相量形式,即电阻元件的电压相量和电流相量也满足欧姆定律。

电压相量与电流相量之间的关系不仅反映了电压与电流之间的有效值关系,还表明了电压与电流的相位关系。如电路模型中元件的电压与电流均用相量表示,则称为电路的相量模型。电阻元件的相量模型如图 4-1-14 所示。

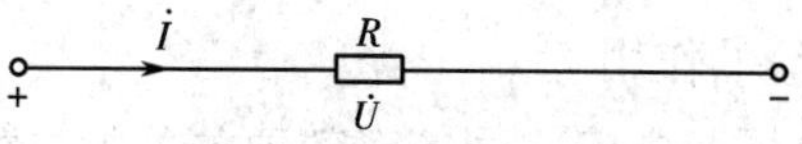

图 4-1-14　电阻元件的相量模型

2. 电感元件

在图 4-1-15 中,假设电感元件两端的电压和流过的电流的瞬时值表达式分别为

$$u=\sqrt{2}U\sin(\omega t+\theta_{\mathrm{u}})$$

$$i=\sqrt{2}I\sin(\omega t+\theta_{\mathrm{i}})$$

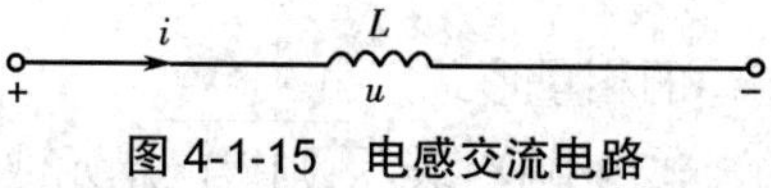

图 4-1-15　电感交流电路

在任意时刻,电感上电压与电流之间的关系为

$$u=L\frac{\mathrm{d}i}{\mathrm{d}t}=L\frac{\mathrm{d}\left[\sqrt{2}I\sin(\omega t+\theta_{\mathrm{i}})\right]}{\mathrm{d}t}$$

$$=\sqrt{2}I\omega L\cos(\omega t+\theta_{\mathrm{i}})$$

$$=\sqrt{2}I\omega L\sin(\omega t+\theta_{\mathrm{i}}+90^\circ)$$

由此可得出以下结论。

(1)电感元件的电压相位超前电流 90°,即

$$\theta_u = \theta_i + 90^\circ$$

其波形图和相量图如图 4-1-16 所示。

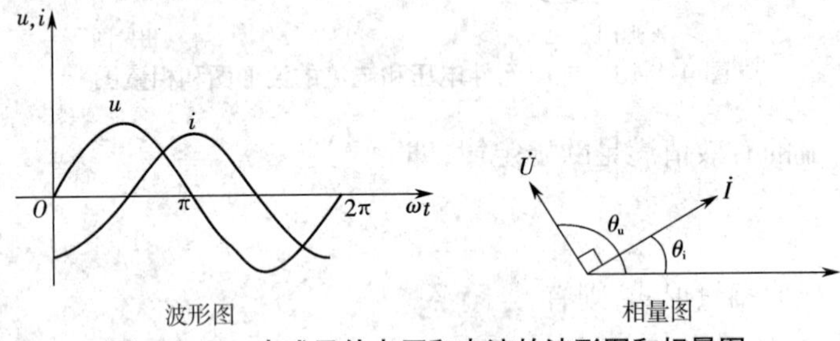

图 4-1-16 电感元件电压和电流的波形图和相量图

(2)由 u 的瞬时值表达式知电压有效值 $U=I\omega L$,故电压与电流之间的有效值关系为

$$I = \frac{U}{\omega L}$$

当电压一定时, L 越大,电感中的电流越小, L 具有阻止电流通过的性质,称为感抗,用 X_L 表示,即

$$X_L = \omega L = 2\pi f L$$

当 ω 的单位为 rad/s, L 的单位为 H 时,感抗 X_L 的单位为 Ω。可见,感抗 X_L 具有类似于电阻的性质。但不同于电阻的是,感抗 X_L 的大小与电感 L 及频率 f 成正比,频率越高,感抗 X_L 越大,对电流的阻碍作用也越大。直流条件下,由于频率 f=0,感抗 X_L=0,电感相当于短路。因此,电感元件有阻交流、通直流的作用。

引入感抗后,电感元件电压与电流之间的有效值关系可写为

$$I = \frac{U}{X_L}$$

(3)电压与电流取相量形式,则有

$$U\angle\theta_u = \omega L I\angle(\theta_i + 90^\circ) = \mathrm{j}\omega L I\angle\theta_i$$

即

$$\dot{U} = \mathrm{j}X_L \dot{I}$$

此式称为电感元件欧姆定律的相量形式。

将电流、电压均用相量表示,电感用 $\mathrm{j}X_L$ 表示,则得电感元件的相量模型,如图 4-1-17 所示。

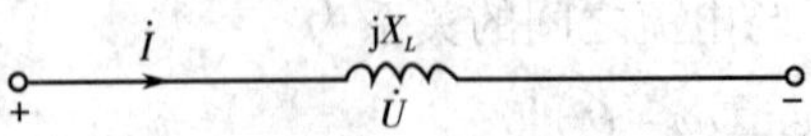

$\dot{I}$ $\mathrm{j}X_L$ + $\dot{U}$ −

图 4-1-17 电感元件的相量模型

3. 电容元件

在图 4-1-18 中，假设电容元件两端的电压和流过的电流的瞬时值表达式分别为

$$u = \sqrt{2}U\sin(\omega t + \theta_u)$$

$$i = \sqrt{2}I\sin(\omega t + \theta_i)$$

扫一扫：电容工作原理

动画

动画 1

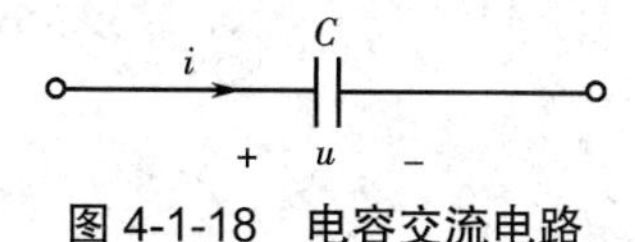

图 4-1-18　电容交流电路

在任意时刻，电容上电压与电流之间的关系为

$$i = C\frac{\mathrm{d}u}{\mathrm{d}t} = C\frac{\mathrm{d}\left[\sqrt{2}U\sin(\omega t + \theta_u)\right]}{\mathrm{d}t}$$

$$= \sqrt{2}U\omega C\cos(\omega t + \theta_u)$$

$$= \sqrt{2}U\omega C\sin(\omega t + \theta_u + 90°)$$

由此可得出以下结论。

（1）电容元件的电流相位超前电压 90°，即

$$\theta_i = \theta_u + 90°$$

其波形图和相量图如图 4-1-19 所示。

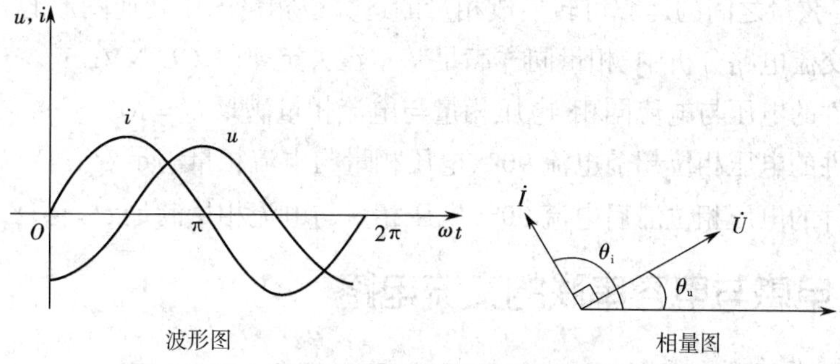

图 4-1-19　电容元件电压和电流的波形图和相量图

（2）由 i 的瞬时值表达式知电流有效值 $I=U\omega C$，故电压与电流之间的有效值关系为

$$U = \frac{I}{\omega C}$$

当电压一定时，$\frac{1}{\omega C}$ 越大，电容中的电流越小，$\frac{1}{\omega C}$ 具有阻止电流通过的性质，称为容抗，用 X_C 表示，即

$$X_C = \frac{1}{\omega C} = \frac{1}{2\pi fC}$$

当 ω 的单位为 rad/s，C 的单位为 F 时，容抗 X_C 的单位为 Ω。可见，容抗 X_C 也具有类似于电阻的性质。但不同于电阻的是，容抗 X_C 的大小与电容 C 及频率 f 成反比，频率越低，容抗

X_C 越大,对电流的阻碍作用也越大。直流条件下,由于频率 f=0,容抗 $X_C=\infty$,电容相当于开路。因此,电容元件有通交流、隔直流的作用,与电感元件的特性正好相反。

引入容抗后,电容元件电压与电流之间的有效值关系可写为

$$U=X_CI$$

(3)电压与电流取相量形式,则有

$$I\angle\theta_{\rm i}=\omega CU\angle\theta_{\rm u}+90°={\rm j}\omega CU\angle\theta_{\rm u}$$

即

$$\dot{I}={\rm j}\omega C\dot{U}$$

或

$$\dot{U}=-{\rm j}X_C\dot{I}$$

此式称为电容元件欧姆定律的相量形式。

将电流、电压均用相量表示,电容用 $-{\rm j}X_C$ 表示,则得电容元件的相量模型,如图 4-1-20 所示。

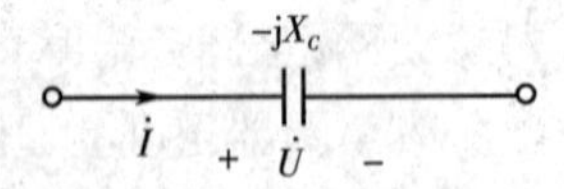

图 4-1-20 电容元件的相量模型

4. 相量法小结

(1)用于表示正弦量的复数称为相量,常用的相量形式有代数式和极坐标式。在正弦量用相量表示后,正弦量之间的运算可转换成相量的运算或相量图中几何图形的分析与计算。

(2)在正弦交流电路分析中,相量同样满足基尔霍夫定律(KCL、KVL)。

(3)电阻元件的电压与电流同相,电压相量与电流相量满足 $\dot{U}=R\dot{I}$ 。

(4)电感元件的电压相位超前电流 90°,电压相量与电流相量满足 $\dot{U}={\rm j}X_L\dot{I}$ 。

(5)电容元件的电压相位滞后电流 90°,电压相量与电流相量满足 $\dot{U}=-{\rm j}X_C\dot{I}$ 。

4.1.4 电阻、电感与电容串联的交流电路

1. 电阻与电感的串联电路

在含有线圈的交流电路中,当线圈的电阻不能忽略时,就构成了由电阻 R 和电感 L 串联的交流电路,简称 RL 串联电路。工厂中常见的电动机、变压器及日常生活中的日光灯等都可看成 RL 串联电路,如图 4-1-21 所示。

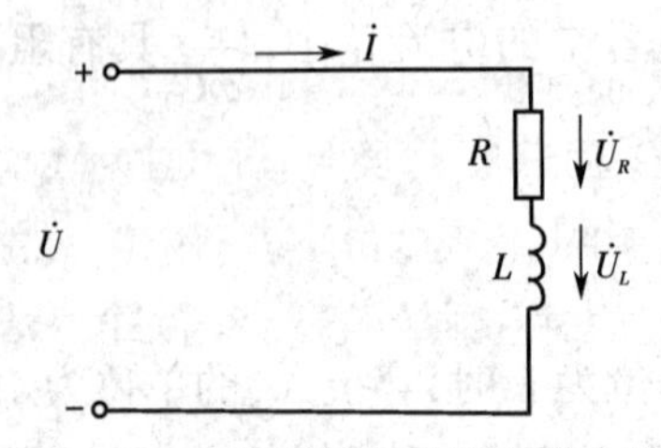

图 4-1-21 电阻与电感的串联电路

1）电流与电压的频率关系

由于纯电阻电路及纯电感电路中的电流和电压频率相同，所以 RL 串联电路中电流与电压的频率也相同。

2）电流与电压的相位关系

设在电路两端外加正弦交流电压 $\dot{U}$，电路中将产生电流 $\dot{I}$，此电流在电阻上产生电压降 $\dot{U}_R$，根据前面的分析可知其大小为 $U_R=RI$，其相位与电流相位相同；同时该电流在电感线圈上产生电压降 $\dot{U}_L$，其大小为 $U_L=X_LI=\omega LI$，其相位超前电流 90°。可得 RL 串联电路的电压、电流相量图，如图 4-1-22 所示。

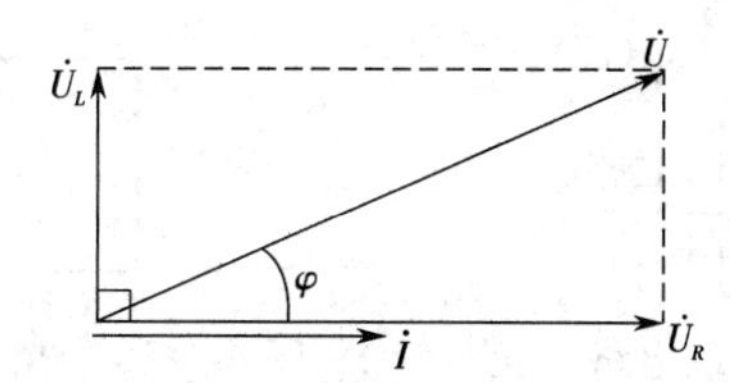

图 4-1-22　***RL*** **串联电路的电压、电流相量图**

由电压平衡关系，可得

$$\dot{U}=\dot{U}_R+\dot{U}_L=R\dot{I}+\mathrm{j}X_L\dot{I}=\left(R+\mathrm{j}X_L\right)\dot{I}=Z\dot{I}$$

式中：$Z=R+\mathrm{j}X_L$ 称为串联交流电路的复阻抗，简称阻抗。阻抗 Z 可以写成以下形式：

$$Z=R+\mathrm{j}X_L=|Z|\angle\varphi=|Z|\mathrm{e}^{\mathrm{j}\varphi}$$

式中：$|Z|$ 称为电路的阻抗模，单位为 Ω，有

$$|Z|=\sqrt{R^2+X_L{}^2}$$

φ 是 Z 的幅角，称为阻抗角，$\varphi=\arctan\dfrac{X_L}{R}=\arccos\dfrac{R}{|Z|}$；$\varphi$ 也称为电路的功率因数角，它与电路的参数 R、L 和交流电路的频率 ω 有关。

各部分电压有效值之间的关系为

$$U=\sqrt{U_R^2+U_L^2}$$

把相量图中的电压三角形的各边同时缩小为 $1/I$（I 是电流的有效值），就得到一个与电压三角形相似的三角形，如图 4-1-23 所示。它的三条边分别为 R、X_L、Z，这个三角形称为阻抗三角形。它形象地体现了电阻 R、感抗 X_L 和阻抗 Z 之间的关系。

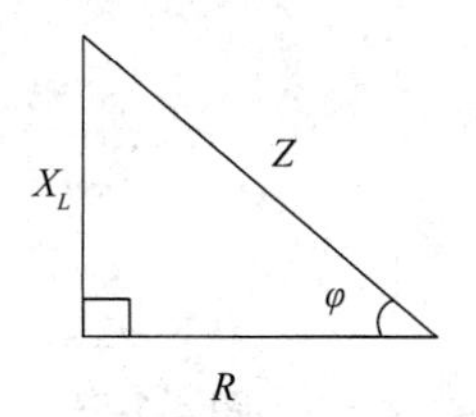

图 4-1-23　***RL*** **串联电路的阻抗三角形**

2. 电阻与电容的串联电路

图 4-1-24 所示为电阻与电容的串联电路，与 RL 串联电路分析一样，设在电路两端外加正弦交流电压 $\dot{U}$，电路中将产生电流 $\dot{I}$，此电流在电阻上产生电压降 $\dot{U}_R$，根据前面的分析可知其大小为 $U_R = RI$，其相位与电流相位相同；同时该电流在电容上产生电压降 $\dot{U}_C$，其大小为 $U_C = X_C I = \dfrac{I}{\omega C}$，其相位滞后电流 90°。可得 RC 串联电路的电压、电流相量图，如图 4-1-25 所示。

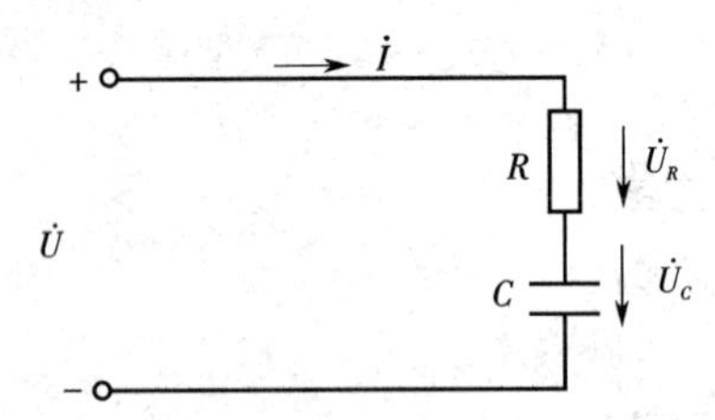

图 4-1-24 电阻与电容的串联电路

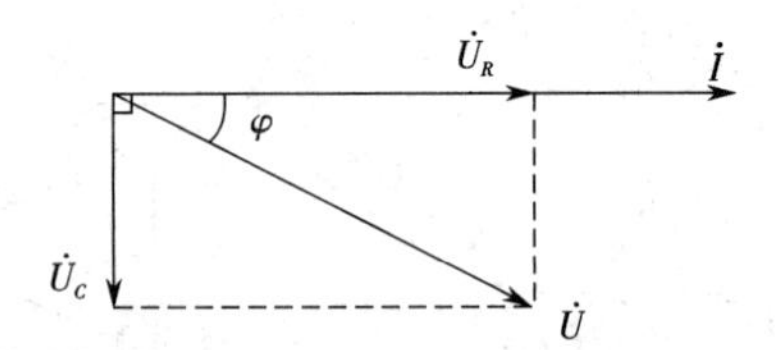

图 4-1-25 **RC** 串联电路的电压、电流相量图

由电压平衡关系，可得

$$\dot{U} = \dot{U}_R + \dot{U}_C = R\dot{I} - \mathrm{j}X_C\dot{I} = (R - \mathrm{j}X_C)\dot{I} = Z\dot{I}$$

阻抗有

$$Z = R - \mathrm{j}X_C$$

阻抗模有

$$|Z| = \sqrt{R^2 + X_C^2}$$

阻抗角为

$$\varphi = -\arctan\frac{X_C}{R} = -\arccos\frac{R}{|Z|}$$

各部分电压有效值之间的关系为

$$U = \sqrt{U_R^2 + U_C^2}$$

扫一扫：电阻电感电容串联电路

文档

PPT

3. 电阻、电感和电容（RLC）的串联电路

电阻、电感和电容的串联电路如图 4-1-26 所示。

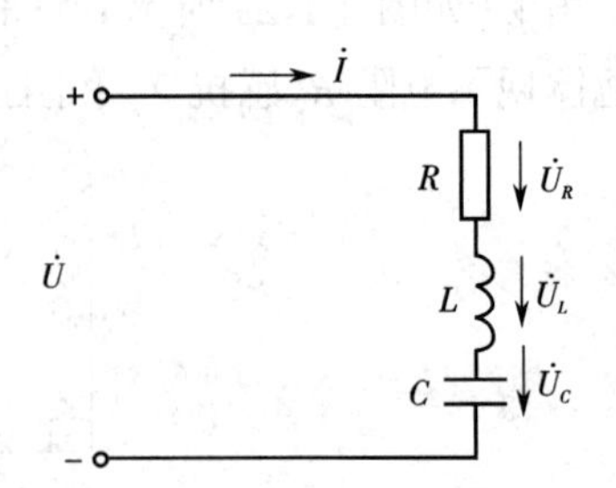

图 4-1-26 电阻、电感和电容的串联电路

根据相量形式的 KVL，可得

$$\dot{U}=\dot{U}_R+\dot{U}_L+\dot{U}_C=R\dot{I}+\mathrm{j}\omega L\dot{I}+\frac{1}{\mathrm{j}\omega C}\dot{I}=\left(R+\mathrm{j}\omega L+\frac{1}{\mathrm{j}\omega C}\right)\dot{I}$$

$$=\left[R+\mathrm{j}\left(X_L-X_C\right)\right]\dot{I}=Z\dot{I}$$

令

$$X=X_L-X_C$$

则有

$$Z=\frac{\dot{U}}{\dot{I}}=R+\mathrm{j}X$$

可见，在 RLC 串联电路中，电压相量与电流相量之比为一复数 Z，它的实部为电路的电阻 R，虚部为电路中的感抗 X_L 与容抗 X_C 之差 X，X 称为电路的电抗，Z 称为电路的复阻抗。

$$Z=\sqrt{R^2+X^2}\angle\arctan\frac{X}{R}=|Z|\angle\varphi$$

其中

$$|Z|=\sqrt{R^2+X^2}=\sqrt{R^2+\left(X_L-X_C\right)^2}$$

$$\varphi=\arctan\frac{X}{R}=\arctan\frac{X_L-X_C}{R}$$

根据电路参数可得出 RLC 串联电路的性质：

（1）当 $X_L>X_C$ 时，$\varphi>0$，即电压超前电流 φ，电路呈感性；

（2）当 $X_L<X_C$ 时，$\varphi<0$，即电压滞后电流 φ，电路呈容性；

（3）当 $X_L=X_C$ 时，$\varphi=0$，即电压与电流同相位，电路呈阻性。

以上三种情况的相量图如图 4-1-27 所示。

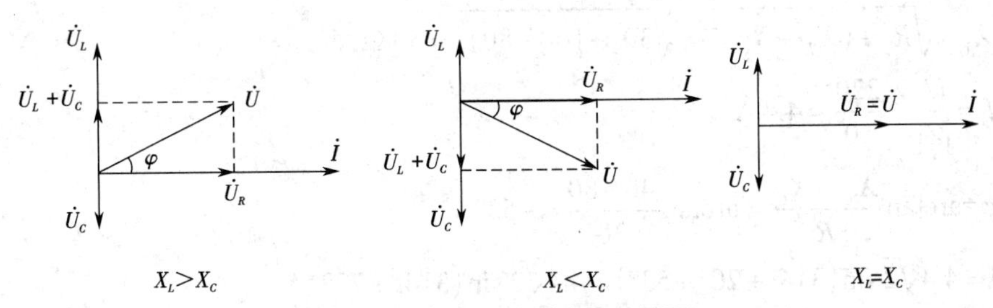

图 4-1-27　***RLC*** **串联电路相量图**

由上面的分析可知：$-90°<\varphi<90°$ 时，电源频率不变，改变电路参数 L 或 C 可以改变电路的性质；若电路参数不变，也可以通过改变电源频率来改变电路的性质。

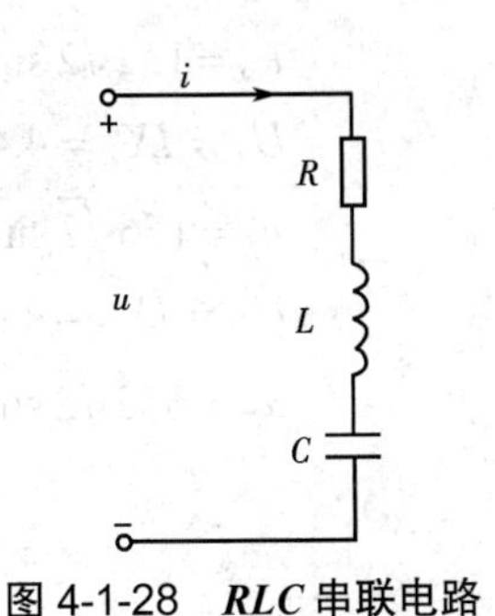

图 4-1-28　***RLC*** **串联电路**

4. RLC 串联电路的电压、电流关系

在图 4-1-28 所示的 RLC 串联电路中，若取电压与电流为关联参考方向，根据基尔霍夫电压定律，可得

$$u=u_R+u_L+u_C$$

其相量式为

$$\dot{U}=\dot{U}_R+\dot{U}_L+\dot{U}_C$$

把单一参数的电压和电流的关系式

$$\dot{U}_R=R\dot{I},\dot{U}_L=\mathrm{j}X_L\dot{I},\dot{U}_C=-\mathrm{j}X_C\dot{I}$$

代入基尔霍夫电压相量式,可得到

$$\begin{aligned}\dot{U}&=R\dot{I}+\mathrm{j}X_L\dot{I}-\mathrm{j}X\dot{I}_C\\&=\dot{I}\left[R+\mathrm{j}\left(X_L-X_C\right)\right]\\&=\dot{I}\left(R+\mathrm{j}X\right)\\&=\dot{I}Z\end{aligned}$$

其中

$$Z=R+\mathrm{j}X=R+\mathrm{j}\left(X_L-X_C\right)$$

称为复阻抗,单位为欧姆(Ω)。

例 4.1.8 假设在图 4-1-28 中,R=30 Ω,L=127 mH,C=40 μF,电源电压 $u=220\sqrt{2}\sin(314t+20°)\mathrm{V}$。试求:

(1)感抗、容抗;

(2)电流的有效值与瞬时值的表达式;

(3)各部分电压的有效值与瞬时值的表达式。

解 (1)$X_L=\omega L=314\times127\times10^{-3}=40\ \Omega$

$$X_C=\frac{1}{\omega C}=\frac{1}{314\times40\times10^{-6}}=80\ \Omega$$

(2)串联电路的总阻抗为

$$Z=Z_R+Z_L+Z_C=R+\mathrm{j}X_L-\mathrm{j}X_C=R+\mathrm{j}\left(X_L-X_C\right)$$

$$|Z|=\sqrt{R^2+\left(X_L-X_C\right)^2}=\sqrt{30^2+\left(40-80\right)^2}=50\ \Omega$$

$$I=\frac{U}{|Z|}=\frac{220}{50}=4.4\ \mathrm{A}$$

$$\varphi=\arctan\frac{X_L-X_C}{R}=\arctan\frac{40-80}{30}=-53°$$

$$i=4.4\sqrt{2}\sin\left(314t+20°+53°\right)=4.4\sqrt{2}\sin\left(314t+73°\right)\mathrm{A}$$

(3)$U_R=IR=4.4\times30=132\ \mathrm{V}$

$$u_R=132\sqrt{2}\sin\left(314t+73°\right)\mathrm{V}$$

$$U_L=IX_L=4.4\times40=176\ \mathrm{V}$$

$$u_L=176\sqrt{2}\sin\left(314t+73°+90°\right)=176\sqrt{2}\sin\left(314t+163°\right)\mathrm{V}$$

$$U_C=IX_C=4.4\times80=352\ \mathrm{V}$$

$$u_C=352\sqrt{2}\sin\left(314t+73°-90°\right)=352\sqrt{2}\sin\left(314t-17°\right)\mathrm{V}$$

4.1.5　功率因数的提高

扫一扫:功率因数的提高

文档

PPT

在交流电路中,由于电压和电流都是随时间变化的,因此功率也会随时间而变化。又因为电阻是耗能元件,而电感、电容是储能元件,故在讨论正弦交流电路的功率时,不仅要考虑电阻消耗电能所产生的有功功率,还要考虑由于电感、电容储存能量和释放能量时产生的无功功率和反映整个电路容量的视在功率。

1. 瞬时功率

电路在某一瞬间吸收或发出的功率称为瞬时功率,用小写字母 p 表示。设二端网络端口处的电流、电压分别为

$$i=\sqrt{2}I\sin\omega t$$

$$u=\sqrt{2}U\sin(\omega t+\varphi)$$

其中,φ 为电压与电流的相位差。则某一瞬间的瞬时功率为

$$\begin{aligned}p=ui&=\sqrt{2}I\sin\omega t\times\sqrt{2}U\sin(\omega t+\varphi)\\&=UI\left[\cos\varphi-\cos(2\omega t+\varphi)\right]\end{aligned}$$

2. 平均功率

瞬时功率是随时间改变而变化的,分析和计算瞬时功率毫无意义,一般采用平均功率反映功率的大小,并用大写字母 P 表示,单位有瓦(W)、千瓦(kW)、兆瓦(MW)。

平均功率是指交流电在一个变化周期内瞬时功率的平均值,其计算方法为

$$\begin{aligned}P&=\frac{1}{T}\int_0^T p\mathrm{d}t=\frac{1}{T}\int_0^T UI\left[\cos\varphi-\cos(2\omega t+\varphi)\right]\mathrm{d}t\\&=UI\cos\varphi\end{aligned}$$

正弦电路的平均功率不但与电流和电压的有效值有关,还与电压和电流的相位差 φ 有关,$\cos\varphi$ 称为电路的功率因数。对于无源二端网络,φ 正好等于其等效阻抗 Z 的阻抗角 φ_Z。因此:

(1)对电阻元件 R,$\varphi=0$,$P=UI$;

(2)对电感元件 L,$\varphi=90°$,$P=0$;

(3)对电容元件 C,$\varphi=-90°$,$P=0$。

电阻瞬时功率的变化情况可由图 4-1-29 解释,由于电阻两端的电压与流过的电流是同相的,因此其瞬时电压和瞬时电流同时为正或同时为负,相乘后得到的瞬时功率 $p\geqslant 0$,故电阻总是消耗能量,其平均功率恒大于零。

平均功率是保持用电设备正常运行所需的电功率,也就是将电能转换为其他形式的能量,如机械能、光能、热能的电功率,所以平均功率又称为有功功率。例如,电动机就是把电能转换为机械能,带动机器设备运转;各种照明设备将电能转换为光能,供人们生活和工作照明;取暖设备则将电能转换成热能。

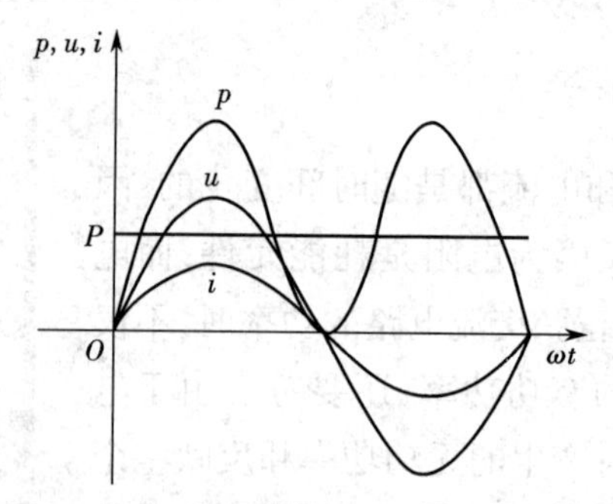

图 4-1-29 电阻的瞬时功率及平均功率

从平均功率 $P=UI\cos\varphi$ 还可以看出,电感和电容的平均功率都为 0,表明电感和电容都不消耗能量,但存在能量的交换。如图 4-1-30 所示,(a)和(b)分别为电感和电容瞬时功率的变化情况,从图中可以看出其能量的交换情况。

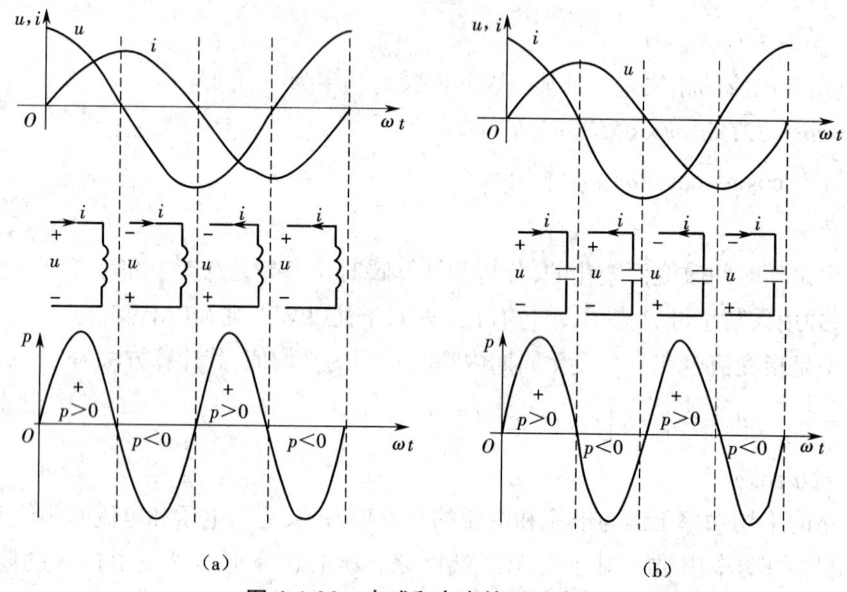

图 4-1-30 电感和电容的瞬时功率

对于电感来说,在交流电每个周期内的上半部分(瞬时功率 p 为正值)时间内,电感将电能转换成磁场能储存起来;而下半部分(瞬时功率 p 为负值)时间内,其储存的磁场能量又释放出来转换成电能。因此,在整个周期内,电能并没有消耗掉,瞬时功率的平均值即平均功率等于零。

对于电容来说,在交流电每个周期内的上半部分(瞬时功率 p 为正值)时间内,电容将电能转换成电场能储存起来;而下半部分(瞬时功率 p 为负值)时间内,其储存的电场能量又释放出来转换成电能。因此,在整个周期内,电能并没有消耗掉,瞬时功率的平均值即平均功率也等于零。

3. 无功功率

在交流电路中,由于电感和电容的存在,电路中存在能量形式的转换与交换。为了反映二端网络中能量交换的规模，将电路中能量交换的功率称为无功功率，用大写字母 Q 表示，单位为乏（var）。

二端网络的无功功率定义为

$$Q=UI\sin\varphi$$

（1）对电阻元件 R，$\varphi=0, Q=0$。

（2）对电感元件 L，$\varphi=90°, Q=UI$。

（3）对电容元件 C，$\varphi=-90°, Q=-UI$。

从无功功率可知，电阻与电源之间没有能量交换，而电感和电容与电路之间有能量交换。由于电感的无功功率为正，电容的无功功率为负，可以在电感性负载中增添电容元件，以减少电源给予负载的无功功率。后面将介绍的功率因数的提高，正是基于这一原理。

由于电路中用于交换的这一部分电能不能转化成有用的机械能、光能、热能等其他有用的能量，故称为无功功率。但无功功率绝不是无用功率，它的用处很大。例如 40 W 的日光灯，除需 40 多瓦有功功率（镇流器也需消耗一部分有功功率）发光外，还需 80 var 左右的无功功率供镇流器的线圈建立交变磁场用。电动机需要建立和维持旋转磁场，使转子转动，从而带动机械运动，电动机的转子磁场就是靠从电源取得无功功率建立的。变压器也同样需要无功功率，才能使变压器的一次线圈产生磁场，在二次线圈感应出电压。因此，没有无功功率，电动机就不会转动，变压器也不能变压。在正常情况下，用电设备不但要从电源取得有功功率，同时还需要从电源取得无功功率。如果电网中的无功功率供不应求，用电设备就没有足够的无功功率来建立正常的电磁场，这些用电设备就不能维持在额定情况下工作，从而影响用电设备的正常运行。在实际应用中，发电机和高压输电线供给的无功功率，远远满足不了负荷的需要，所以在电网中要设置一些无功补偿装置来补充无功功率，以保证用户对无功功率的需要。

当然，无功功率对供、用电也会产生一定的不良影响，它会降低发电机有功功率的输出；降低输、变电设备的供电能力；造成线路电压损失增大和电能损耗增加；造成低功率因数运行和电压下降，使电气设备容量得不到充分发挥。

4. 视在功率

由于电路中既存在耗能元件电阻，又存在储能元件电感与电容，故电源必须提供其正常工作所需的功率，即有功功率，同时应有一部分能量储存在电感、电容等元件中，保证网络或设备的正常工作。视在功率反映了确保电路能正常工作，电源需传给电路的能量。对于二端网络来说，视在功率定义为端口电压 u 和电流 i 有效值的乘积，用 S 表示，即

$$S=UI$$

其单位为伏安（V·A）、千伏安（kV·A）。

在工程上，视在功率表示电源设备，如变压器、发电机等的容量，也可用来衡量发电机可能提供的最大平均功率。

对于任何一个电气设备而言，都有一个额定的电压值、额定的电流值。所谓额定电压，就是电气设备长时间工作时所适用的最佳电压，用 U_N 表示；所谓额定电流，是指在额定环境条件下，如环境温度、日照、安装条件等，电气设备的长期允许电流，用 I_N 表示。在额定电压和额定

电流条件下的功率值，称为额定功率。例如，额定视在功率 S_N 等于电气设备额定电压与额定电流的乘积，即

$$S_N=U_N I_N$$

“220 V，25 W”灯泡中的 220 V 指的是额定电压，25 W 指的是额定有功功率。而标有“20 kV·A”的变压器铭牌中的 20 kV·A 指的是额定视在功率，即变压器的容量。

平均功率 P、无功功率 Q 和视在功率 S 之间的关系为

$$S^2=P^2+Q^2$$

这可用图 4-1-31 所示的直角三角形即功率三角形表示。

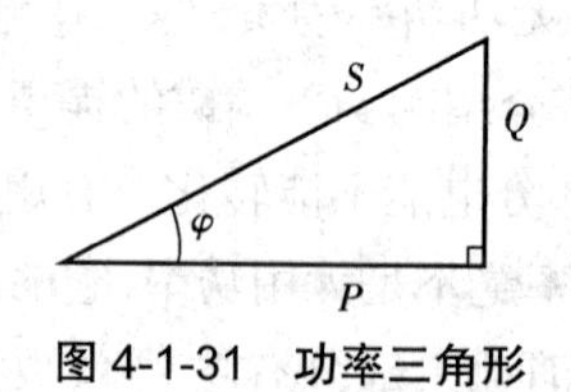

图 4-1-31 功率三角形

显然，P、Q、S 之间具有如下关系：

$$P=S\cos\varphi$$

$$Q=S\sin\varphi=P\tan\varphi$$

电路的有功功率是守恒的。对于一个电路来讲，整个电路的有功功率等于电路中各个元件的有功功率之和或各条支路的有功功率之和，即

$$P=\sum P_i$$

由于在交流电路中，只有电阻元件才有有功功率，因此电路有功功率守恒还可以理解成：整个电路的有功功率等于电路中所有电阻元件的有功功率之和。

电路的无功功率也是守恒的。对于一个电路来讲，整个电路的无功功率等于电路中各个元件的无功功率之和或各条支路的无功功率之和，即

$$Q=\sum Q_i$$

同样，由于在交流电路中，只有电感和电容元件才有无功功率，因此电路无功功率守恒也可以理解成：整个电路的无功功率等于电路中所有电感和电容元件的无功功率之和。但在计算时，应注意电感的无功功率为正，电容的无功功率为负。

需要注意的是，电路的视在功率并不守恒。对于一个电路来讲，整个电路的视在功率不等于电路中各个元件的视在功率之和或各条支路的视在功率之和，即

$$S\neq\sum S_i=\sum U_i I_i$$

【思考与讨论】

在什么情况下，视在功率守恒？

例 4.1.9 试求图 4-1-32 所示电路中的总有功功率、无功功率和视在功率。其中，$\dot{I}=0.86\angle 39.6°$ A，$\dot{I}_1=1.90\angle 80°$ A，$\dot{I}_2=1.36\angle -75.7°$ A，$\dot{U}=220\angle 0°$ V。

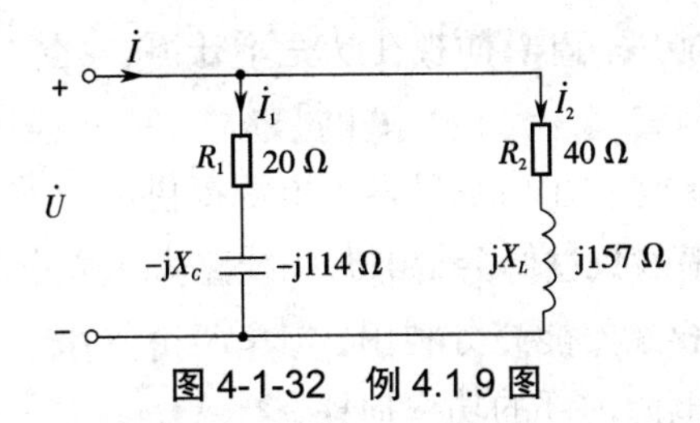

图 4-1-32　例 4.1.9 图

解　由总电压、总电流求总功率，即

$$P = UI\cos\varphi = 220\times0.86\times\cos(0°-39.6°)=146\ \text{W}$$

$$Q = UI\sin\varphi = 220\times0.86\times\sin(0°-39.6°) = -121\ \text{var}$$

$$S = UI = 220\times0.86=190\ \text{V·A}$$

例 4.1.10　图 4-1-33 所示是测量电感线圈参数 R 和 L 的实验电路，已知电压表的读数为 50 V，电流表的读数为 1 A，功率表的读数为 30 W，电源的频率 f=50 Hz。试求 R 和 L 的值。

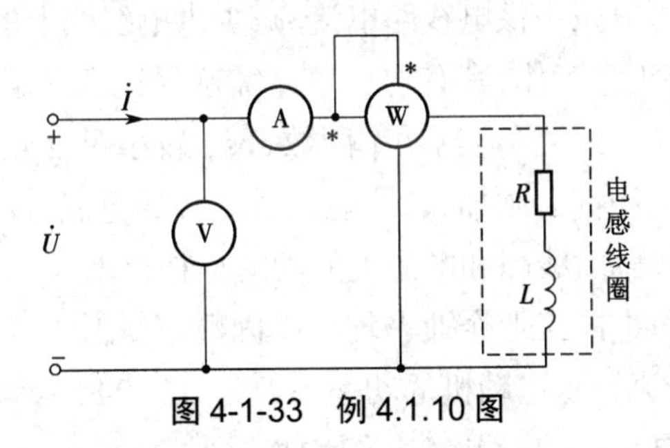

图 4-1-33　例 4.1.10 图

解　根据图 4-1-33 中 3 个仪表的读数，可先求得线圈的阻抗，即

$$Z = |Z|\angle\varphi = R + \text{j}\omega L$$

$$|Z| = \frac{U}{I} = 50\ \Omega$$

功率表读数表示线圈吸收的有功功率，故有

$$P = UI\cos\varphi = 30\ \text{W}$$

$$\varphi=\arccos\frac{30}{UI} = 53.13°$$

求得

$$Z = 50\angle53.13° = 30 + \text{j}40\ \Omega$$

$$R = 30\ \Omega, L = \frac{40}{\omega} = 127\ \text{mH}$$

5. 正弦交流电路功率小结

平均功率 P 也称为有功功率，反映电路消耗电能的多少；当电路中存在电感或电容时，电路中将有能量的存储与交换，无功功率 Q 表示电路中能量交换的规模；视在功率反映了确保电路能正常工作，电源需传给电路的能量。

有功功率 P、无功功率 Q 和视在功率 S 的计算式分别为 $P = UI\cos\varphi, Q = UI\sin\varphi, S = UI$，其中 φ 为电压与电流之间的相位差。

电路的有功功率和无功功率守恒，而视在功率不守恒。

6. 功率因数的提高

在正弦交流电路中，电源的视在功率只表示电源提供能量的能力，而电源实际提供的功率由负载本身的参数决定，功率因数过低会给电源和线路带来以下问题：

(1)使电源及配电设备容量不能充分利用；

(2)增加输电线路上和电源内部的功率损耗。

1)功率因数提高的意义

首先，提高功率因数可使同等容量的供电设备向用户提供更多的功率，提高供电设备的利用率。

每个供电设备都有额定的容量，即视在功率 $S=UI$。供电设备输出的总功率 S 中，一部分为有功功率 $P=S\cos\varphi$，另一部分为无功功率 $Q=S\sin\varphi$。$\cos\varphi$ 越大，电路中的有功功率 $P=S\cos\varphi$ 就越大，则电路中的视在功率将大部分用来供给有功功率，减少无功功率的消耗。

其次，提高功率因数可以减小供电线路电流，减少供电线路上的电压降和能量损耗。

任何一个电气设备要正常工作，其有功功率 P 需确保达到一定的值，而通常设备外接电源的电压是一定的，由 $P=UI\cos\varphi$ 可知：当功率因数 $\cos\varphi$ 较小时，I 较大。对于给定的负荷，母线的截面、保护开关的导电面积都必须加大，才能通过更大的电流，投资亦需增加。同时，电流变大还会导致设备的发热量增加、线路和电源上的功率损耗也增大。

按照供电规则，高压供电的工业企业平均功率因数不得低于 0.95，其他单位不得低于 0.9。但是生产中广泛使用的交流异步电动机的功率因数为 0.3~0.85，荧光灯的功率因数为 0.4~0.6，这些都不符合要求，所以要采取措施提高功率因数。

2)提高功率因数的方法

(1)提高用电设备自身的功率因数。

(2)在电感性负载的两端并联静电电容器。

3)功率因数提高小结

(1)提高功率因数的主要意义：提高供电设备的利用率；减小供电线路电流。

(2)提高功率因数的方法：在电感性负载两端并联适当的电容。

[思政要点]

"节能减排"出自我国"十一五"规划纲要。

"十一五"期间，单位国内生产总值能耗降低 20% 左右，主要污染物排放总量减少 10%。这是贯彻落实科学发展观、构建社会主义和谐社会的重大举措；是建设资源节约型、环境友好型社会的必然选择；是推进经济结构调整，转变增长方式的必由之路；是维护中华民族长远利益的必然要求。

《国民经济和社会发展第十一个五年规划纲要》提出了"十一五"期间单位国内生产总值能耗降低 20% 左右，主要污染物排放总量减少 10% 的约束性指标。根据这两个指标，如中国 GDP 年均增长一成，五年内就需要节能 6 亿吨标准煤，减排二氧化硫 620 多万吨、化学需氧量

570 多万吨。这是党和政府对人民的庄严承诺。

功率因数的大小与节能减排息息相关。

负载的功率因数低，会引起一些不良后果，主要表现在以下两个方面。

（1）电力系统和用电企业的设备不能被充分利用。因为电力系统内的发电机和变压器等设备，在正常情况下，不允许长期超过额定电压和额定电流运行。所以，当电压和电流都已达到额定值时，功率因数低便造成设备有功功率的输出较少。同样容量的设备，功率因数越低，其输出的有功功率就越少。

（2）引起电力系统电能损耗增大和供电质量降低。对输电和配电线路来说，线路中的损耗与电流大小的平方成正比，当输送同样大小的有功功率 $P = IU\cos\varphi$ 时，功率因数 $\cos\varphi$ 越低，输电线路中的电流 $I=P/U\cos\varphi$ 就越大，而线路的电能损耗与电流的平方成正比。

另外，当功率因数降低，线路电流增大时，势必造成线路中电压降增大，这将导致线路末端的电压降低。若要满足末端用户电压要求，则线路始端的电压就要升高，从而会使整个线路的供电质量降低。

从以上两方面来看，提高用电功率因数是非常必要的，它不但可以提高电力系统和用电企业设备的利用率，做到在同样发电设备条件下，提高发电能力；而且可以减小电能损耗和提高用电质量，它是节约用电的一项很重要的技术措施。

任务二　技能性任务

4.2.1　单相正弦交流电路电压、电流及功率的测量

扫一扫：单相正弦交流电路电压、电流及功率测量

文档

PPT

1. 需要掌握的技能要点

（1）学习交流仪表及功率表的使用方法。

（2）验证单相正弦交流电路总电压、电流与各元件电压、电流的相量关系。

（3）日光灯电路的连接。

（4）熟悉正弦交流电的三要素，熟悉交流电路中的矢量关系。

2. 测量原理

1）正弦交流电的三要素（图 4-2-1）

$$i = I_{\mathrm{m}}\sin(\omega t + \varphi)$$

初相角 φ：决定正弦量的起始位置。

角频率 ω：决定正弦量变化的快慢。

幅值 I_{m}：决定正弦量的大小。

2）电路参数

在正弦交流电路中的负载，可以是一个独立的电阻器、电感器或电容器，也可由它们相互

组合(这里仅采用串联组合方式),如图 4-2-2 所示。

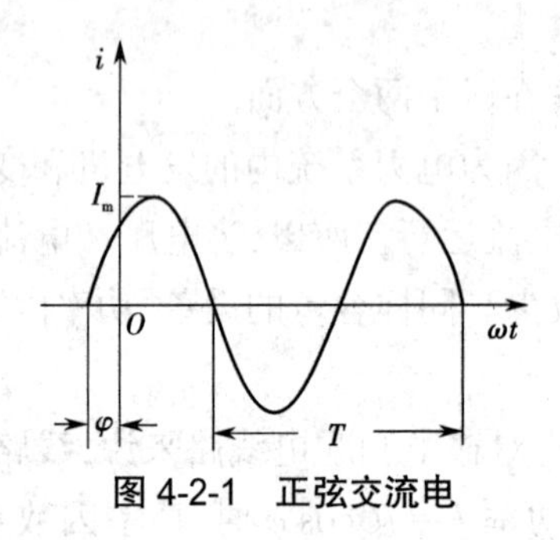

图 4-2-1 正弦交流电

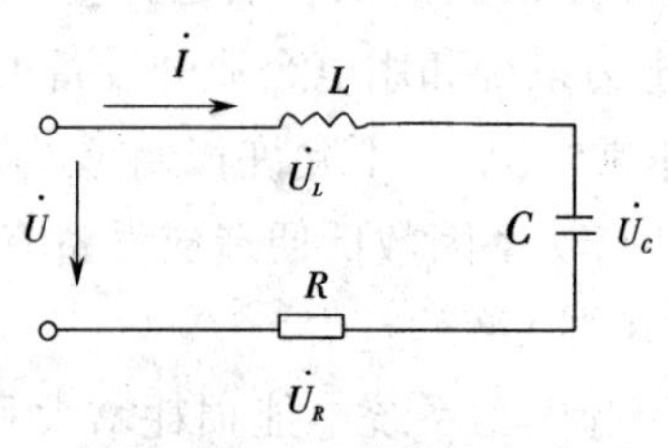

图 4-2-2 正弦交流电路

电路中元件的阻抗特性为

$$Z=R+\mathrm{j}(X_L-X_C)=R+\mathrm{j}\left(\omega L-\frac{1}{\omega C}\right)$$

当采用交流电压表、电流表和有功功率表对电路进行测量时(简称三表法),可用下列计算公式来表述 Z、U、I 相互之间的关系。

负载阻抗的模:

$$|Z|=U/I$$

负载回路的等效电阻:

$$R=\frac{P}{I^2}=|Z|\cos\varphi$$

负载回路的等效电抗:

$$X=\sqrt{|Z|^2-R^2}=|Z|\sin\varphi$$

功率因数:

$$\cos\varphi=\frac{P}{UI}$$

电压与电流的相位差:

$$\varphi=\arctan\frac{\omega L-\frac{1}{\omega C}}{R}=\arctan\frac{X}{R}$$

当 $\varphi>0$ 时,电压超前电流;当 $\varphi<0$ 时,电压滞后电流。

3)矢量关系

电路中的电压和电流是两个矢量。在直流电路中,它们之间的相位差只存在 0° 和 180° 两种状态,描述或计算时就采用加上符号(同相为“+”、反相为“-”)的形式。在交流电路中,它们之间的相位差处于 0°~180° 的任一状态,描述或计算时就采用复数(模及相角)的形式。

基尔霍夫定律不仅在直流电路中成立 $\left(\sum U=0\text{和}\sum I=0\right)$,在交流电路中也成立 ($\sum\dot{U}=0\text{和}\sum\dot{I}=0$)。

对于图 4-2-2,可列出回路电压方程:

$$\dot{U}=\dot{U}_R+\dot{U}_L+\dot{U}_C$$

对于图 4-2-3,可列出节点电压方程:

$$\dot{I}=\dot{I}_1+\dot{I}_2$$

4)测试仪表与电路的构成

图 4-2-4 所示电路是由调压器(自耦变压器)、电压表 V′ 与 V、电流表 A、有功功率表 W、被测负载以及连接导线组成的。

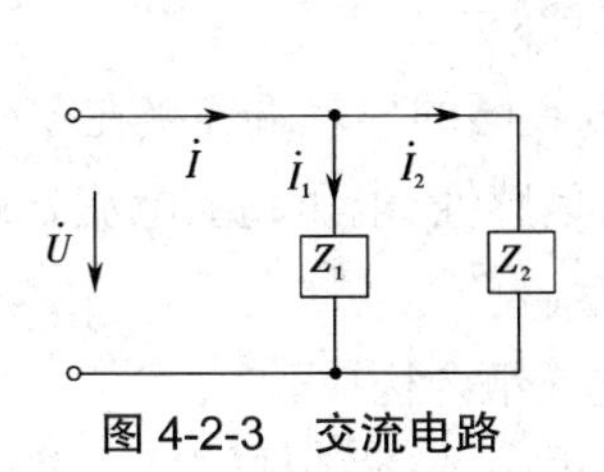

图 4-2-3　交流电路

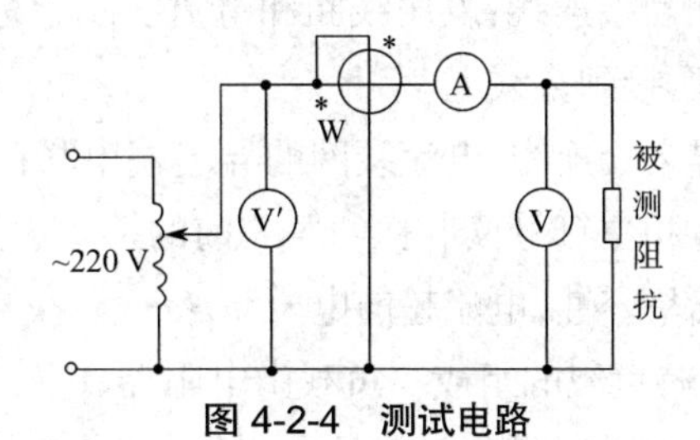

图 4-2-4　测试电路

(1)调压器具有输入端和输出端(两端口共零线连接,无电气隔离),输入端口接 220 V 交流电源;输出端口接负载提供电压输出,调节手柄使输出端口的火线触点改变位移,输出电压在 0~220 V 变化。接线及拆线时必须切断电源,逆时针旋转手柄至使电压输出为 0 V 的位置。接好电路并经检查无误后再开启电源,顺时针调节手柄至使电源输出指定的电压,即可进行测试。

(2)电压表并联在被测回路中(负载两端),其中 V′ 用来监视输出电压的高低, V 用来测试整个回路负载或其中单独元件两端的电压。从安全的角度出发,在测试负载电压时,要求使用万用表的表笔测试。电压表具有不同的量程挡,测量时必须满足电压表的测量挡位大于被测电压值。

(3)电流表串联在被测负载回路中,不允许负载短路或负载电流大于或等于电流表的测量挡位。

(4)功率表(瓦特表)及功率因数表的使用。

①模拟式功率表(电动式功率表):由电流线圈(固定)和电压线圈(可动)组合而成。如图 4-2-5 所示,电流线圈与负载回路串联,产生 i_1;电压线圈并联在负载两端,产生 i_2(其中满足 $R \geqslant \omega L$ 时, $i_2=u/R$)。i_1 产生的磁场作用到线圈 i_2 上时,使电压线圈发生偏转,即

$$\alpha=\kappa UI\cos\varphi=\kappa P$$

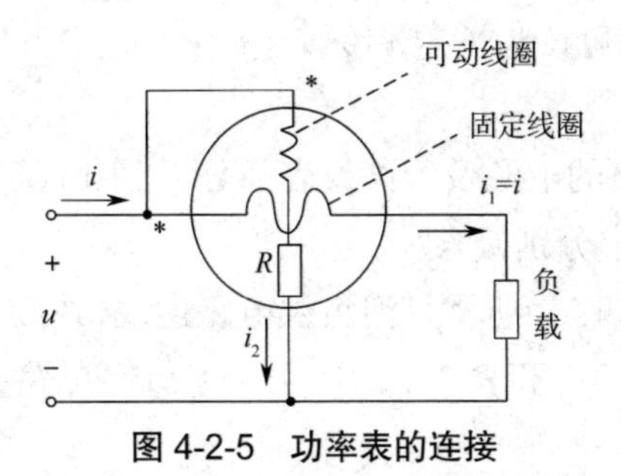

图 4-2-5　功率表的连接

可见电动式功率表中指针的偏转角 α 与电路的平均功率 P 成正比。

②数字式功率表、功率因数表:数字功率表根据模拟表的测试原理(结构方法不同),分别对电流回路、电压回路进行电压取样,然后进行数字化处理,最终得到 U、I、$\cos\varphi$ 值。

③功率表连接方法:图 4-2-5 中功率表上标有"*"符号的称为同名端,接线时必须正确连接。

同名端连线:电压线圈和电流线圈上标有"*"符号的一端称为同名端,两线圈的同名端连在一起,接到火线上。

异名端连线:电流线圈的异名端串联在负载一端,电压线圈的异名端连接在零线上。

④相位符号读取:当 $\cos\varphi$ 前的符号为正时,负载线路呈感性,电压超前电流 φ;为负时,负载线路呈容性,电流超前电压 φ。

(5)负载的组成。负载由电阻器、电感器、电容器独立或组合构成。

①电阻器可分为线性电阻器(滑线电阻器)和非线性电阻器(白炽灯泡)。滑线电阻器属于线性电阻器的一类,在电路实验中一般采用的是通流容量较大、额定功率较高的一种。白炽灯泡的灯丝是由钨丝构成的,通电以后灯丝中的电子激烈碰撞产生高温而形成光亮。其中只有一小部分电能转化为光能,其余都转化为热能。由于钨丝的温度系数很大,当外加不同的电压后,灯丝的电阻值就会呈现较大范围的变化。例如一个 15 W 的白炽灯泡,在不通电的常温时,灯丝的电阻值约为 300 Ω;而在接通 220 V 电源后的高温状态下,灯丝的电阻值≥3 kΩ。

②电感器是由绕在绝缘骨架上的空心线圈或绕在铁磁性材料上的铁芯线圈构成的,它的阻抗为 $Z_L = R_L + \mathrm{j}\omega L$。空心线圈在工频的工作条件下,其阻抗 Z_L 基本只取决于线圈的结构(含导线匝数、粗细),故可以看作一个定值。

铁芯线圈在工频的工作条件下,其阻抗 Z_L 不仅取决于线圈的结构,还与所加的电压有关。等效电阻 R_L 不仅包含直流电阻分量,还包含铁损等效电阻分量,当外加电压不同时,铁损的大小会改变。等效电抗 $X_L = \omega L$ 中的电感量 L 在不同的外加电压下,由于磁化曲线的非线性关系会产生一定程度的改变。因此,铁芯线圈是一种非线性电感元件。

在实验电路中,为了获得较大电感量的电感元件,一般选用铁芯线圈。例如一个 40 W 日光灯电路中的镇流器(铁芯线圈),其直流电阻 R_L 约为 40 Ω,电感量 L 约为1.2 H。

③电容器的阻抗 Z_C 包含电抗(容抗)分量 $X_C = 1/\omega C$ 和等效电阻分量 R_C(发热量效应);当电容器工作在频率为 50 Hz、电压为 220 V(低于电容器的额定工作电压)时,由于等效电阻分量可以忽略不计,所以容抗可认为恒定不变。

3. 测量方法

首先按图 4-2-4 接好电路的电源及测试仪表部分,其中电压表 V 作为待测仪表不用接入,所接负载根据下列任务及要求分别接入。

(1)分别按图 4-2-6(a)和(b)所示灯泡负载电路连线,并接入图 4-2-4 所示测试电路输出端进行测量,测量值填入表 4-2-1 和表 4-2-2 中,并分别计算电路参数。

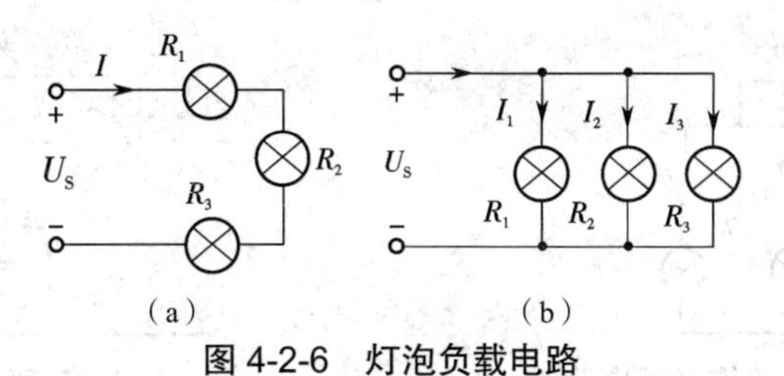

图 4-2-6　灯泡负载电路

表 4-2-1　测量数据 1

$U_S=220$ V	R_1	R_2	R_3
I_n/mA			
$R_n=\frac{U_n}{I_n}/\Omega$			
$I=$　(mA)　$\sum I_n=$　(mA)			

表 4-2-2　测量数据 2

$U_S=220$ V	R_1	R_2	R_3
U_n/V			
$R_n=\frac{U_n}{I_n}/\Omega$			
$I=$　(mA)　$\sum U_n=$　(mA)			

(2)按图 4-2-7 所示电容器、灯泡负载电路连线，并接入图 4-2-4 所示测试电路输出端进行测量，测量值填入表 4-2-3 中，并根据测试结果计算电路参数。

表 4-2-3　测量数据 3

测量 U_S=220 V					计　　算				
	I	U_C	U_R	P	$U=\sqrt{U_R^2+U_C^2}$	$Z=\frac{U}{I}$	$R=\frac{U_R}{I}$	$X_C=\frac{U_C}{I}$	$\cos\varphi=\frac{P}{UI}$
R_1									
R_2									

(3)按图 4-2-8 所示电感器(镇流器)、三个等值灯泡并联负载电路连线，并接入图 4-2-4 所示测试电路输出端进行测量，测量值填入表 4-2-4 中，并根据测试结果计算电路参数。

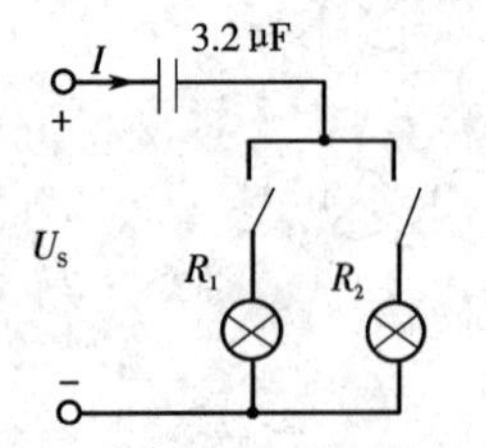

图 4-2-7 电容器、灯泡负载电路

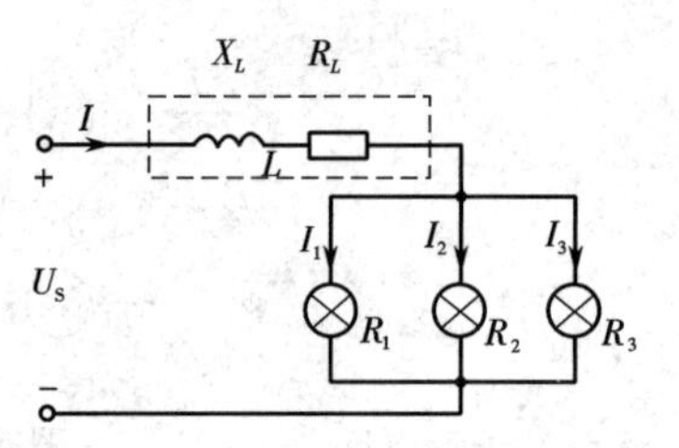

图 4-2-8 电感器、灯泡负载电路

表 4-2-4 测量数据 4

测量 U_S=220 V				计算				
I	U_C	U_R	P	$Z=\dfrac{U}{I}$	$R=\dfrac{U_R}{I}$	$\cos\varphi=\dfrac{P}{UI}$	$R=Z\cos\varphi$	$R_L=R'-R$

4. 实验注意事项

(1)电源电压较高,需注意人身和设备安全,不要触摸带电的裸露部分。

(2)接线和拆线之前,必须断电,且调压器调至零输出的位置。

(3)电压表并联在被测电路两端,电流表串联在负载回路中,功率表的电压线圈、电流线圈与电压表、电流表接法相似,注意同名端的连接位置。

(4)注意仪表的挡位量程。

5. 思考题

(1)为什么电压表并联在被测电路两端,电流表串联在负载回路中?

(2)模拟式电压表、模拟式电流表在正弦交流电路中测量的是什么值(最大值、有效值、平均值)? 显示的是什么值?

(3)计算交流电路的电压与电流之间的关系要按复数形式来完成,用电压表、电流表测量电路参数是否也要考虑复数形式? 为什么?

扫一扫:功率因数的提高

文档

PPT

4.2.2 功率因数的提高

在用电设备中,负载分为阻性负载、感性负载和容性负载。阻性负载电路呈阻性,如电阻炉、烤箱、电热水器等,还有靠电阻丝发光的灯具,如碘钨灯、白炽灯等,这类负载的电流和电压没有相位差。

通常的用电设备中并没有纯感性负载。一般把带电感参数、电流滞后于电压的负载称为感性负载,即有线圈并应用电磁感应原理制作的电器产品,如电动机、变压器、压缩机、继电器、冰箱、洗衣机、空调、风扇、日光灯镇流器等都属于感性负载;以及靠气体导通发光的灯具,如日光灯、高压钠灯、汞灯、金属卤化物灯等也是感性负载。实际负载多为感性负载。

一般把带电容参数、电压滞后于电流的负载称为容性负载。由于大多数负载为感性负载，因此常用电容进行补偿。

阻性负载可理解为电阻，其功率因数等于 1，不存在功率因数提高的问题。而对于感性负载，在感性负载两端并联适当的电容即可提高其功率因数，如图 4-2-9(a)所示。这是因为感性负载电路中的电流滞后于电压，并联电容后，可产生超前电压 90° 的电容支路电流，抵减滞后于电压的电流，使电路的总电流减小，从而减小阻抗角，提高功率因数。其原理可通过画相量图来说明。

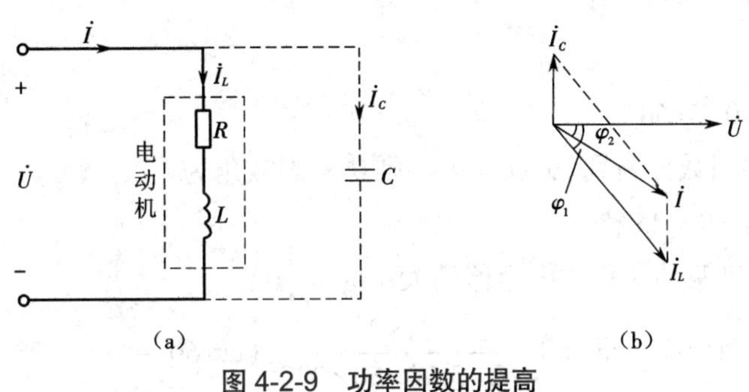

图 4-2-9　功率因数的提高

在图 4-2-9(a)中，负载的端电压为 $\dot{U}$，电压频率为 f，电源供给负载的功率为 P，功率因数为 $\cos\varphi_1$，现在分析将负载的功率因数从 $\cos\varphi_1$ 提高到 $\cos\varphi_2$ 时需在负载两端并联多大的电容。

设并联电容前流过感性负载的电流为 $\dot{I}_L$，其相位滞后于电压 φ_1，此时电路总电流 $\dot{I}$ 与 $\dot{I}_L$ 相等。并联电容后，由于感性负载两端电压 $\dot{U}$ 没有改变，因此流过感性负载的电流也没有改变，仍然为 $\dot{I}_L$。流过电容的电流为 $\dot{I}_C$，其相位超前电压 90°，此时电路总电流为 $\dot{I}$。以电压 $\dot{U}$ 作为参考向量，可画相量图如图 4-2-9(b)所示。由相量图可求出

$$\begin{aligned}
I_C &= I_L\sin\varphi_1 - I\sin\varphi_2\\
&= \frac{P}{U\cos\varphi_1}\sin\varphi_1 - \frac{P}{U\cos\varphi_2}\sin\varphi_2\\
&= \frac{P}{U}\tan\varphi_1 - \frac{P}{U}\tan\varphi_2\\
&= \frac{P}{U}(\tan\varphi_1 - \tan\varphi_2)\\
&= \frac{U}{X_C} = 2\pi fCU
\end{aligned}$$

则

$$\begin{aligned}
C &= \frac{P}{2\pi fU^2}(\tan\varphi_1 - \tan\varphi_2)\\
&= \frac{P}{\omega U^2}(\tan\varphi_1 - \tan\varphi_2)
\end{aligned}$$

例 4.2.1　一台功率为 11 kW 的电动机，接在 220 V、50 Hz 的电路中，电动机需要的电流

为 100 A。

(1)求电动机的功率因数。

(2)若要将功率因数提高到 0.9,应在电动机两端并联一个多大的电容器。

(3)计算并联电容器后的电流值。

解 (1)$P=11\ \text{kW}, U=220\ \text{V}, I_L=100\ \text{A}, \omega=2\pi f=2\pi\times 50=314\ \text{rad/s}$。

由 $P=UI_L\cos\varphi_1$,得电动机的功率因数为

$$\cos\varphi_1=\frac{P}{UI_L}=\frac{11\times 10^3}{220\times 100}=0.5$$

功率因数角为

$$\varphi_1=\arccos 0.5=60°$$

(2)若要将功率因数提高到 $\cos\varphi_2=0.9$,则功率因数角为

$$\varphi_2=\arccos 0.9=25.8°$$

所以,应在电动机两端并联的电容器的大小为

$$C=\frac{P}{2\pi fU^2}(\tan\varphi_1-\tan\varphi_2)=\frac{11\times 10^3}{2\times 3.14\times 50\times 220^2}(\tan 60°-\tan 25.8°)\approx 900\ \mu\text{F}$$

(3)并联电容器后电路中的电流值为

$$I=\frac{P}{U\cos\varphi_2}=\frac{11\times 10^3}{220\times 0.9}=55.6\ \text{A}$$

可见,并联电容器后电路中的电流大大减小。

当采用电容器作为补偿提高电路功率因数时,需注意以下几点。

(1)用串联电容器的方法也可提高电路的功率因数,但串联电容器会使电路的总阻抗减小、总电流增大,从而加重电源的负担,因而不采用串联电容器的方法来提高电路的功率因数。

(2)若加大电容值到适当值,可使 $\dot{I}$ 与 $\dot{U}$ 同相,功率因数达到最大值 1,如图 4-2-10(a)所示;如继续加大电容,则流过电容的电流 $\dot{I}_C$ 会增大,这时电流超前电压,使电路变为容性,功率因数角增大,功率因数反而降低,如图 4-2-10(b)所示。

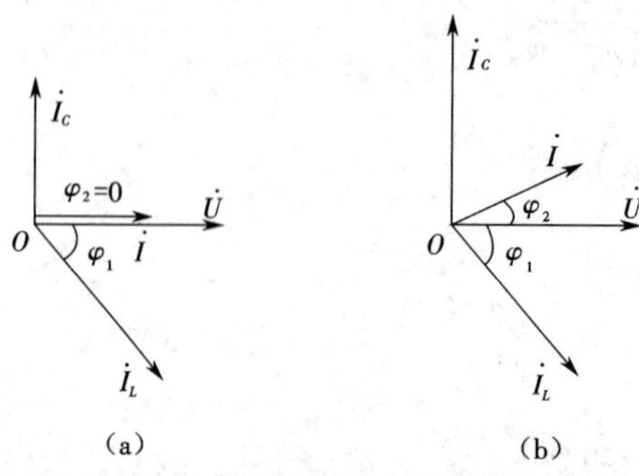

图 4-2-10 电容增大与功率因数的变化关系

(3)并入电容前后,由于电容的有功功率等于零,因此电路的有功功率不会改变。

【思考与讨论】

感性负载并联电阻能否提高电路的功率因数？这种方法有什么缺点？

任务三　拓展性任务

4.3.1　电路的谐振

扫一扫：电路的谐振

文档

PPT

图 4-3-1 所示是一个含有电阻 R、电感 L 和电容 C 的交流电路（N），如果电路端口处的电压 u 与电流 i 的相位相同，整个电路呈现为纯电阻性，这时称电路发生了谐振。

与没有发生谐振时的电路相比，在谐振状态下，电路具有许多独特的性质。这些性质使谐振在有些应用中是有益的，如在无线电、通信等领域，常常利用谐振来选择所需要的信号；而在有些领域，谐振则是有害的，如在电力工程中谐振产生过高的电压可能会破坏电路元件的绝缘。研究谐振的目的就是要认识这种客观现象，在应用中既要充分利用谐振的特征，同时又要预防它所产生的危害。

按 L 和 C 连接方式的不同，谐振可分为串联谐振和并联谐振两种。

1. 串联谐振电路

图 4-3-2 所示为 RLC 串联谐振电路。

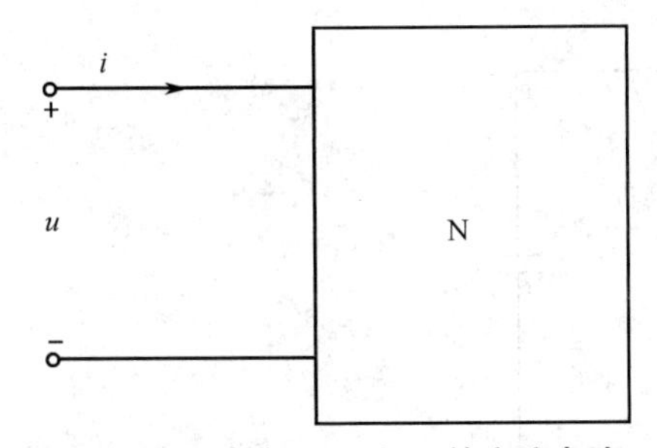

图 4-3-1　含有 R、L 和 C 的交流电路

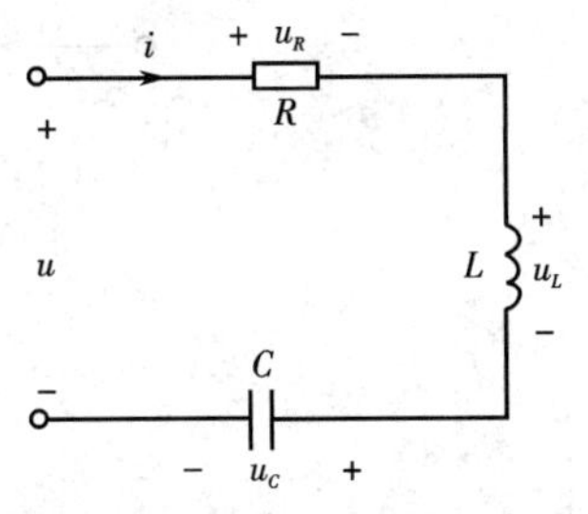

图 4-3-2　RLC 串联谐振电路

电路的总阻抗为

$$Z = R + \mathrm{j}\omega L + \frac{1}{\mathrm{j}\omega C}$$

电路发生谐振时，谐振角频率 ω_0 必然满足

$$\omega_0 L = \frac{1}{\omega_0 C}$$

由此可求出

$$\omega_0 = \frac{1}{\sqrt{LC}}$$

则谐振频率为

$$f_0 = \frac{1}{2\pi\sqrt{LC}}$$

可见,谐振频率f_0只与电路的L、C参数有关,而与电阻无关,调节f、L、C三个参数中的任意一个,都能使电路产生谐振,这种调节过程称为调谐。

串联谐振电路具有以下特点:

(1)阻抗$Z=R$,电路呈现纯电阻性质;

(2)阻抗的模$|Z| = \sqrt{R^2 + (X_L - X_C)^2} = R$,为最小值;

(3)当外加电压一定时,电流达到最大值,即$I = \frac{U}{|Z|} = \frac{U}{R}$;

(4)电路无功功率$Q = UI\sin\varphi = 0$,即电源与电路之间不存在能量交换,但在电感和电容之间存在能量互换,且达到完全的相互补偿;

(5)由于$X_L = X_C$,因此$U_L = U_C$,而$\dot{U}_L$与$\dot{U}_C$的相位相反,可互相抵消,则电路总电压$\dot{U} = \dot{U}_R + \dot{U}_L + \dot{U}_C = \dot{I}Z = \dot{U}_R$,即电路总电压等于电阻的电压;

(6)由于电感电压$\dot{U}_L = \dot{I}X_L$,电容电压$\dot{U}_C = \dot{I}X_C$,而谐振时电流I达到最大值,因此谐振时电感和电容上的电压远远高于电源电压,一般为电源电压的几十倍到几百倍,故串联谐振又称电压谐振。

2. 并联谐振电路

图 4-3-3 所示为一个含有电阻R和电感L的线圈与电容C组成的并联谐振电路。

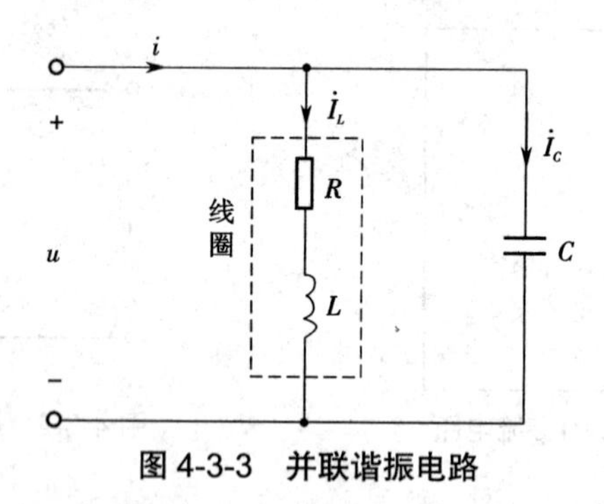

图 4-3-3 并联谐振电路

电路的总阻抗为

$$Z = \frac{1}{\mathrm{j}\omega C} // (R + \mathrm{j}\omega L) = \frac{\frac{1}{\mathrm{j}\omega C}(R + \mathrm{j}\omega L)}{\frac{1}{\mathrm{j}\omega C} + R + \mathrm{j}\omega L}$$

一般情况下,线圈本身的电阻R很小,特别是在频率较高时,$\omega L \gg R$,这时

$$Z = \frac{L/C}{R + \mathrm{j}\left(\omega L - \frac{1}{\omega C}\right)}$$

显然,当$\omega_0 C = \frac{1}{\omega_0 L}$时,电路产生谐振,其谐振角频率为

$$\omega_0 = \frac{1}{\sqrt{LC}}$$

谐振频率为

$$f_0 = \frac{1}{2\pi\sqrt{LC}}$$

并联谐振电路具有以下特点：

(1)阻抗的模$|Z|$达到最大，$Z = \frac{L}{RC}$；

(2)在外加电压一定时，电路的总电流最小；

(3)电容支路和电感支路的电流几乎大小相等、相位相反，且远远高于总电流，故并联谐振又称电流谐振。

3. 应用实例——调谐电路

调谐电路广泛用于收音机中的选台。收音机收台时，由于天空中的各种频率电波很多，为了从众多电波中选出所需要频率的电台信号，需要输入调谐电路来完成。图 4-3-4 所示是典型的输入调谐电路，其实质是一个可以调节谐振频率的电路。电路中磁棒天线 L_1 和 L_2 相当于一个变压器，L_1 是磁棒天线的初级线圈，L_2 是磁棒天线的次级线圈；C_1 是双联可变电容器的一联，为天线联；C_2 是高频补偿电容，为微调电容器，通常附设在双联可变电容器上。

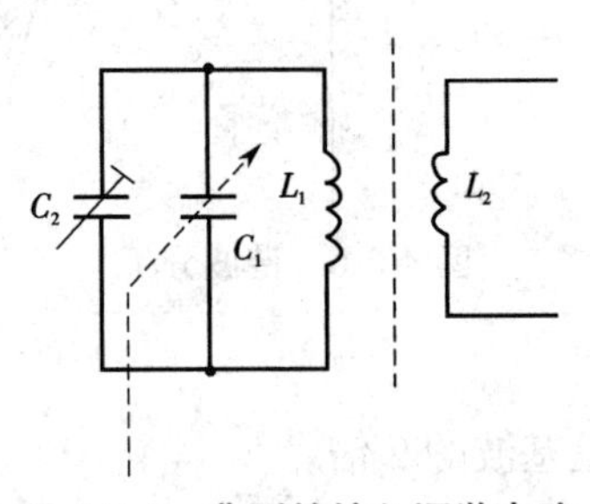

图 4-3-4　典型的输入调谐电路

输入调谐电路的工作原理：磁棒天线的初级线圈 L_1 与可变电容 C_1、微调电容 C_2 构成 LC 串联谐振电路。当电路发生谐振时，L_1 中的能量最大，即 L_1 两端谐振频率信号的电压幅度远远大于非谐振频率信号的电压幅度，这样通过耦合从次级线圈 L_2 输出的谐振频率信号电压幅度最大。选台过程就是改变可变电容器 C_1 的容量大小，从而改变输入调谐电路的谐振频率，L_2 输出一个与之相对应的电台信号的过程。

扫一扫：非正弦周期电压和电流

文档

PPT

4.3.2　非正弦交流电路

在不少实际应用中还会遇到除正弦量外的电压和电流，它们虽然是周期性变化的，但是不是正弦量。例如图 4-3-5 所列举的矩形波电流、锯齿波电流、三角波电流。

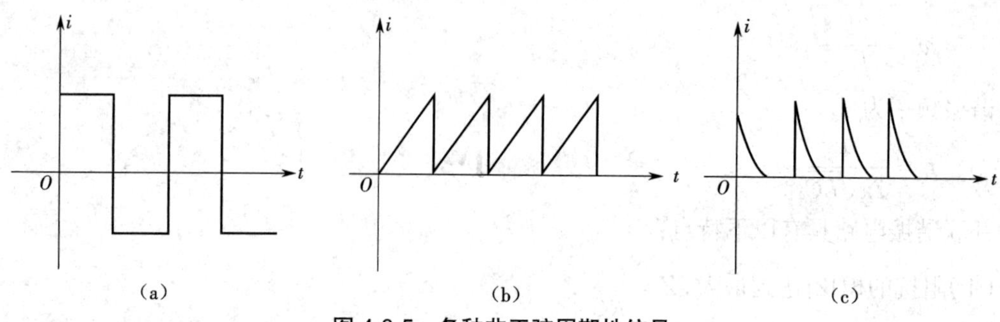

图 4-3-5　各种非正弦周期性信号

一个非正弦周期信号,只要满足狄利赫里条件,都可以展开为傅里叶三角级数。

1. 谐波分析

一个非正弦周期信号可看作由一些不同频率的正弦波信号叠加而成的结果,这一过程称为谐波分析,如图 4-3-6 所示。

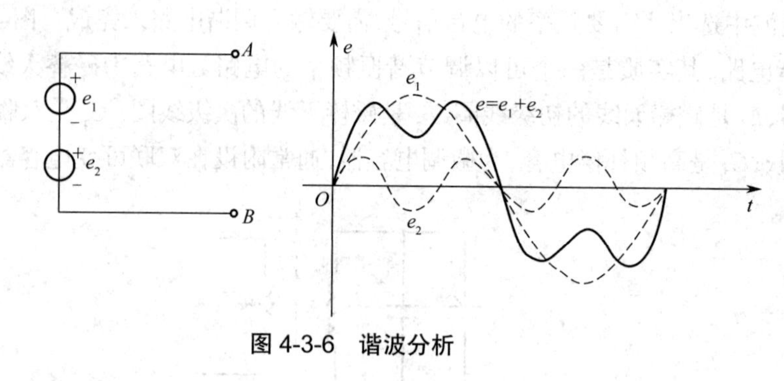

图 4-3-6　谐波分析

1)非正弦波的基波

二次谐波:谐波分量的频率是基波的 2 倍。

零次谐波:直流分量即为零次谐波。

2)谐波分析

对已知波形的信号,利用傅里叶级数,求出它所包含的各次谐波分量的振幅和初相角,并写出各次谐波分量的表达式。

2. 非正弦周期量的有效值和平均功率

1)有效值

如果一个非正弦周期电流流经电阻 R 时,电阻上消耗的功率和一个直流电流 I 流经同一电阻 R 时,所消耗的功率相同,那么这个直流电流 I 就称为该非正弦周期电流的有效值。

电压、电流的有效值分别为

$$U=\sqrt{U_0^2+U_1^2+U_2^2+\cdots}$$

$$I=\sqrt{I_0^2+I_1^2+I_2^2+\cdots}$$

2)平均功率

只有电阻消耗功率,电感和电容不消耗功率。

平均功率就是各次谐波所产生的平均功率之和,即

$$P = U_0 I_0 + U_1 I_1 \cos\varphi_1 + U_2 I_2 \cos\varphi_2 + \cdots$$

项目小结

本项目首先介绍了正弦量及其相量表示,单一参数元件的相量模型;然后介绍了阻抗的概念和利用相量模型分析正弦交流电路的方法;最后介绍了平均功率、无功功率、视在功率的定义和计算及功率因数提高的方法。

1. 随时间按正弦规律变化的电动势、电压或电流,统称为正弦量,幅值、角频率和初相位是正弦量的三要素。对于一个复数,如果让复数的模等于幅值或有效值,复数的辐角等于初相位,则这个复数可用于表示正弦量,称为相量。在正弦量用相量表示后,正弦量之间的运算可转换成复数的运算或相量图中几何图形的分析与计算。相量满足基尔霍夫定律。

2. 电阻元件、电感元件和电容元件的电压相量与电流相量满足相量形式的欧姆定律,即 $\dot{U} = R\dot{I}$, $\dot{U} = \mathrm{j}X_L\dot{I}$ 和 $\dot{U} = -\mathrm{j}X_C\dot{I}$ 。

3. 阻抗 Z 定义为同频率的电压相量除以电流相量。阻抗 Z 一般为复数,并有代数式和极坐标式两种形式,可表示为 $Z = R + \mathrm{j}X = |Z|\angle\varphi_Z$,其中 $|Z|$ 为阻抗模, φ_Z 为阻抗角,并且 $|Z| = \dfrac{U}{I} = \sqrt{R^2 + X^2}$, $\varphi_Z = \theta_\mathrm{u} - \theta_\mathrm{i} = \arctan\dfrac{X}{R}$ 。

4. 对正弦交流电路进行分析时,一般情况下应先将正弦量用相量表示,其次将电阻、电感和电容都转化成阻抗,则由原电路图可得到相量模型图;相量模型图的分析和计算方法与直流电路完全相同。

5. 在功率的定义中,有功功率 P 表征了被消耗掉的电能的多少;无功功率 Q 则反映了电路内部能量交换规模的大小;而视在功率 S 则反映了电路或电气设备的容量。它们的计算式分别为 $P = UI\cos\varphi, Q = UI\sin\varphi, S = UI$ 。有功功率 P 和无功功率 Q 守恒,而视在功率 S 不守恒。

6. $\cos\varphi$ 称为功率因数, φ 为电压与电流的相位差。功率因数低会导致供电设备的利用率低,线路电流过大。提高功率因数的方法是在感性负载两端并联适当的电容。

项目思考与习题

一、选择题

1. 已知正弦电流的有效值相量为 $\dot{I} = 10\angle -45°\ \mathrm{A}$,则此电流的瞬时表达式是(　　)。

A. $10\sin(\omega t - 45°)\mathrm{A}$　　B. $10\sin(\omega t + 45°)\mathrm{A}$　　C. $10\sqrt{2}\sin(\omega t - 45°)\mathrm{A}$

2. 如图所示,只有(　　)是电容性电路。

A. $R = 4\,\Omega, X_L = 2\,\Omega, X_C = 1\,\Omega$　　B. $R = 4\,\Omega, X_L = 2\,\Omega, X_C = 0$

C. $R = 4\,\Omega, X_L = 2\,\Omega, X_C = 3\,\Omega$

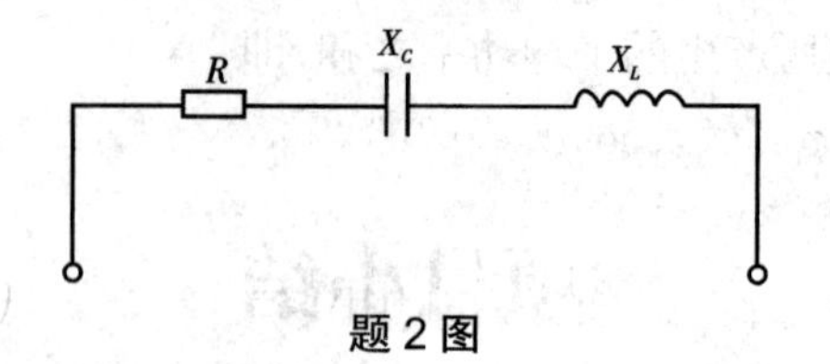

题 2 图

3. 若电路中某元件的端电压为 $u=5\sin(314t+35°)$ V，电流为 $i=2\sin(314t+125°)$ A，且 u、i 为关联参考方向，则该元件是(　　)。

A. 电阻　　B. 电感　　C. 电容

二、填空题

1. 正弦量的相量表示法，就是用复数的模数表示正弦量的＿＿＿＿＿＿，用复数的辐角表示正弦量的＿＿＿＿＿＿。

2. 已知某正弦交流电压 $u=U_{\mathrm{m}}\sin(\omega t-\theta_{\mathrm{u}})$，则其相量形式 $\dot{U}=$＿＿＿＿＿＿。

3. 已知某正弦交流电流相量形式为 $\dot{I}=50\mathrm{e}^{\mathrm{j}120°}$ A，则其瞬时表达式 $i=$＿＿＿＿＿＿。

三、简答题

1. 已知正弦量 $u_A=220\sqrt{2}\sin 314t$ V和 $u_B=220\sqrt{2}\sin(314t-60°)$ V。

(1)指出两个正弦电压的最大值、有效值、初相位、角频率、频率、周期及两者之间的相位差。

(2)把它们转化为极坐标式，并画出相量图。

(3)如果把电压 u_B 的参考方向反相，此时两个电压之间的相位差是多少？

2. 如图所示，已知 $i_1=5\sqrt{2}\sin(314t-30°)$ A和 $i_2=10\sqrt{2}\cos 314t$ A，求 i_3 和三个电流表的读数(有效值)。

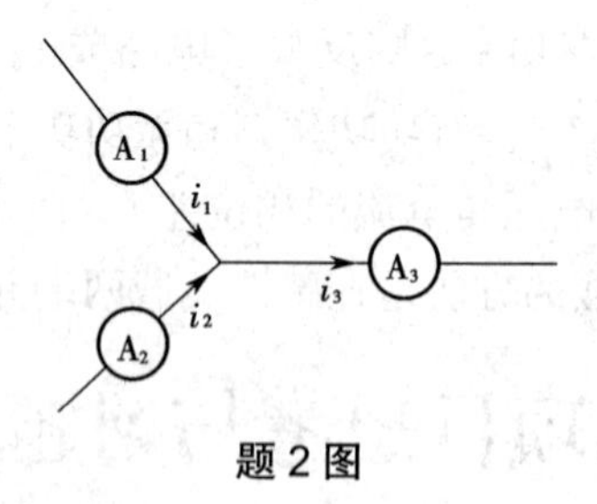

题 2 图

四、计算题

1. 正弦交流电路如图所示，用交流电压表测得 $U_{AD}=5$ V，$U_{AB}=3$ V，$U_{CD}=6$ V，，试求 U_{DB}。

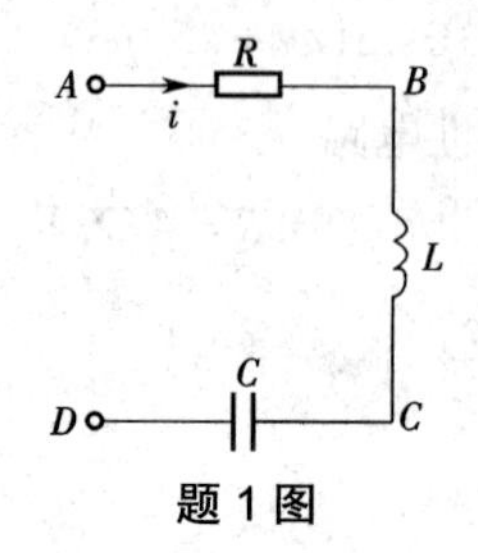

题 1 图

2. 日光灯电源的电压为 220 V、频率为 50 Hz，灯管相当于 300 Ω 的电阻，与灯管串联的镇流器在忽略电阻的情况下，相当于 500 Ω 感抗的电感，试求灯管两端的电压和工作电流，并画出相量图。

3. 为了降低风扇转速，可在电源与风扇之间串联电感，以降低风扇电动机的端电压，若电源电压为 220 V、频率为 50 Hz，电动机的电阻为 190 Ω、感抗为 260 Ω，现要求电动机两端电压降至 180 V，试求串联的电感。

4. 正弦交流电路如图所示，已知 $X_C = R$，试求电感电压 u_1 与电容电压 u_2 的相位差。

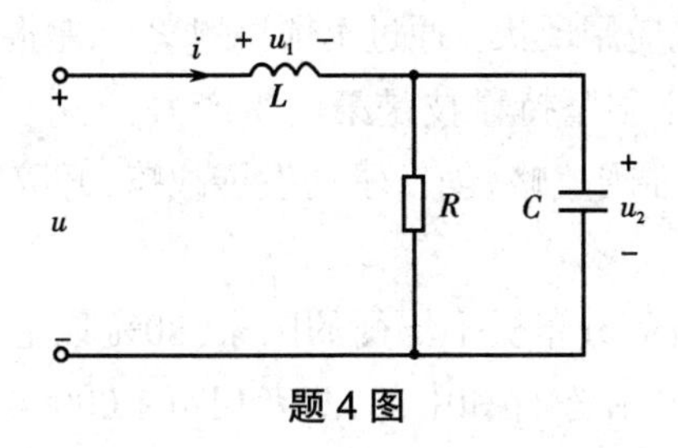

题 4 图

项目五　三相交流电路

本项目主要介绍：学习性任务，包括三相对称电源、三相负载的星形连接、三相负载的三角形连接、三相负载的功率；技能性任务，包括三相交流电路的研究、照明线路的安装与维护、啤酒生产线三相交流电路的分析；拓展性任务，包括高压直流输电概况、高压直流输电运行特性、高压直流输电的优点、高压直流输电应用现状。通过本项目的学习，掌握三相交流电路的相关知识点。

党的二十大报告指出："必须坚持科技是第一生产力、人才是第一资源、创新是第一动力，深入实施科教兴国战略、人才强国战略、创新驱动发展战略，开辟发展新领域新赛道，不断塑造发展新动能新优势。"

我国是一个能源和电力负荷分布极不均衡的国家：80% 以上的能源资源分布在西部、北部地区，70% 以上的电力消费集中在东部和中部，两者相距 1 000~4 000km。为了解决这一问题，特高压电网建设是不二选项。

10 多年来，我国自主研究开发了适合远距离、大容量输电的特高压技术。截至 2021 年底，已建成特高压交直流工程 32 项。我国特高压已成功实现从"中国创造"到"中国引领"，从"装备中国"到"装备世界"，不仅是唯一实现大规模投入商业运营的国家，而且建立了全球首个具有完全自主知识产权的技术标准体系，形成了从设计到制造、施工、调试、运行、维护的全套技术标准和规范。

任务一　学习性任务

扫一扫：PPT- 项目五 任务一

5.1.1　三相对称电源

扫一扫：三相对称电源

文档

PPT

视频

1. 三相电动势的产生

人们在生产和生活中使用的电气设备，如电动机、电视机、计算机等都由实际电路构成。电路是电流的通路，是为了满足某种需要，将一些电气设备或元器件按照一定的方式连接而成的。

在一个发电机上同时产生三个有效值相等、频率相同、相位互差 120° 的正弦电压，这样的电源就是三相交流电源，其电动势称为三相交流电动势，采用三相交流电源供电的体系称为三相制。

单相发电机含有一个绕组，运行时产生一个感应电动势，而三相发电机含有三个绕组，运行时每个绕组都相当于一个电源，所以三个绕组同时感应出三个电动势，这三个电动势的大小及相位关系由三个绕组的空间关系决定。

三相交流电一般由三相交流发电机产生，发电机由定子（线圈）和转子（磁铁）组成，如图5-1-1所示，定子中有三个相同的绕组，三个绕组的首端分别用A、B、C表示，末端分别用X、Y、Z表示。绕组AX称为A相，它产生的电动势记为e_A；绕组BY称为B相，它产生的电动势记为e_B；绕组CZ称为C相，它产生的电动势记为e_C。三个绕组空间位置相差120°，装有磁极的转子以ω的角速度旋转，于是三个绕组中便产生了三个幅值相同、频率相同、相位相差120°的单相电动势。选择合适的计时起点，它们产生的三相电动势可表示如下：

$$e_A = E_m \sin \omega t$$

$$e_B = E_m \sin(\omega t - 120°)$$

$$e_C = E_m \sin(\omega t - 240°) = E_m \sin(\omega t + 120°)$$

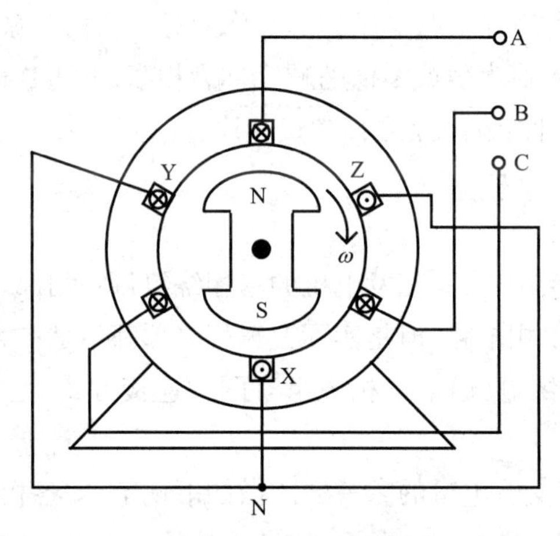

图5-1-1　三相交流发电机的结构示意图

它们的有效值相等、频率相同、相位互差120°，称为对称三相电动势。其对应的正弦电压为

$$u_A = U_{Am} \sin \omega t = U_m \sin \omega t$$

$$u_B = U_{Bm} \sin(\omega t - 120°) = U_m \sin(\omega t - 120°)$$

$$u_C = U_{Cm} \sin(\omega t - 240°) = U_{Cm} \sin(\omega t + 120°) = U_m \sin(\omega t + 120°)$$

可见u_B滞后u_A120°，u_C滞后u_B120°，u_C滞后u_A240°，或者说u_C超前u_A120°，其正弦曲线如图5-1-2所示。

对称三相电动势的相量图，如图5-1-3所示。将上述三个正弦电压用相量表示，可得

$$\dot{E}_A = E_m \angle 0°$$

$$\dot{E}_B = E_m \angle -120°$$

$$\dot{E}_C = E_m \angle +120°$$

对称三相电源的电压相量的和为

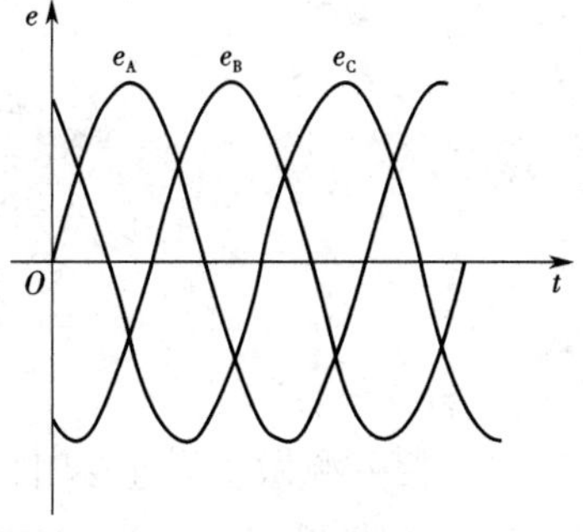

图5-1-2　对称三相电动势的波形图

$$\dot{E}_A + \dot{E}_B + \dot{E}_C = 0$$

这说明对称三相电源的电压瞬时值的和为零,即

$$u_A + u_B + u_C = 0$$

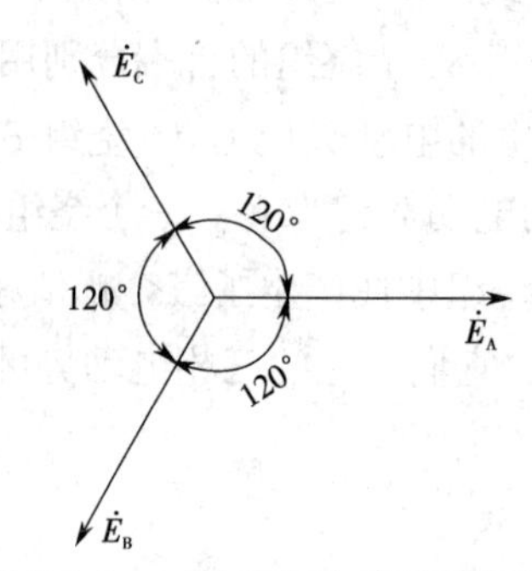

图 5-1-3 对称三相电动势的相量图

我们把能产生上述对称三相正弦电压的电源称为对称三相电源。

对称三相正弦电压达到最大值或零值的顺序称为相序,上述B相滞后于A相、C相滞后于B相的顺序称为正相序,简称正序;反之称为负相序,简称负序。一般的三相电源都是正序对称的,即A→B→C→A。

2. 三相电源的星形连接

在采用三相制的电力系统中,三相发电机的三相绕组每一相都是一个独立的电源,可以接上负载作为不相连的三个单相电路,但是实际上三相电源都不是作为独立电源对外供电的,而是按一定方式连接后对外供电,通常三相绕组有两种连接方式:星形连接(Y)和三角形连接(△)。

为了分析方便,对三相交流电量的参考方向做如下规定,即各相电动势的正方向规定为从绕组的末端指向始端;各相电压的正方向规定为从绕组的始端指向末端。

将三相绕组的尾端X、Y、Z连在一起,作为一个公共点,首端分别引出一条线,这样的连接方式称为星形连接,用符号表示为Y形连接。其中的公共点称为中点或零点,从中点引出的一条线称为中线,从每相的首端引出的线称为端线或相线。三相电源星形连接法如图 5-1-4 所示。

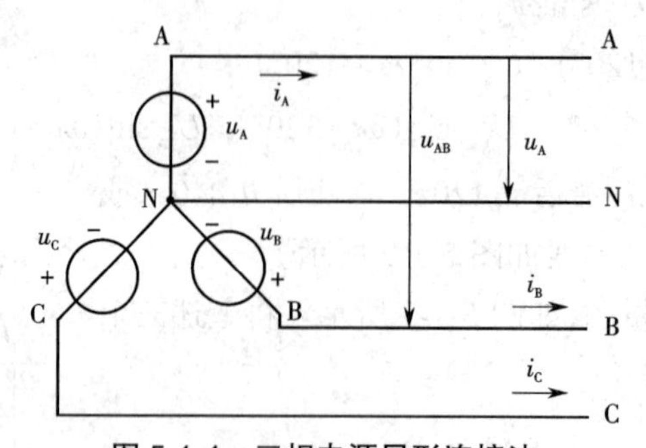

图 5-1-4 三相电源星形连接法

三相电源做星形连接时,共有四条引出线,包括一条中线和三条端线,电源的这种连接称为三相四线制;若三相绕组连接时只有三条端线而没有中线,则称为三相三线制。图 5-1-4 的连接方式就是三相四线制。这种连接方式有两种输出电压,一种是每相绕组两端的电压,也就

是端线到中线的电压，称为相电压，分别用 u_A、u_B、u_C 表示，相电压的参考方向一般由绕组的首端指向尾端。对于对称三相电源，通常用 u_P 表示相电压的有效值。另一种就是端线与端线之间的电压，称为线电压，分别用 u_{AB}、u_{BC}、u_{CA} 表示，线电压的参考方向与角标所示是一致的。对于对称三相电源，通常用 u_L 表示线电压的有效值。图 5-1-4 中标出了相电压 u_A 和线电压 u_{AB} 的参考方向。

三相电源星形连接时的线电流就是通过每相绕组的相电流，所以星形连接只有一组电流，用 i_A、i_B、i_C 表示，其参考方向为由电源端指向负载端，如图 5-1-4 所示。那么，星形连接时，线电压与相电压有什么关系呢？

根据基尔霍夫电压定律，可得

$$u_{AB}=u_A-u_B$$
$$u_{BC}=u_B-u_C$$
$$u_{CA}=u_C-u_A$$

用相量可表示为

$$\dot{U}_{AB}=\dot{U}_A-\dot{U}_B$$
$$\dot{U}_{BC}=\dot{U}_B-\dot{U}_C$$
$$\dot{U}_{CA}=\dot{U}_C-\dot{U}_A$$

对于对称三相电压，相量图如图 5-1-5 所示，由相量图可得

$$U_{AB}=\sqrt{3}U_A$$
$$U_{BC}=\sqrt{3}U_B$$
$$U_{CA}=\sqrt{3}U_C$$

由图 5-1-5 还可以看出，每个线电压都超前相应的相电压 30°，所以线电压与相电压的相量关系可表示为

$$\dot{U}_{AB}=\sqrt{3}\dot{U}_A\angle 30°$$
$$\dot{U}_{BC}=\sqrt{3}\dot{U}_B\angle 30°$$
$$\dot{U}_{CA}=\sqrt{3}\dot{U}_C\angle 30°$$

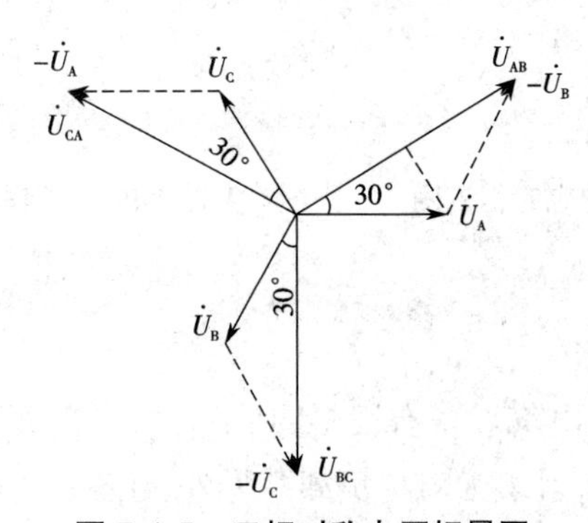

图 5-1-5　三相对称电压相量图

由上式可以看出，线电压超前相应的相电压 30°，大小等于相电压的 $\sqrt{3}$ 倍，大小关系可用公式表示为

$$U_L = \sqrt{3}U_P$$

3. 三相电源的三角形连接

将对称三相电源的 X 与 B 连接在一起，Y 与 C 连接在一起，Z 与 A 连接在一起，再从 A、B、C 三端向外引出三条端线，即构成三相电源的三角形连接，如图 5-1-6 所示。显然，三角形连接时，其线电压等于相电压，但线电流不等于相电流。

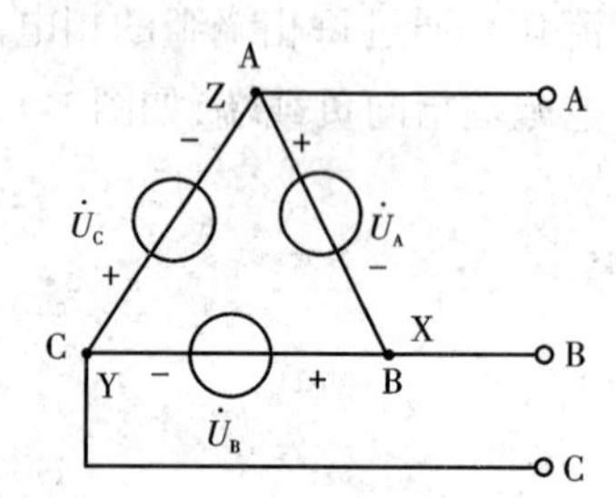

图 5-1-6　三相电源三角形连接法

应该指出，三相电源做三角形连接时，要注意接线的正确性。当三相电源连接正确时，在三角形闭合回路中总的电压为零，即

$$\dot{U}_A + \dot{U}_B + \dot{U}_C = U_P(\angle 0° + \angle -120° + \angle 120°) = 0$$

其相量图如图 5-1-7 所示，这样才能保证在没有输出的情况下，电源内部没有环行电流。

但是，如果将某一相电源（例如 A 相）接反，则这时三角形回路的电压在闭合前为

$$-\dot{U}_A + \dot{U}_B + \dot{U}_C = U_P(\angle 180° + \angle -120° + \angle 120°) = -2\dot{U}_A$$

其是一相电压的 2 倍，相量图如图 5-1-8 所示。闭合后此电压根据基尔霍夫电压定律将强制为零，此时电源已不能按理想电压源建立模型，应考虑电源内部的阻抗。由于电源阻抗很小，在三角形回路内可能形成很大的环行电流，将严重损坏电源装置。

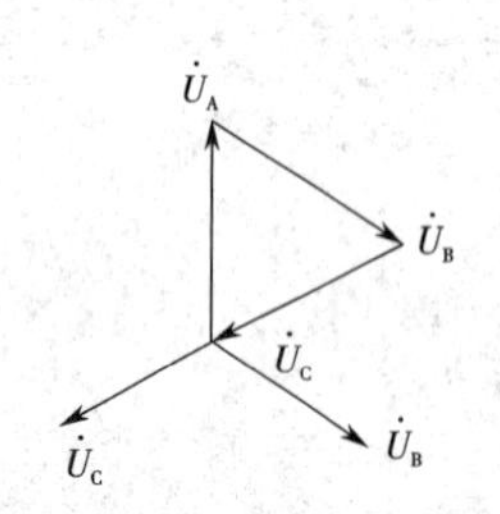

图 5-1-7　三相电源连接正确时相量图

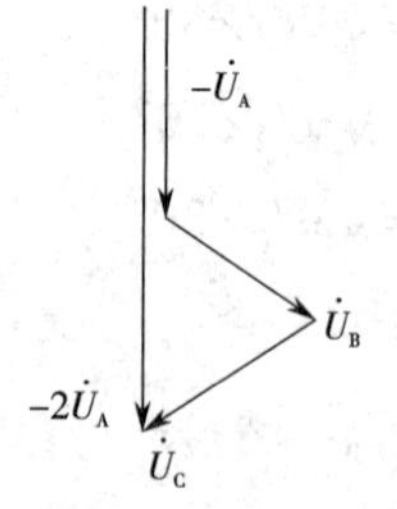

图 5-1-8　三相电源一相（A 相）接反时相量图

5.1.2　三相负载

在实际中，使用交流电的电气设备有很多，其中有些是需要三相电源才能工作的，如三相异步电动机，它属于三相负载，且多为对称负载。另外，还有一些设备只需单相电源，如各种照明灯具，它们可以接在电源的任一相上，但大多数情况下是按照一定的方式接在三相电源上，所以从整体上可看作三相负载。

与三相电源一样，三相电路的负载根据实际需要也可连接成 Y 形和△形。

由三相电源供电的负载称为三相负载。接在三相电源上，且三相阻抗相等的负载，一般称为对称负载；只需由单相电源供电，且三相阻抗不相等的负载，一般称为不对称负载。

1. 三相负载的星形连接

扫一扫：三相负载的星形连接

文档

动画

把三相负载的一端连在一起，另一端分别与三相电源的端线相连，这种连接方式称为负载的星形连接，如图 5-1-9 所示。其中，三个负载相连的一点，称为负载的中性点，用 N′ 表示。当电源和负载都做星形连接时，可以用一条导线把电源的中点和负载的中点连接起来，这条导线就是中线（零线）。当电源和负载都做星形连接时，可以接中线，接成三相四线制，用符号 Y_0-Y_0 表示；也可以不接中线，接成三相三线制，用符号 Y-Y 表示。其中，Y_0-Y_0 连接是我们最常用的连接方式，图 5-1-9 即为 Y_0-Y_0 连接的电路。

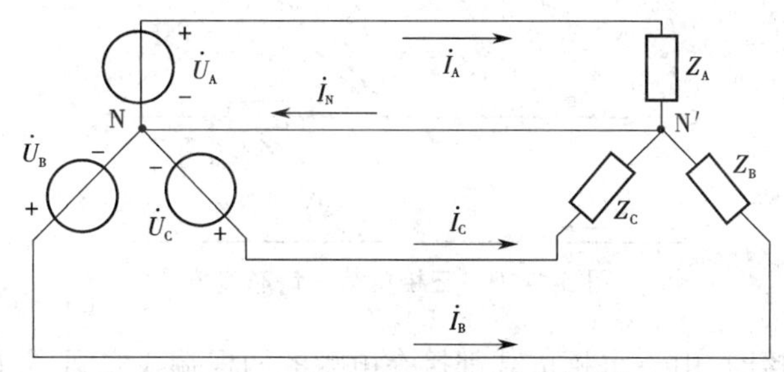

图 5-1-9　三相负载星形连接电路

从图 5-1-9 可以看出，每相负载两端的电压就是其对应相电源的相电压，因此各相的相电流就可以很方便地计算出来，该电流也就是电路的线电流，计算公式如下：

$$\begin{cases} \dot{I}_A = \dfrac{\dot{U}_A}{Z_A} \\ \dot{I}_B = \dfrac{\dot{U}_B}{Z_B} \\ \dot{I}_C = \dfrac{\dot{U}_C}{Z_C} \end{cases} \tag{5-1}$$

中线电流可由基尔霍夫电流定律得出，即

$$\dot{I}_N = \dot{I}_A + \dot{I}_B + \dot{I}_C \tag{5-2}$$

由于三相电压总是对称的，若三相负载也对称，即 $Z_A=Z_B=Z_C=Z$，这样的电路称为对称三相电路。此时，三个线电流的有效值相等，若用 I_L 表示线电流的有效值，用 I_P 表示相电流的有效值，则 $I_L=I_P=I_A=I_B=I_C$，式（5-1）和式（5-2）可以简化为

$$\dot{I}_A = \frac{\dot{U}_A}{Z_A} = \frac{\dot{U}_A}{Z} = I_A\angle\varphi_A = I_L\angle\varphi_A$$

$$\dot{I}_B = I_L \angle(\varphi_A - 120°)$$

$$\dot{I}_C = I_L \angle(\varphi_A + 120°)$$

$$\dot{I}_N = \dot{I}_A + \dot{I}_B + \dot{I}_C = 0$$

扫一扫:三相负载的三角形连接

文档

动画

2. 三相负载的三角形连接

把三相负载依次相连,接成一个闭合回路,在各连接点处分别引出三条线与电源的端线相连,负载的这种连接方式称为三角形连接,如图 5-1-10 所示。负载做三角形连接时,没有中线,所以不论电源怎样连接,都接成三相三线制。

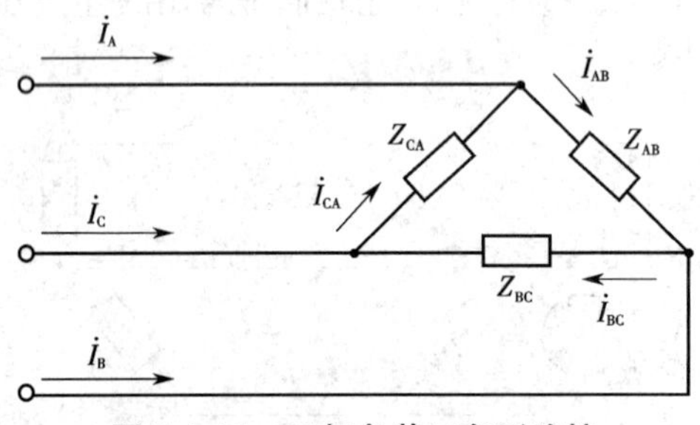

图 5-1-10 三相负载三角形连接

负载做三角形连接时,由于每相负载都接在电源的两根端线之间,所以负载的相电压就是电源线电压,即

$$U_{\Delta P} = U_L$$

各相负载的相电流为

$$\dot{I}_{AB} = \frac{\dot{U}_{AB}}{Z_{AB}}$$

$$\dot{I}_{BC} = \frac{\dot{U}_{BC}}{Z_{BC}}$$

$$\dot{I}_{CA} = \frac{\dot{U}_{CA}}{Z_{CA}}$$

电路的线电流可根据基尔霍夫电流定律得到,即

$$\dot{I}_A = \dot{I}_{AB} - \dot{I}_{CA}$$

$$\dot{I}_B = \dot{I}_{BC} - \dot{I}_{AB}$$

$$\dot{I}_C = \dot{I}_{CA} - \dot{I}_{BC}$$

如果负载对称,即 Z_A=Z_B=Z_C=Z,则三个相电流和三个线电流都对称,其相量关系如图 5-1-11 所示。由相量图可得,线电流等于相电流的 $\sqrt{3}$ 倍,即

$$I_L = \sqrt{3} I_P$$

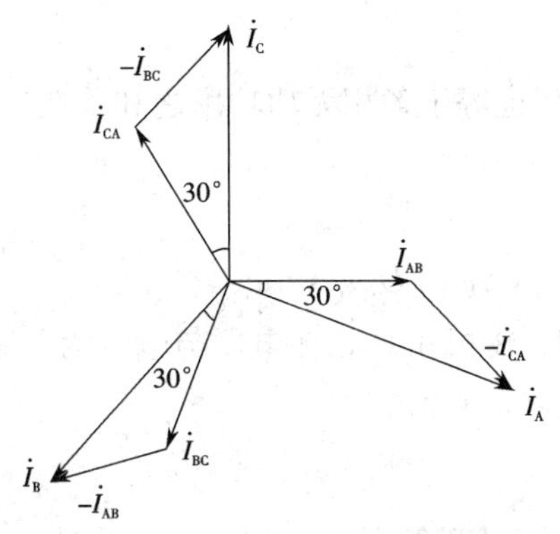

图 5-1-11　三相对称负载相量图

线电流与相电流的相量关系为

$$\dot{I}_A = \sqrt{3}\dot{I}_{AB}\angle -30°$$

$$\dot{I}_B = \sqrt{3}\dot{I}_{BC}\angle -30°$$

$$\dot{I}_C = \sqrt{3}\dot{I}_{CA}\angle -30°$$

为了计算方便,可以只计算一个相电流或线电流,而其他电流可由对称关系得出。

3. 三相负载的功率

扫一扫:三相负载的功率

文档　PPT　视频

1)有功功率

一个三相电源输出的总有功功率等于每相电源输出的有功功率之和。一个三相负载吸收的总有功功率等于每相负载吸收的有功功率之和,即

$$P=P_A+P_B+P_C$$

每相负载的功率 P_P 等于该相负载的相电压 U_P 乘以相电流 I_P 及相电压与相电流夹角 φ 的余弦,即

$$P_P = U_P I_P \cos\varphi \tag{5-3}$$

因此,三相电路的总有功功率为

$$P = P_A + P_B + P_C$$
$$=U_A I_A \cos\varphi_A + U_B I_B \cos\varphi_B + U_C I_C \cos\varphi_C$$

式中: φ_A、φ_B、φ_C 分别是 A 相、B 相和 C 相在电压与电流为关联参考方向下的相电压与相电流之间的相位差,等于各相负载的阻抗角。

因为对称三相电路中负载在任何一种接法的情况下,总有

$$3U_P I_P = \sqrt{3}U_L I_L$$

所以可得

$$P = \sqrt{3}U_L I_L \cos\varphi$$

式中: U_L 是线电压, I_L 是线电流, φ 仍然是相电压与相电流之间的相位差,等于负载的阻抗角。

2)无功功率

同理,三相电路的无功功率也等于各相无功功率之和。在三相电路中,三相负载的总无功功率为

$$Q=Q_A+Q_B+Q_C$$
$$=U_AI_A\sin\varphi_A+U_BI_B\sin\varphi_B+U_CI_C\sin\varphi_C$$

式中:φ_A、φ_B、φ_C分别是A相、B相和C相在电压与电流为关联参考方向下的相电压比相电流超前的相位差,等于各相负载的阻抗角。

在对称三相电路中,有

$$Q=3U_PI_P\sin\varphi=\sqrt{3}U_LI_L\sin\varphi$$

式中各符号含义同前。

3)视在功率与功率因数

在三相电路中,三相负载的总视在功率为

$$S=\sqrt{P^2+Q^2}$$

在三相负载对称的情况下,有

$$S=3U_PI_P=\sqrt{3}U_LI_L$$

三相负载的总功率因数为

$$\lambda=\frac{P}{Q}$$

在三相负载对称情况下,$\lambda=\cos\varphi$,也就是一相负载的功率因数,φ为负载的阻抗角。

4)对称三相电路中的瞬时功率

在对称三相电路中,各相的瞬时功率可写为

$$p_A(t)=u_A(t)i_A(t)=\sqrt{2}U_P\sin(\omega t)\times\sqrt{2}I_P\sin(\omega t-\varphi)$$
$$=U_PI_P\left[\cos\varphi-\cos(2\omega t-\varphi)\right]$$
$$p_B(t)=u_B(t)i_B(t)=\sqrt{2}U_P\sin(\omega t-120°)\times\sqrt{2}I_P\sin(\omega t-120°-\varphi)$$
$$=U_PI_P\left[\cos\varphi-\cos(2\omega t-240°-\varphi)\right]$$
$$p_C(t)=u_C(t)i_C(t)=\sqrt{2}U_P\sin(\omega t+120°)\times\sqrt{2}I_P\sin(\omega t+120°-\varphi)$$
$$=U_PI_P\left[\cos\varphi-\cos(2\omega t+240°-\varphi)\right]$$

上面三个式子相加为

$$p(t)=p_A(t)+p_B(t)+p_C(t)=3U_PI_P\cos\varphi$$

上述结果表明,三相对称负载的瞬时功率$p(t)$为一常量,其值等于平均功率,这种性质称为瞬时功率的平衡。

任务二　技能性任务

5.2.1　三相交流电路的研究

扫一扫:三相交流电路的研究

文档

PPT

1. 三相交流电路电压和电流的关系

(1)在三相电路中,负载的连接主要有星形连接和三角形连接两种形式。

(2)当负载做星形连接时,又可分为有中线和无中线两种情况。当负载对称时,不论有无中线,都有线电压是相电压的$\sqrt{3}$倍的关系,即$U_L=\sqrt{3}U_P$。当负载不对称而有中线时,仍然有$U_L=\sqrt{3}U_P$的关系,但中线电流$I_N\neq0$;若中线断开,即不对称负载无中线,则负载的相电压也将不对称,实验中使用灯泡作为三相负载,此时三相灯泡亮度将明显不同。

(3)当负载做三角形连接时,若负载对称,则存在线电流是相电流的$\sqrt{3}$倍的关系,即$I_L=\sqrt{3}I_P$;若负载不对称,则不存在上述关系。

(4)需要测量多处的电流,可采用电流表接线板,其结构如图 5-2-1 所示。

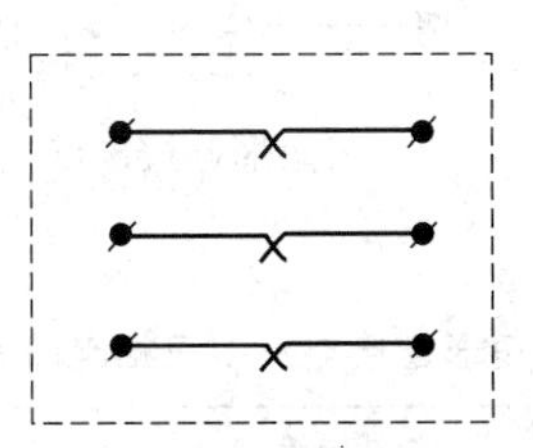
图 5-2-1　电流表接线板

2. 三相交流电路电压和电流的测量

(1)如图 5-2-2 所示,将三相灯箱负载做星形连接。接通线电压为 380 V 的三相电源,将各相灯泡调整为相同的个数,即三相对称,测量各线电流、中线电流、线电压和相电压,将数据填入表 5-2-1 中;然后分别观察有中线和无中线时,灯泡的亮度有无明显的变化。

(2)如图 5-2-2 所示,将各相灯泡个数调整为不对称情况,再测量各线电流、中线电流、线电压和相电压,将数据填入表 5-2-1 中。

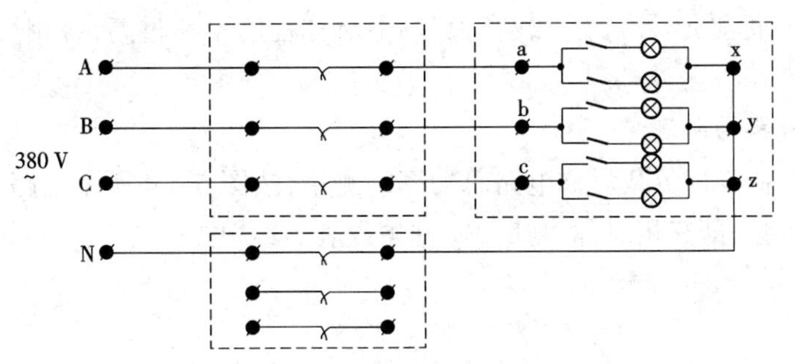

图 5-2-2　星形连接电路接线

表 5-2-1　星形连接电路中三相电流和电压的测量

连接方式	灯泡 /W			线电流 /A			中线电流 /A	线电压 /V			相电压 /V		
	a	b	c	I_A	I_B	I_C	I_N	U_{AB}	U_{BC}	U_{CA}	U_A	U_B	U_C
对称星形													
不对称星形													
不对称星形无中线							—						

(3)各相灯泡不对称，拆除中线，呈不对称星形无中线状态，观察各相灯泡亮度变化，再测各线电流、线电压和相电压，将数据填入表 5-2-1 中。

(4)如图 5-2-3 所示，将三相灯箱负载做三角形连接。注意，此时应接入线电压为 220 V 的三相电压，经检查无误后方可合闸。然后分别调整各相灯泡个数为对称和不对称两种情况，测量各线电压、线电流和相电流，将数据填入表 5-2-2 中。

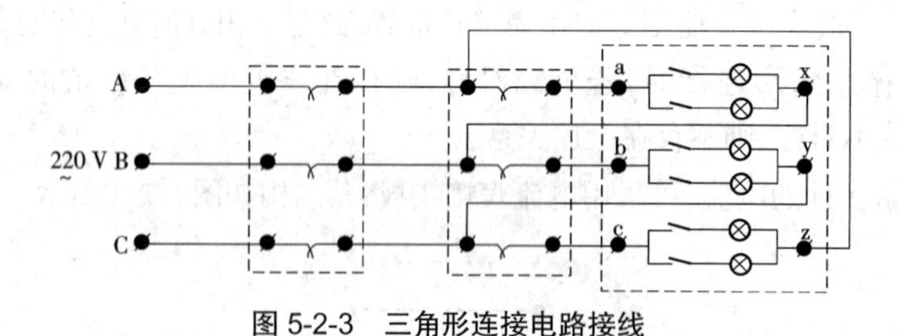

图 5-2-3　三角形连接电路接线

表 5-2-2　三角形连接电路中三相电流和电压的测量

连接方式	灯泡 /W			线电流 /A			线电压 /V			相电流 /A		
	a	b	c	I_A	I_B	I_C	U_{AB}	U_{BC}	U_{CA}	I_{AB}	I_{BC}	I_{CA}
对称三角形												
不对称三角形												

(5)注意事项如下：

①接线前，应仔细检查电流表接线板上各插座常闭触点是否接触良好；

②电流表连接到电流表接线板时，注意不要触碰到金属部位；

③在进行不对称星形无中线负载实验时，不对称程度不易过高，各相灯泡可分别调整为 3、4、5 盏。

3. 三相交流电路功率测量

(1)三相四线制三相负载对称电路总功率的测量：按图 5-2-4 所示电路接线，将各相灯泡数调整为相同的个数，即三相对称，测量 P_A，并填入表 5-2-3 中。

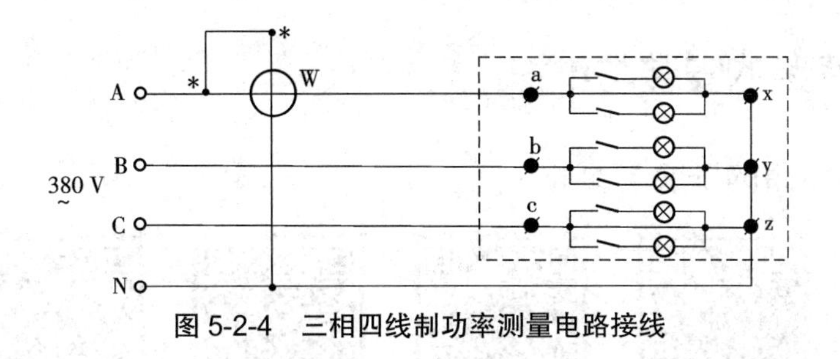

图 5-2-4　三相四线制功率测量电路接线

（2）三相四线制三相负载不对称电路总功率的测量：按图 5-2-4 所示电路接线，将各相灯泡数调整为不相同的个数，即三相不对称，分别测量 P_A、P_B 和 P_C，并填入表 5-2-3 中。

表 5-2-3　三相四线制电路的功率测量

	P_A	P_B	P_C	$P_总$
负载对称				
负载不对称				

（3）三相三线制三相负载电路总功率的测量：按图 5-2-5 所示电路接线，调整各相灯泡个数为对称和不对称，分别读出 P_1 和 P_2，并填入表 5-2-4 中。

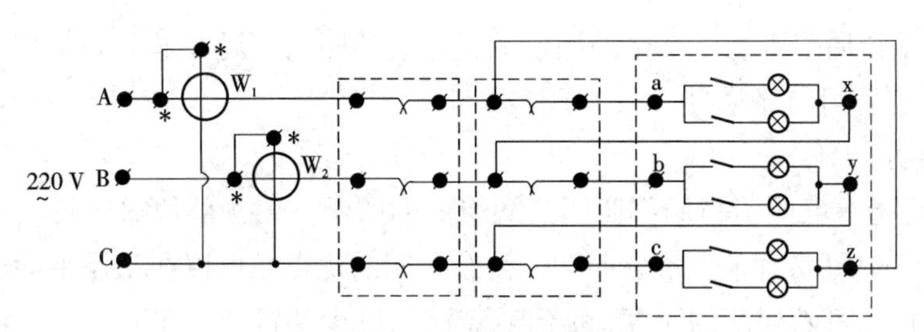

图 5-2-5　三相三线制功率测量电路接线

表 5-2-4　三相三线制电路的功率测量

	P_1	P_2	$P_总$
负载对称			
负载不对称			

（4）注意事项如下：

①功率表电压线圈和电流线圈的量限的选择应适当；

②功率表的读数，即

$$测量功率 = U_N I_N / 满偏刻度 \times 读出刻度$$

式中：U_N 和 I_N 分别表示功率表所选择的电压量限和电流量限。

5.2.2 照明线路的安装与维护

扫一扫:照明线路的安装与维护

1. 照明方式与种类

1)照明方式

Ⅰ. 一般照明

一般照明是指在整个场所或场所的某个部分,照度基本上相同的照明。工作位置密度很大,而对光照方向又无特殊要求,或工艺上不适宜装设局部照明装置的场所,宜单独使用一般照明。其优点是在工作表面和整个视界范围内,具有较佳的亮度对比;可采用较大功率的灯泡,因而光效较高;照明装置数量少,投资费用低。

Ⅱ. 局部照明

局部照明是指局限于工作部位的固定的或移动的照明。局部地点需要高照度,并对照射方向有要求时,宜采用局部照明。

Ⅲ. 混合照明

混合照明是指一般照明与局部照明共同组成的照明。工作部位需要较高照度,并对照射方向有特殊要求的场所,宜采用混合照明。混合照明的优点是可以在工作平面、垂直和倾斜表面上,甚至工件的内部获得高的照度,易于改善光色,减少装置功率和节约运行费用。

2)照明种类

Ⅰ. 工作照明

工作照明是指用来保证在照明场所正常工作时所需的照度并适合视力条件的照明。

Ⅱ. 事故照明

事故照明是指当工作照明由于电气事故而熄灭后,为了继续工作或从房间内疏散人员而设置的照明。由于工作中断或误操作会引起爆炸、火灾、人身伤亡等严重事故或生产秩序长期混乱的场所,应有事故照明,如大型的总降压变电所,其照明不应小于这些地点规定照度的10%。

2. 家庭中的实用照明设备和线路

1)单相电度表

电度表是利用电压和电流线圈在铝盘上产生的涡流与交变磁通相互作用产生电磁力,使铝盘转动,同时引入制动力矩,使铝盘转速与负载功率成正比,通过轴向齿轮传动,由计度器计算出转盘转数而测定出电能。一般家用电度表都是单相电度表,接 220 V 设备,其具有能耗低、可靠性高等特点，如图 5-2-6 所示。

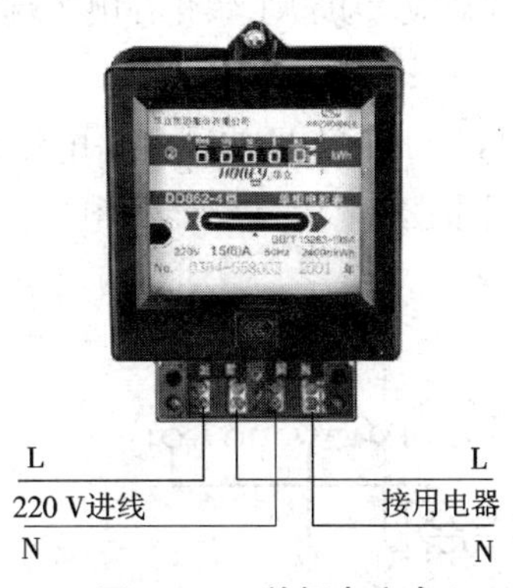

图 5-2-6　单相电度表

单相电度表的接线方式主要分为直接接入法以及经电流互感器接入法，具体接法如下。

Ⅰ. 直接接入法

根据单相电度表端子盒内的电压、电流接线端子排列方式不同，可分为一进一出（单进单出）和二进二出（双进双出）两种接线方式。

Ⅰ）一进一出接线法

如图 5-2-7 所示，首先将电源相线（火线）接在接线盒第一个孔接线端子上，出线接在接线盒第二个孔接线端子上；其次将电源中性线（零线）接在接线盒第三个孔接线端子上，出线接在接线盒第四个孔接线端子上。

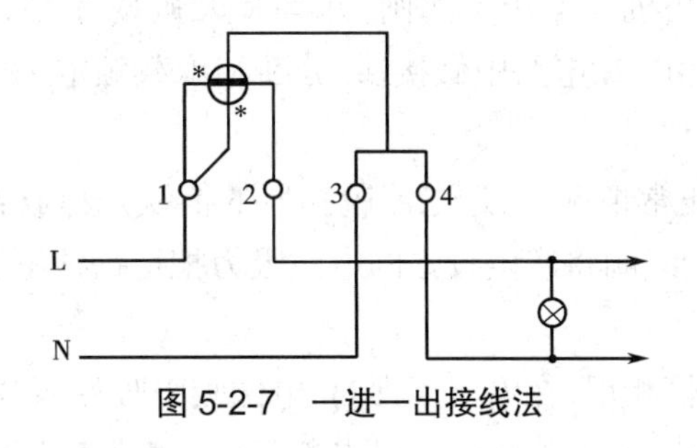

图 5-2-7　一进一出接线法

Ⅱ）二进二出接线法

如图 5-2-8 所示，首先将电源的相线接在接线盒第一个孔接线端子上，出线接在接线盒第四个孔接线端子上；其次将电源中性线接在接线盒第二个孔接线端子上，出线接在接线盒第三个孔接线端子上。

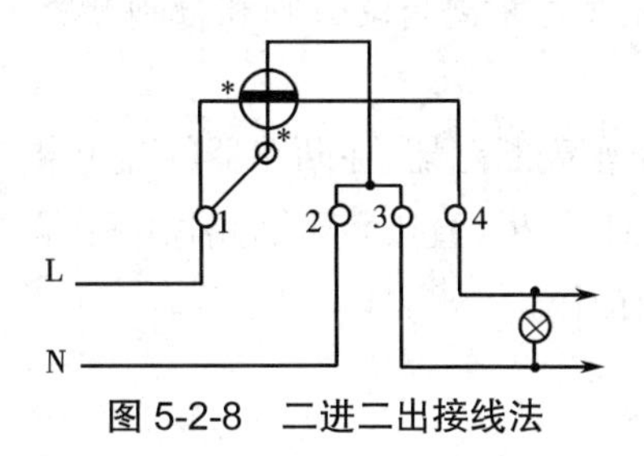

图 5-2-8　二进二出接线法

以上两种方式的区别主要是端子盒内电压、电流的出入端子的排列位置不同,单相电度表端子盒的接线端子应以“一孔一线”“孔线对应”为原则,禁止在电表端子盒端子孔内同时连接两根导线。

Ⅱ.经电流互感器接入法

当单相电度表的电流或电压量限不能满足被测电路电流或电压时,便需经互感器接入,有时只需经电流互感器接入,有时需同时经电流互感器和电压互感器接入,如图 5-2-9 所示。

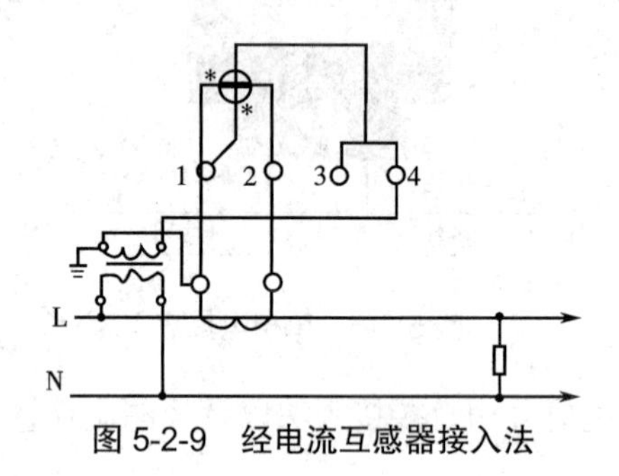

图 5-2-9 经电流互感器接入法

当低压供电,负荷电流为 50 A 以上时,优先采用经电流互感器接入法。若电表内电流、电压同名端子连接片相连,使用电流、电压线公用方式接线;若连接片拆开,使用电流、电压线分开方式接线。

2)空气断路器

Ⅰ.空气断路器的作用

空气断路器(空气开关)是断路器的一种。其绝缘介质为空气,采用手动(或电动)合闸,锁扣保持合闸位置,由脱扣机构作用于跳闸,并具有灭弧装置的低压开关,目前被广泛用于 500 V 以下的交、直流装置中,在电路中做接通、分断和承载额定工作电流以及短路、过载等故障电流。

其主要作用:一般在正常情况下,过电流脱扣器的衔铁是释放着的;一旦发生严重过载或短路故障,与主电路串联的线圈将产生较强的电磁吸力把衔铁往下吸引而顶开锁扣,使主触点断开。

欠压脱扣器的工作恰恰相反,在电压正常时,电磁吸力吸住衔铁,主触点才得以闭合;一旦电压严重下降或断电,衔铁就被释放而使主触点断开。当电源电压恢复正常时,必须重新合闸后才能工作,从而实现失压保护。

Ⅱ.空气断路器的结构

空气断路器外部结构如图 5-2-10 所示,具体结构介绍如下。

(1)电动操作机构:一种用于远距离自动分闸和合闸断路器的附件,有电动机操作机构和电磁铁操作机构两种。

(2)转动操作手柄:适用于塑壳断路器,在断路器的盖上装转动操作手柄的机构。

(3)加长手柄:一种外部加长手柄,直接装于断路器的手柄上,一般用于 600 A 及以上的大容量断路器上进行手动分合闸操作。

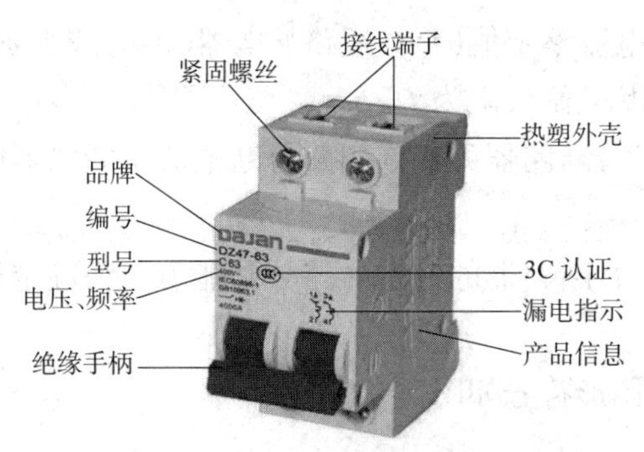

图 5-2-10　空气断路器外部结构

（4）手柄闭锁装置:在手柄框上装设卡件,手柄上打孔,然后用挂锁锁起来,主要用于断路器处于合闸工作状态时,不允许其他人分闸而引起停电事故,或断路器负载侧电路需要维修或不允许通电时防止被人误将断路器合闸,从而保护维修人员的安全或用电设备的可靠使用。

空气断路器内部结构如图 5-2-11 所示,具体结构介绍如下。

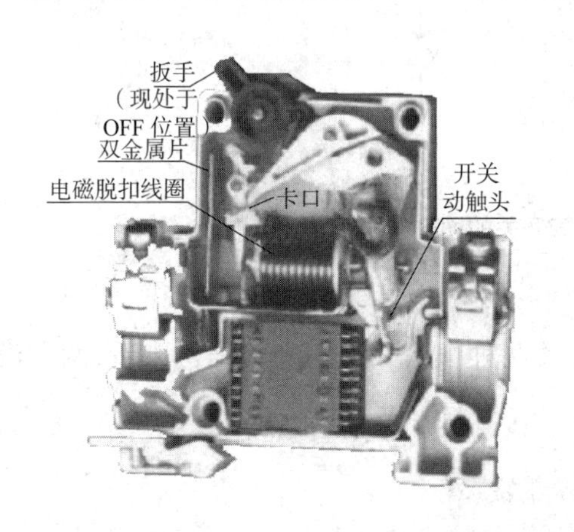

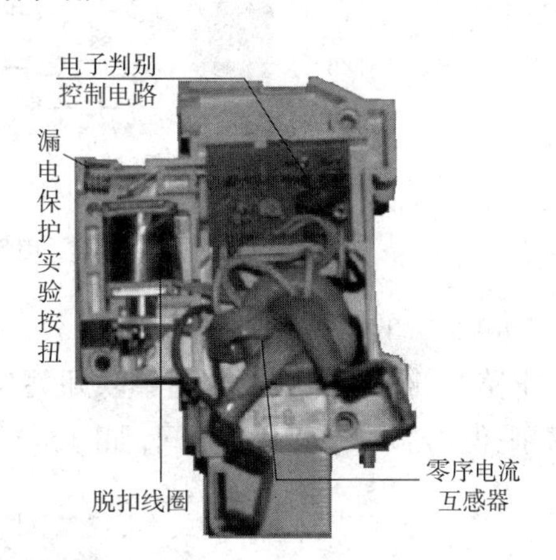

图 5-2-11　空气断路器内部结构

（1）辅助触头:与断路器主电路分、合机构机械上连动的触头,主要用于断路器分、合状态的显示,接在断路器的控制电路中,通过断路器的分、合,对其相关电器实施控制或连锁。

（2）报警触头:用于断路器事故的报警触头,且此触头只有当断路器脱扣分断后才动作,主要用于断路器的负载出现过载短路或欠电压等故障时而自由脱扣,报警触头从原来的常开位置转换成闭合位置。

（3）分励脱扣器:一种用电压源激励的脱扣器,它的电压与主电路电压无关,是一种远距离操纵分闸的附件。

（4）欠电压脱扣器:在其端电压降至某一规定范围内时,使断路器有延时或无延时断开的一种脱扣器。

Ⅲ. 空气开关的主要参数

（1）额定工作电压:断路器在正常（不间断的）情况下工作的电压。

（2）额定电流:断路器在规定的环境温度下所能承受的最大电流值。

(3)短路继电器脱扣电流整定值(I_m):短路继电器(瞬时或短延时)用于高故障电流值出现时,使断路器快速跳闸,其跳闸极限为 I_m。

(4)额定短路分断电流:断路器的额定短路分断电流是断路器能够分断而不被损害的最高(预期的)电流值。

(5)额定短路分断能力:断路器的额定短路分断能力分为额定极限短路分断能力和额定运行短路分断能力两种。

电度表与空气开关的图形符号如图 5-2-12 所示。

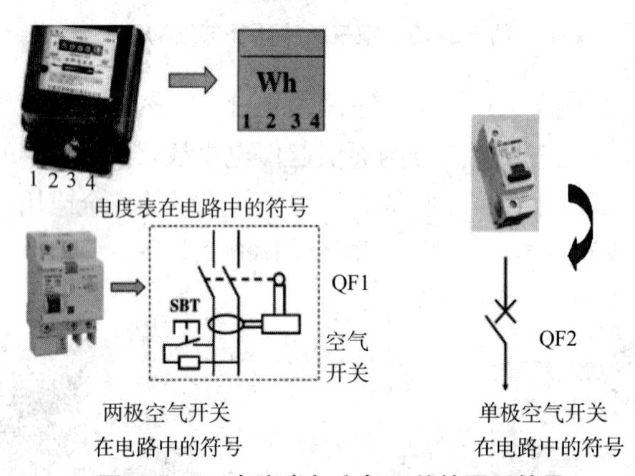

图 5-2-12 电度表与空气开关的图形符号

3)电路中的开关

电路中的开关通常可分为单联开关与双联开关两种。从开关的外部结构来看,两者没太大区别,但内部却有很大的不同,如图 5-2-13 所示。

图 5-2-13 开关实物图

单联、双联开关的图形符号如图 5-2-14 所示。其中,在使用中要将火线接入开关中,以达到控制负载通断的目的;单联开关在电路中单个使用便可控制电路的通断,双联开关在电路中需两个配套使用才能控制电路的通断。

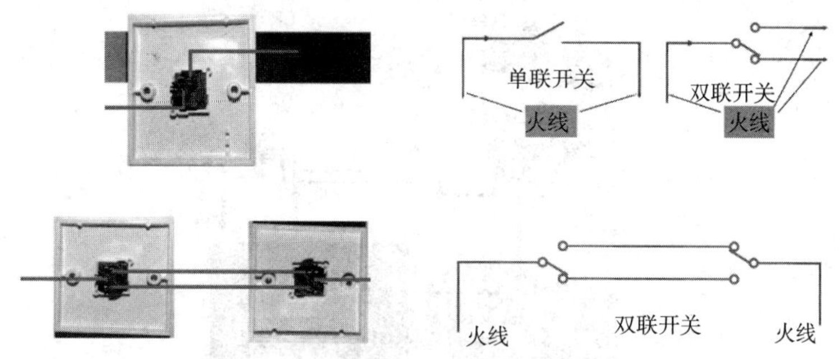

图 5-2-14　单联、双联开关的图形符号

单控和双控开关接线方法如图 5-2-15 所示。

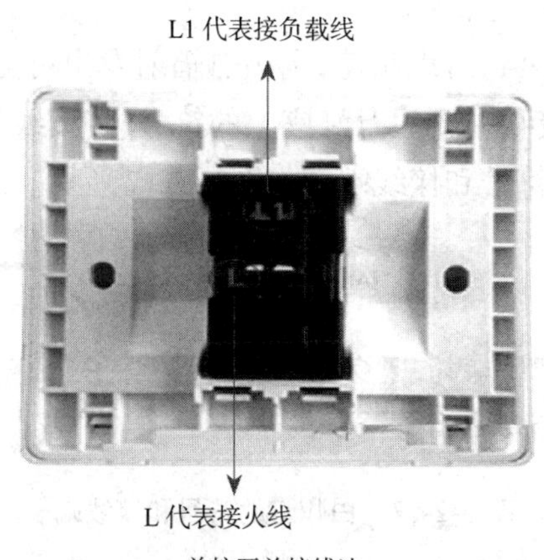

单控开关接线法

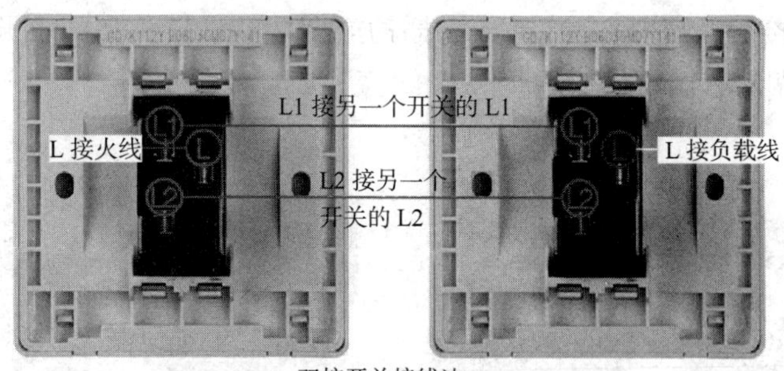

双控开关接线法

图 5-2-15　单控和双控开关接线法

照明电路中双联单控开关控制两盏灯的连接方法如图 5-2-16 所示。

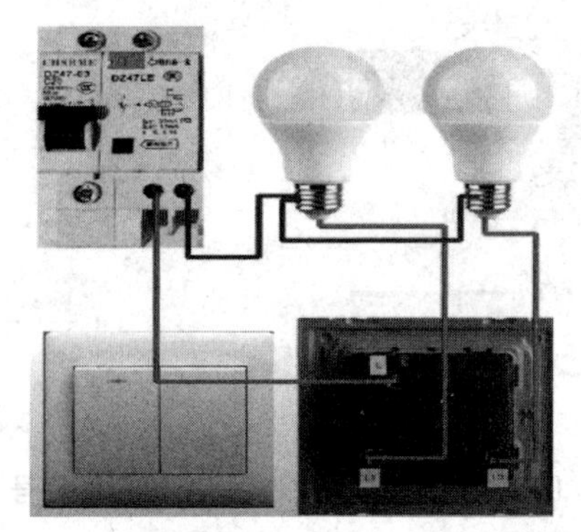

图 5-2-16 双联单控开关控制两盏灯连接法

4)电路中的白炽灯、插头和插座

白炽灯是将灯丝通电加热到白炽状态,利用热辐射发出可见光的电光源。白炽灯接在电路中必须有火线和零线,在接线中要注意灯座上的符号,将火线接在 L 接线端子上,将零线接在 N 接线端子上。白炽灯的符号和接线端子如图 5-2-17 所示。

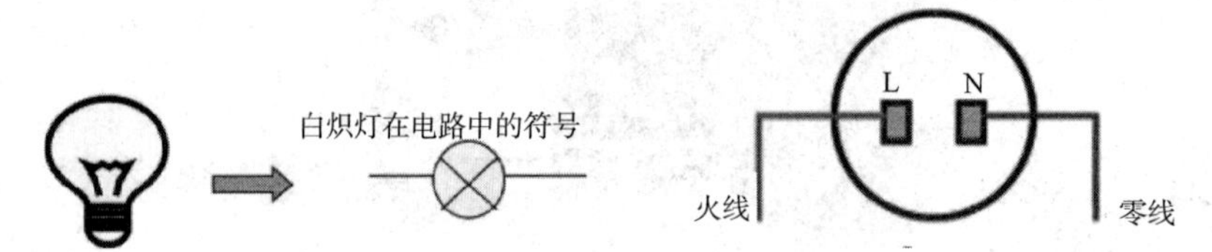

图 5-2-17 白炽灯的符号和接线端子

一般电子产品的连接头与电气用品的插销,称为插头。家用交流电源插头与插座,有棒状或铜板状突出的公接头,以物理方式插入有插槽或凹洞的母接头型的电源插座。插头和插座的实物图与符号如图 5-2-18 所示。

图 5-2-18 插头和插座的实物图及图形符号

插座的接法：对于单相插座，通常按照左零右火的接法来接；对于三相插座，通常按照上地左零右火的接法来接，如图 5-2-19 所示。

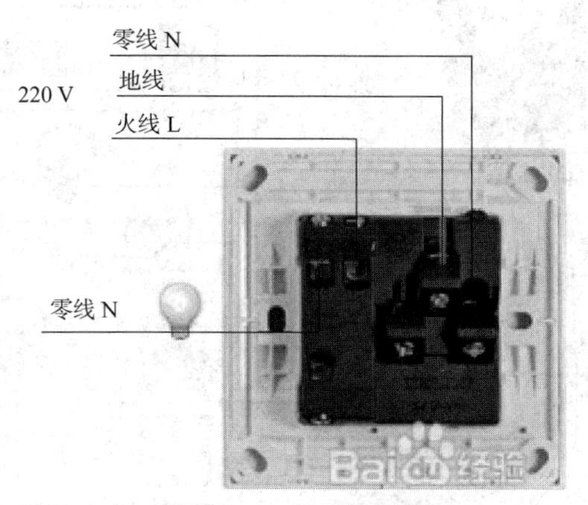

图 5-2-19　插座的接法

5）照明电路的基本连接方式

Ⅰ. 案例分析

控制要求：一个开关控制一盏灯，插座不受开关控制，接线参考图如图 5-2-20 所示。

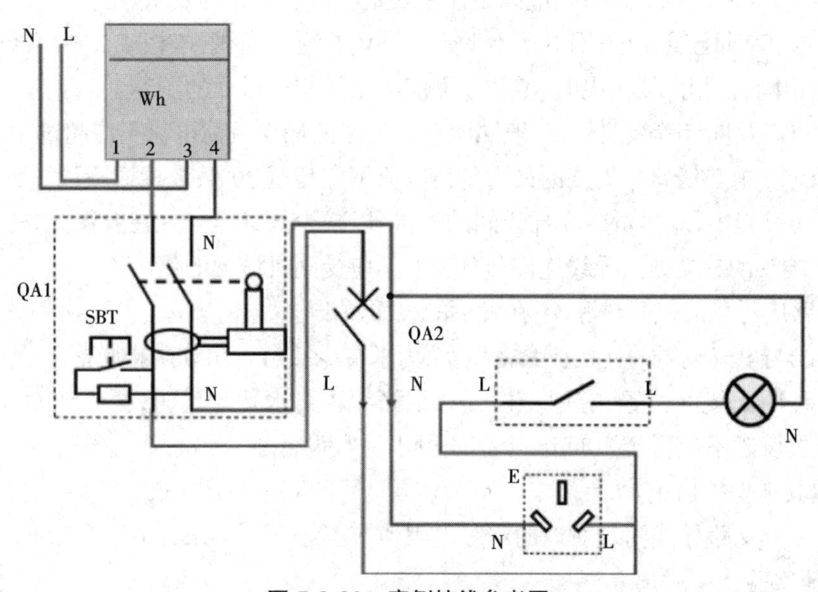

图 5-2-20　案例接线参考图

Ⅱ. 实训任务

任务要求：设计一个照明电路，控制要求如下。

由两个双联开关控制一盏白炽灯，电路中需安装一五孔插座，但插座不受开关控制，参考电路如图 5-2-21 所示。

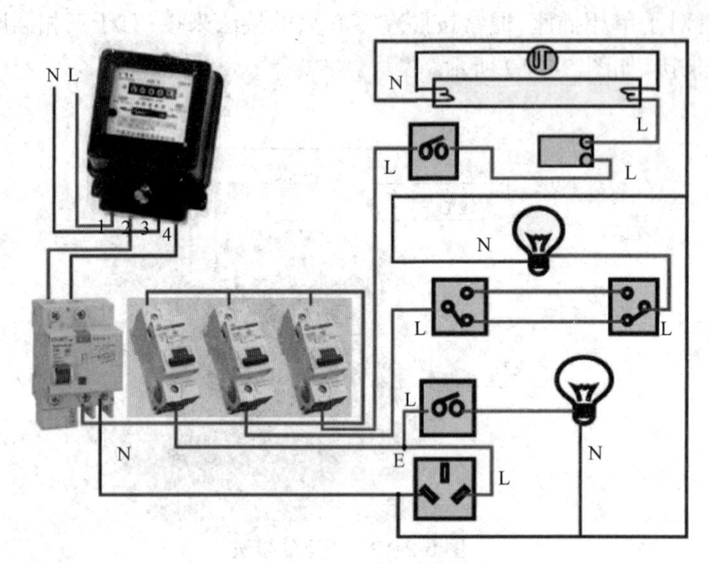

图 5-2-21 任务参考电路图

3. 照明线路的安装

1)照明线路的安装要求

照明线路的各种布线方式,均应满足使用安全、合理、可靠的要求。

(1)室内、室外配线,应采用电压不低于 500 V 的绝缘导线;单相或二相三线供电时,零线与相线截面相同;三相四线供电时,零线截面应不小于相线截面的 1/2。

(2)除花灯及壁灯等线路外,一般照明每一支路的最大负荷电流不应超过 15 A,插座数一般不超过 20 个;电热线每一支路的最大负荷电流不应超过 30 A;装接插座数一般不超过 6 个。

(3)布线过程中,应尽量减少导线间的连接,以减少故障点。凡在管内、木槽板内的导线,一律不准有接头的分支处。导线连接和分支处不应受到机械力的作用。

(4)线路应尽可能避开热源,不在发热的表面敷设。

(5)导线与电气端子的连接要紧密压实,力求减少接触电阻和防止脱落。

(6)各种明配线的位置,应便于检查和维修。线路水平敷设时,距离地面高度不应低于 2.5 m,垂直敷设时不应低于 1.8 m。个别线段水平敷设低于 2.5 m,垂直敷设低于 1.8 m 时,应穿管或采取其他保护措施。

(7)每个分支路导线间及对地的绝缘电阻值应不小于 0.5 MΩ,小于 0.5 MΩ 时,应做交流 1 000 V 耐压实验。

(8)重要活动场所,有易燃、易爆危险的场所和重要仓库,应采用金属管配线。

(9)腐蚀性场所配线,应采用全塑制品,所有接头处应密封。

(10)冷藏库配线,宜采用护套线明配,采用的照明电压不应超过 36 V,所有控制设备设在库外。

(11)重要活动场所,重要控制回路及二次线,移动用的导线,特别潮湿场所和有严重腐蚀性场所,以及与有剧烈振动的用电设备相连的线路和有特殊规定的其他场所等,室内、外配线应采用铜线。

2）照明开关的安装要求

（1）扳动开关距地面高度一般为 1.2~1.4 m，距门框 150~200 mm。拉线开关距地面高度一般为 2.2~2.8 m，距门框 150~200 mm。

（2）在易燃、易爆和特别场所，开关应分别采用防爆型、密闭型或安装在其他处所控制。多尘、潮湿场所和户外，应使用防水瓷质拉线开关或加装保护箱。暗装的开关及插座应装牢在开关盒内，开关盒应有完整的盖板。密闭式开关，保险丝不得外露，距地面的高度为 1.4 m。

（3）仓库的电源开关应安装在室外。

3）照明开关的选择

照明开关种类很多，选择时应从实用、质量、美观、价格等几个方面考虑。

常用的开关有拉线开关、扳动开关、翘板开关、钮子开关、防雨开关等，还有节能型开关，如触摸延时开关、声光控延时开关等。

触摸延时开关一般做成壁式开关，面板上有触摸板和发光二极管，手触及触摸板后，灯亮一段时间后自动关闭。

声光控延时开关是在上述延时电路中再增加音频放大电路和光控电路而成的。它在白天光线好的时候处于关闭状态，晚间靠声音启动开关，延时一段时间后自动关灯，有较好的节能效果。

照明总开关可采用 HY122 型带明显断口的模数化隔离开关，代替胶盖瓷底 HK2 型刀开关，也可采用具有短路和过载保护功能的 XA10 型断路器。

4）插座的安装要求

插座有单相二孔、单相三孔和三相四孔几种，对于民用建筑，其容量有 10 A、16 A。选用插座时要注意其额定电流与通过的电流应相匹配，如果过载，容易引发事故；还要注意选用有正规生产厂家和标志的产品。

插座接线时应按照"左零右火上接地"的原则进行，不得接错。

5）灯具的安装要求

（1）白炽灯、日光灯等电灯的吊线应用截面不小于 0.75 mm^2 的绝缘软线。

（2）照明线路的每一回路配线容量不得大于 2 kW。

（3）螺口灯头在灯泡装上后，灯泡的金属螺口不应外露，且应接在零线上。

（4）照明线路的 220 V 灯具的高度应符合下列要求：

①潮湿、危险场所及户外不低于 2.5 m；

②生产车间、办公室、商店、住房等，一般不应低于 2 m；

③灯具低于上述高度，而又无安全措施的车间照明以及行灯，机床局部照明灯应使用 36 V 以下的安全电压；

④露天照明装置应采用防水器材，高度低于 2 m 应加防护措施，以防意外触电。

（5）碘钨灯、太阳灯等特殊照明设备，应单独分路供电，且不得装设在有易燃、易爆物品的场所。

（6）在有易燃、易爆、潮湿气体的场所，照明设施应采用防爆、防潮设备。

6）导线的选择及敷设方式

常用的线路敷设方式有采用瓷夹板、瓷珠、绝缘子、木槽板、钢管、塑料管和铝片卡等布线。

选用哪种器件布线，应根据线路的用途、布线场所的环境条件、安装与维修条件以及安全要求等因素而定，做到安全适用、经济美观和便于检修。

7）安装照明设备的注意事项

（1）一般照明线路的电压不应超过 250 V。需用安全电压时，应采用隔离变压器，变压器外壳、低压侧一端或中点均应接地或接零。不能用自耦变压器做安全变压器。

（2）各种照明灯要采用聚光设备时，不得用纸片、铁片代替，更不准用金属丝在灯口处捆绑，以免埋下事故隐患。

（3）行灯必须带有绝缘手柄及保护网罩，禁止使用一般灯口。

（4）安装户外照明灯时，如其高度低于 3 m，应加保护装置，同时应尽量防止风吹而引起摇动。

8）照明工程的一般技术要求

（1）室内、外配线，应采用电压不低于 500 V 的绝缘导线。

（2）重要政治活动场所，有易燃、易爆危险的场所，重要仓库等，应采用金属管配线。

（3）腐蚀性场所配线，应采用全塑制品，所有接头处应密封。

（4）冷藏库配线应采用护套线明敷，照明线路电压不应超过 36 V，所有控制开关设在库外。

（5）重要政治活动场所，重要控制回路和二次线，移动用的导线，与有剧烈振动的用电设备相连的线路，有特殊规定的其他场所等，配线应采用铜线。

（6）各种明配线工程的位置，应便于检查和维修。线路水平敷设时，距离地面高度不应低于 2.5 m，垂直敷设时不应低于 1.8 m。个别线段低于 0.8 m 时，应穿管或采用其他保护措施。

（7）每个分支路导线间及对地的绝缘电阻值，应不低于 0.5MΩ，低于 0.5MΩ 时应做交流 1 000 V 耐压实验；否则应重新检查线路，排除故障后才能通电。

扫一扫：视频 - 白炽灯电路的安装与维护

4. 白炽灯电路的安装与维护

白炽灯电路是日常照明常用电路，因此掌握白炽灯电路的安装与维护就显得特别重要，只有了解了白炽灯的工作原理，才能更好地排除白炽灯电路中的故障。

1）白炽灯的工作原理

Ⅰ. 白炽灯的基本性能

在制造白炽灯时，功率在 40 W 以下的白炽灯，通常是将玻璃壳内抽成真空，而功率超过（含）40 W 的白炽灯，则是在玻璃壳内充有氩气或氮气等惰性气体，使钨不易挥发。由于白炽灯结构简单、使用方便，而且显色性好，所以应用广泛。但它发光效率低，使用寿命短（约 1 000 h），且不耐振动。

Ⅱ. 白炽灯的灯座

白炽灯的常用灯座见表 5-2-5。

表 5-2-5　白炽灯常用灯座

名　称	灯座型号	外　形	名　称	灯座型号	外　形
螺口吊灯座	E27		管接式瓷制螺口灯座	E27	
插口吊灯座	2C22		悬吊式铝壳管螺口灯座	E27	
防水螺口吊灯座	E27		螺口平灯座	E27	
带开关螺口吊灯座	E27		插口平灯座	2C22	
带拉链开关螺口吊灯座	E27		瓷制螺口平灯座	E27	

Ⅲ. 白炽灯的开关

白炽灯的常用开关如图 5-2-22 所示。

拉线开关

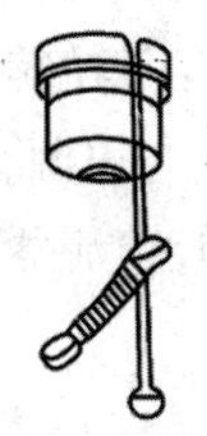
顶装式拉线开关

防水式拉线开关

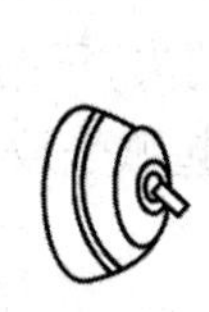
拨动开关

翘板式暗装开关

钮子开关

图 5-2-22　白炽灯的常用开关

2）白炽灯常见故障及其排除方法

白炽灯常见故障及其排除方法见表 5-2-6。

表 5-2-6 白炽灯常见故障及其排除方法

故障现象	故障可能原因	故障排除方法
灯泡不发光	(1)灯丝断裂； (2)灯座或开关触点接触不良； (3)熔丝烧断； (4)电路开路； (5)停电	(1)更换灯泡； (2)把接触不良的触点修复或更换； (3)修复熔丝； (4)修复电路； (5)用电笔验证是否停电
灯泡发光强烈	灯丝局部短路	更换灯泡
灯光忽亮忽暗	(1)灯座或开关触点松动，或触点表面氧化； (2)电源电压波动； (3)熔丝接触不良； (4)导线连接不妥或连接处松散	(1)修复松动的触点接线，去除触点表面氧化层后重新接线； (2)更换配电变压器； (3)重新安装熔丝或加固压接螺丝； (4)重新连接导线
经常烧断熔丝	(1)灯座可挂线盒连接处两线头碰线； (2)负载过大； (3)熔丝太细； (4)线路中有短路处	(1)重新接线头； (2)减轻负载或增大导线容量； (3)选择符合要求的熔丝； (4)修复线路
灯光暗红	(1)灯座、开关或导线对地严重漏电； (2)灯座、开关接触不良或导线连接处接触电阻增加； (3)线路导线太长太细，线路压降太大	(1)更换完好的灯座、开关或导线； (2)修复接触不良的触点，重新连接导线接头； (3)缩短导线长度，或更换较大截面的导线

5. 日光灯电路的安装与维护

日光灯电路也是日常照明常用电路，随着日光灯光源的改进，其已大有替代白炽灯的趋势，因此掌握日光灯电路的安装与维护就成为电工从业人员的一项必备技能，只有了解了日光灯的工作原理，才能更好地排除日光灯电路中的故障。

1)日光灯的结构

日光灯一般由灯管、镇流器、启辉器和灯座组成。

2)日光灯的工作原理

当接入电路以后，日光灯的内部启辉器两个电极间开始辉光放电，使双金属片受热膨胀而与静触极接触，于是电源、镇流器、灯丝和启辉器构成一个闭合回路，电流使灯丝预热，当受热1~3 s后，启辉器的两个电极间的辉光放电熄灭，随之双金属片冷却而与静触极断开。

当电极断开后，电路电流突然消失，于是产生一个高压脉冲，它与电源叠加后，加到灯管两端，使灯管内的惰性气体电离而引起弧光放电，在正常发光过程中，镇流器的自感还起着稳定电路中电流的作用。

3)日光灯常见故障及其排除方法

日光灯常见故障及其排除方法见表 5-2-7。

表 5-2-7　日光灯常见故障及其排除方法

故障现象	故障可能原因	故障排除方法
灯管不发光或发光困难,灯管两头亮或灯光闪烁	(1)电源电压太低; (2)接线错误或灯座与灯脚接触不良; (3)灯管老化; (4)镇流器配用不当或内部接线松脱; (5)气温过低; (6)启辉器配用不当,接线断开、电容器短路或触点熔焊	(1)不用修理; (2)检查线路和接触点; (3)更换新灯管; (4)修理或调换镇流器; (5)加热或加罩; (6)检查后更换
灯管两头发黑或生黑斑	(1)灯管陈旧,寿命将终; (2)电源电压太高; (3)镇流器配用不当; (4)灯管内水银凝结,属正常现象; (5)若是新灯管,可能因为启辉器损坏而使灯丝发光物质加速挥发	(1)更换灯管; (2)测量电压,并适当调整; (3)更换适当镇流器; (4)将灯管旋转 180° 安装; (5)更换启辉器
灯管寿命短	(1)镇流器配用不当或质量差,使电压失常; (2)受到剧烈振动,致使灯丝断裂; (3)接线错误,致使灯管烧坏; (4)电源电压太高; (5)开关次数太多或灯光长时间闪烁	(1)选用适当的镇流器; (2)更换灯管,改善安装条件; (3)检修线路后使用新管; (4)调整电源电压; (5)减少开关次数,及时检修闪烁故障

4)新型荧光灯

除传统型的直管荧光灯外,现在大量使用的还有形状各异的新型荧光灯。新型荧光灯采用电子镇流器启动,其外形如图 5-2-23 所示。

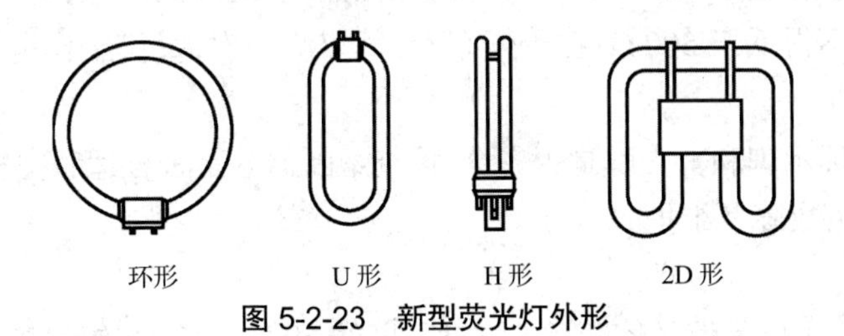

图 5-2-23　新型荧光灯外形

5)节能灯

节能灯,又称省电灯泡、电子灯泡、紧凑型荧光灯及一体式荧光灯,指将荧光灯与镇流器(安定器)组合成一个整体的照明设备。

(1)节能灯的优点:

①工作电压宽;

②采用优质纯三基色荧光粉的灯管,光效高,光衰小,光线自然,耗电少,发热低,色温 2 700 K、6 400 K 是照明光源的最佳选择。

（2）节能灯的缺点：

①启动慢；

②节能灯是明线光谱（不连续），所以通常的节能灯为偏紫色光，在节能灯下看东西会有变色现象。

6. 照明线路的故障与维护

1）照明线路的运行及维护

照明线路在投入运行前，应认真地进行检查验收，并建立设备技术管理档案，标明规范及负荷名称，在运行维护后及时填写有关检查项目，如负荷情况、绝缘情况、存在缺陷等，以便经常掌握线路的运行情况。对顶棚内的照明线路，每年应巡视检查维修一次；线路停电时间超过一个月以上重新送电前，应做巡视检查，并测绝缘电阻。照明线路巡视检查的内容如下。

（1）检查导线与建筑物等是否有摩擦和蹭碰之处，绝缘是否破损，绝缘支持物有无脱落。

（2）车间裸导线各相的弛度和线间距离是否相同，裸导线的防护网（板）与裸导线的距离是否符合要求，必要时应调整导线间和导线与地面间的距离。

（3）明敷电线管及木槽板等是否有开裂、砸伤处，钢管的接地是否良好，检查绝缘子、瓷珠、导线横担、金属槽板的支撑状态，必要时予以修理。

（4）钢管和塑料管的防水弯头有无脱落或导线蹭管口的现象。

（5）地面下敷设的塑料管线路上方有无重物积压或冲撞。

（6）导线是否有长期过负荷现象，导线的各连接点接触是否良好、有无过热现象。

（7）零线回路各连接点的接触情况是否良好，有无腐蚀或脱开。

（8）线路上是否接用不合格的或不允许的其他电气设备，有无私拉乱接的临时线路。

（9）测量线路绝缘电阻，在潮湿车间，有腐蚀性蒸气、气体的房屋，每年测两次以上，每伏工作电压的绝缘值不得低于 500 Ω；在干燥车间，每年测一次，每伏工作电压的绝缘电阻值不得低于 1 000 Ω。

（10）检查各种标示牌和警告牌是否齐全，检查熔断器等是否合适和完整。

2）照明线路常见故障及维护

Ⅰ. 断路

产生断路的原因主要为熔丝熔断、线头松脱、断线、开关未接通、铝线接头腐蚀等。

如果一个灯泡不亮而其他灯泡都亮，应首先检查灯丝是否烧断。若灯丝未断，则应检查开关和灯头是否接触不良、有无断线等。为了尽快查出故障点，可用验电笔测灯座的两极是否有电，若两极都不亮，说明相线断路；若两极都亮（带灯泡测试），说明零线断路；若一极亮、一极不亮，说明灯丝未接通。对于日光灯来说，还应对其启辉器进行检查。

如果几个灯泡都不亮，应首先检查总保险是否熔断或总闸是否接通。也可按上述方法及用验电笔判断故障是在总相线还是在总零线。检查出故障后，将其排除即可。

Ⅱ. 短路

产生短路的原因大致有以下几种：

（1）用电器具接线不好，以致接头碰在一起；

（2）灯座或开关受潮或进水，螺口灯头内部松动，灯座顶芯歪斜等造成内部短路；

（3）导线绝缘外皮损坏或老化，并在零线和相线的接触处碰线。

发生短路故障时，会出现打火现象，并引起短路保护装置动作（熔丝烧断）。当发现短路打火或熔丝熔断时，应先查出发生短路的原因，找出短路故障点，进行处理后再更换保险丝，恢复送电。

Ⅲ．漏电

相线绝缘损坏而接地，用电设备内部绝缘损坏使外壳带电等，均会造成漏电。漏电不但会造成电力浪费，还可能造成人身触电伤亡事故。

漏电保护装置一般采用漏电保护器。当漏电电流超过整定电流值时，漏电保护器动作，切断电路。若发现漏电保护器动作，则应查出漏电接地点，并进行绝缘处理后再通电。

照明线路的接地点大多发生在穿墙部位和靠近墙壁或天花板等部位。查找接地点时，应注意查找这些部位。

漏电查找步骤及方法：

（1）判断是否确实漏电；

（2）判断是火线与零线之间漏电，还是相线与大地之间漏电，或者是两者兼而有之；

（3）确定漏电范围；

（4）找出漏电点。

［思政要点］

通过学习照明线路的安装与维护，大家要明白照明灯的发展过程，从以前的白炽灯与日光灯，到现在的节能灯和 LED 灯，这些成绩的取得，离不开科学技术的进步，是通过创新取得的，大家在今后的技术工作中要不断创新、锐意进取。本书学习内容可以为给大家今后的生活提供巨大的帮助，大家可以对家庭的照明灯进行简单的维护、选取和安装等。

5.2.3　啤酒生产线三相交流电路的分析

扫一扫：啤酒生产线三相交流电路的分析

文档

PPT

1. 啤酒灌装生产线

1）啤酒灌装生产线生产过程

啤酒灌装生产线生产过程如图 5-2-24 所示。其由光电检测开关检测瓶流速度，不同的瓶流速度对应变频器的不同速度，由 PLC 的输出端子控制变频器的多段速控制端，实现速度的调整，并与灌装速度相匹配。PLC 根据瓶流连接通过变频器调整输送带的速度，即 PLC 根据瓶流情况选择多段速控制，做到输送带速度与灌装机速度很好地匹配。

在灌装速度不变的情况下，瓶流速度必须和灌装速度保持一致，为了保持一致，需要用一个光电传感器把检测到的瓶流脉冲输入 PLC，再由 PLC 控制变频器进行多段速调速。

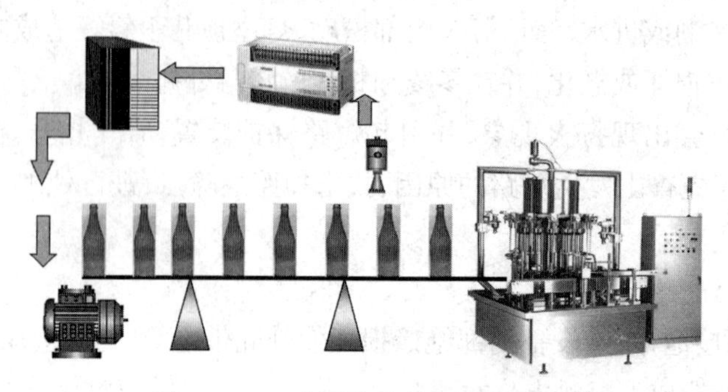

图 5-2-24 啤酒灌装生产线生产过程

2)灌装控制要求

通过设置一个自动操作模式,当“手自”选择开关置于“自动”选项时,传送带在驱动电机的驱动下开始运行,并且一直保持到停止开关动作,或者是传感器检测到其中有瓶子出现停止状态,瓶子在装满啤酒之后,驱动电机会自动启动,并且保持到另一个需要停止的状态,如此循环。

该系统可以通过手动方式对系统进行复位,从而对数据进行清零。

2. 三相交流电路分析

整个系统的电气控制原理图如图 5-2-25 所示。图中有 5 个断路器,分别是 QF1、QF2、QF3、QF4、QF5,由这 5 个断路器将三相电源引入,同时通过 QF1、QF2、QF3、QF4、QF5 为电路提供良好的短路保护。另外,图中还有 3 个热继电器,它们分别对系统中的电动机进行过载保护。

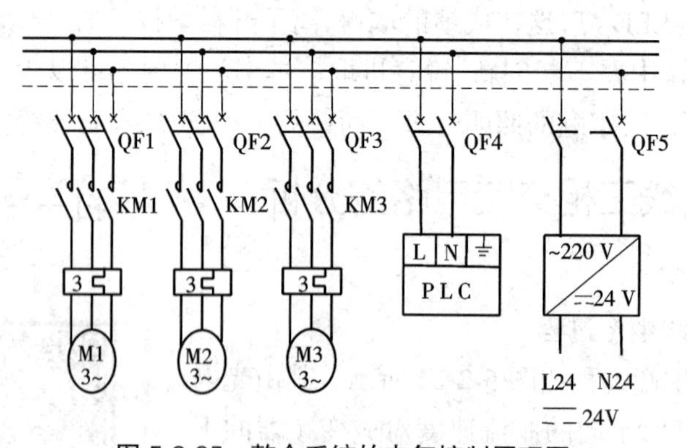

图 5-2-25 整个系统的电气控制原理图

[思政要点]

在学习啤酒灌装生产线生产过程的过程中,让大家查找啤酒灌装技术的发展历史,了解现在的最新技术,同时懂得灌装的控制方法。在三相交流电路分析讲解过程中,让学生充分认识控制电路的作用及接线方法,明白各种低压电器的使用场合和区别,让大家在学习的过程中培养创新精神、安全意识和勤俭节约、科学规范的好习惯。

任务三　拓展性任务

5.3.1　高压直流输电概况

扫一扫:项目五任务三

文档

PPT

高压直流输电是利用稳定的直流电具有无感抗、容抗不起作用、无同步问题等优点而采用的大功率远距离直流输电。其输电过程为直流,常用于海底电缆输电,非同步运行的交流系统之间的连接等。

高压直流输电技术被用于通过架空线和海底电缆远距离输送电能;同时在一些不适于用传统交流连接的场合,也被用于独立电力系统间的连接。世界上第一条商业化的高压直流输电线路1954年诞生于瑞典,用于连接瑞典本土和哥特兰岛,由阿西亚公司(ASEA,今ABB集团)完成。

5.3.2　高压直流输电运行特性

对于交流,在一定输电电压下,交流输电线路容许输送功率受网络结构和参数的限制。对于直流,直流输电无相位和功率因数角,不存在稳定问题,只要电压降和网损符合要求即可。

在一个高压直流输电系统中,电能从三相交流电网的一点导出,在换流站转换成直流,通过架空线或电缆传送到接收点;直流在另一侧换流站转化成交流后,再进入接收方的交流电网。直流输电的额定功率通常大于100 MW,许多在1 000~3 000 MW。

高压直流输电是电力系统中近年来迅速发展的一项新技术。其与交流输电相互配合,构成了现代电力传输系统,随着电力系统技术经济需求的不断增长和提高,直流输电受到广泛的注意,并得到不断的发展。与直流输电相关的技术,如电力电子、微电子、计算机控制、绝缘新材料、光纤、超导、仿真以及电力系统运行、控制和规划等的发展,为直流输电开辟了广阔的应用前景。

5.3.3　高压直流输电的优点

高压直流输电具有明显的优势。应用高压直流输电系统,电能等级和方向均能得到快速精确的控制,这种性能可提高它所连接的交流电网的性能和效率,故高压直流输电系统已经被普遍应用。

高压直流输电是将三相交流电通过换流站整流变成直流电,然后通过直流输电线路送往另一个换流站后,再逆变成三相交流电的输电方式。它基本上由两个换流站和直流输电线路组成,两个换流站与两端的交流系统相连接。

直流输电线路造价低于交流输电线路,但其换流站造价却比交流变电站高得多。一般认为架空线路超过600~800 km,电缆线路超过40~60 km,直流输电较交流输电经济。随着高电压大容量可控硅及控制保护技术的发展,换流设备造价逐渐降低,直流输电近年来发展较快。

我国葛洲坝—上海的 1 100 km、±500 kV 输送容量的直流输电工程,已经建成并投入运行。此外,全长超过 2 000 km 的向家坝—上海直流输电工程也已经完成,并于 2010 年 7 月 8 日投入运行。该线路是截至 2011 年初,世界上距离最长的高压直流输电项目。总体来说,高压直流输电的优点体现在以下几方面。

1. 经济方面

(1)线路造价低,节省电缆费用。直流输电只需两根导线,采用大地或海水做回路只用一根导线,能够节省大量线路投资,因此电缆费用节省得较多。

(2)运行电能损耗小,传输节能效果显著。直流输电导线根数少,电阻发热损耗小,没有感抗和容抗的无功损耗,且传输功率的增加使单位损耗降低,大大提高了电力传输中的节能效果。

(3)线路走廊窄,征地费省。以同级 500 kV 电压为例,直流线路走廊宽仅 40 m,对于数百千米或数千千米的输电线路来说,其节约的土地量是很可观的。

2. 技术方面

(1)直流输电调节速度快,运行可靠。由于直流输电可通过可控硅换流器快速调整功率、实现潮流翻转,故在正常情况下能保证稳定输出,在事故情况下可实现紧急支援。此外,直流输电线路无电容充电电流,电压分布平稳,负载大小不发生电压异常,不需并联电抗。

(2)提升空间大功率电力电子器件可改善直流输电性能。直流输电最核心的技术集中于换流站设备,换流站实现了直流输电工程中直流和交流的相互能量转换,除在交流场具有交流变电站相同的设备外,还有以下特有设备,如换流阀、控制保护系统、换流变压器、交流滤波器和无功补偿设备、直流滤波器、平波电抗器以及直流场设备,而换流阀是换流站中的核心设备,其主要功能是进行交直流转换,从最初的汞弧阀发展到现在的电控和光控可控硅阀。可控硅用于高压直流输电已有很长的历史。近 10 多年来,可关断的可控硅、绝缘门极双极性三极管等大功率电子器件的开断能力不断提高,新的大功率电力电子器件的研究开发和应用,将进一步改善新一代的直流输电性能,大幅度简化设备,减少换流站的占地,降低造价。

3. 远距离输电方面

发电厂发出的交流电通过换流阀变成直流电,然后通过直流输电线路送至受电端再变成交流电,并接入受端交流电网。业内专家一致认为,高压直流输电具有线路输电能力强、损耗小、两侧交流系统无须同步运行、发生故障时对电网造成的损失小等优点,特别适用于长距离点对点大功率输电。

其中,轻型直流输电系统采用可关断的可控硅、绝缘门极双极性三极管等可关断的器件组成换流器,使中型直流输电工程在较短输送距离也具有竞争力。

此外,可关断器件组成的换流器,还可用于向海上石油平台、海岛等孤立小系统供电,未来还可用于城市配电系统,接入燃料电池、光伏发电等分布式电源。轻型直流输电系统更有助于解决清洁能源上网的稳定性问题。

5.3.4　高压直流输电的应用现状

1. 高压直流供电技术的应用情况

目前,世界上电压等级最高、输送容量最大、输送距离最远、技术水平最先进的特高压输电工程是我国 ±1 100 kV 的昌吉至古泉特高压直流输电工程。南方电网采用特高压输电技术,可以有效缓解长距离"西电东送"输电走廊资源的紧张局面,提高电网安全稳定水平,输电能力也将明显提高。

我国对高压直流供电技术的应用主要体现在,中国电信公司在使用并且推广高压直流供电技术,并且与电源系统的开发商在不断地研究高压直流电源,如今这种供电方式已经被相关部门广泛应用。虽然高压直流电源可以选择多种电压,但是依然没有后端设备厂商的大力支持。在选择供电电压时,一定要确保整个供电系统可以正常运行。高压直流供电技术中存在的问题不断得到解决,高压直流供电技术将得到飞快的发展。

2. 影响高压直流供电技术发展的因素

随着通信行业的不断发展,对供电电源的要求也越来越多。高压直流电源的应用比较广泛,但是高压直流电源的发展依然有很多制约因素。

(1)后端设备对高压直流供电技术的影响。虽然在很多行业中高压直流电源可以满足后端设备电源的基本需求,但是高压直流电源不是后端设备要求的标准电源,这样整个系统在运行过程中就会出现一定的风险。

(2)电源系统的定型以及数量对高压直流供电技术的制约。因为高压直流供电技术没有相关的技术标准体系,虽然在很多部门已经得到广泛的应用,但是依然缺乏对高压直流电源的技术引导、使用经验,所以就出现了高压直流供电产品没有最终定型的状况,而高压直流供电产品的数量也不能确定。

(3)相关的配套器件对高压直流供电技术发展的制约。在高压直流供电系统中,虽然有很多配套器件都是很常见的,但是还存在一些比较罕见的器件,例如熔断器、断路器等配电元件。高压直流供电对电压的要求很高,因此对这些器件的要求也很高,这些器件在市场上是不经常看见的,从而对高压直流供电技术的发展带来障碍。

(4)监控系统对高压直流供电技术发展的制约。高压直流供电技术如果想在动力环境、监控系统中得到大规模应用,对技术的要求就会很高,开关电源没有困难,但是配套的电池组很难实现。因为到目前为止,还没有可以提供监控系统专用电池的供应商。

3. 高压直流供电技术的发展前景

中国电信公司在逐渐发展服务器与交流电源相兼容的 240 V 直流电压。电信公司根据"供电安全第一"的理念,逐渐实现节能、用电产品可以兼容的发展目标。在这个过程中,中国电信公司选择了高压直流电源作为设备的供电电源。相关报告显示,在电信公司的数据电源市场中,高压直流电源的数量已经完全超过传统不间断供电的电源,并且决定在未来的发展中还要继续扩大高压直流电源的应用范围。与此同时,不同的通信企业也在努力促进高压直流电源的发展速度,这些企业把高压直流电源直接引入定制的服务器中,从而推动高压直流电源的发展，因此可以说高压直流电源有着很好的发展前景，并且高压直流电源在逐步代替传统的不间断供电电源。

项目小结

1. 三相电源是由三个幅值相等、频率相同、相位相差 120° 的三相正弦交流电动势按一定的方式连接而成的电源组；由三相电源供电的电路称为三相电路。

2. 一般所说的三相电源电压、三相电源电流是指线电压、线电流。

3. 三相电动势的特征：幅值相等，频率相同，相位互差 120° 。

4. 三相电源的接法有星形（Y）和三角形（△）两种。

5. 星形连接的各中性点是等电位的，中性线电流恒为零，中性线阻抗对各相、线电压和电流的分布无影响。

6. 由于中性点等电位，各相电流仅取决于各自的相电压和相阻抗值，各相计算具有独立性。在计算时，可把各中性点相连组成单相图，任取一相电路进行计算。

7. 由于电路中任一组相、线电压和电流是对称的，所以当用单相图计算出一组相电压和电流之后，其余两相可由对称性直接得到。

8. 由三相电源供电的负载称为三相负载。三相负载分为两种：对称负载和不对称负载。三相负载的连接方式有星形连接和三角形连接两种。

9. 三相负载采取哪种连接方式取决于电源电压和负载的额定电压，原则上应使负载的实际工作相电压等于额定相电压。

10. 三相电路的功率包含有功功率、无功功率、视在功率，且有

$$P=\sqrt{3}U_{\mathrm{L}}I_{\mathrm{L}}\cos\varphi$$

$$Q=\sqrt{3}U_{\mathrm{L}}I_{\mathrm{L}}\sin\varphi$$

$$S=\sqrt{3}U_{\mathrm{L}}I_{\mathrm{L}}$$

11. 电气照明是工厂供电的一个组成部分，良好的照明是保证安全生产、提高劳动生产率和保护工作人员视力健康的必要条件。照明设备的不正常运行可能导致人员伤亡事故或火灾。

12. 高压直流输电是利用稳定的直流电具有无感抗、容抗不起作用、无同步问题等优点而采用的大功率远距离直流输电，输电过程为直流。

项目思考与习题

一、填空题

1. 三相对称电压就是三个频率______、幅值______ 、相位互差______ 的三相交流电压。

2. 在对称三相电路中，已知电源线电压有效值为 380 V，若负载做星形连接，负载相电压为______；若负载做三角形连接，负载相电压为______。

3. 对称三相负载做星形连接,并接在 380 V 的三相四线制电源上,此时负载端的相电压等于______倍的线电压,相电流等于______倍的线电流,中线电流等于______。

4. 工厂中,一般动力电源电压为______,照明电源电压为______,安全电压为低于______的电压。

5. 在三相四线制中,线电压 U_L 与相电压 U_P 之间的关系为______。

二、判断题

1. 三相负载做三角形连接时,每相负载承受的是电源的线电压。(　　)

2. 三相负载做星形连接时,中线电流一定为零。(　　)

3. 在三相交流电路中,三相负载消耗的总功率等于各相负载消耗的功率之和。(　　)

4. 在三相电路中,负载的线电压一定大于相电压。(　　)

5. 在三相对称负载电路中,线电压是相电压的 3 倍。(　　)

三、选择题

1. 对称三相交流负载做三角形连接时,有(　　)。

A. 线电流等于相电流　　B. 线电压等于相电压

C. 每一相的有功功率等于该相无功功率　　D. 中线电流等于 0

2. 在三相电路中,对称三相负载三角形连接的线电流是星形连接线电流的(　　)。

A. 2 倍　　B. 3 倍　　C. 1/2　　D. 1/3

3. 关于安全用电,下列说法错误的是(　　)。

A. 触电按伤害程度可分为电击和电伤两种

B. 为了减少触电危险,我国规定 36 V 为安全电压

C. 电气设备的金属外壳接地,称为保护接地

D. 熔断器在电路短路时,可以自动切断电源,必须接到零线上

4. 三相电源相电压之间的相位差是 120°,线电压之间的相位差是(　　)。

A.180°　　B.90°　　C.120°　　D. 60°

5. 三相负载对称的条件是(　　)。

A. 每相复阻抗相等　　B. 每相阻抗值相等

C. 每相阻抗值相等,阻抗角相差 120°　　D. 每相阻抗值和功率因数相等

四、计算题

1. 如图所示对称三相电路,已知 $Z=(5+j6)\Omega$, $Z_L=(5+j2)\Omega$, $u_{AB}=380\sqrt{2}\cos(\omega t+30^\circ)\text{V}$,试求负载中各电流相量。

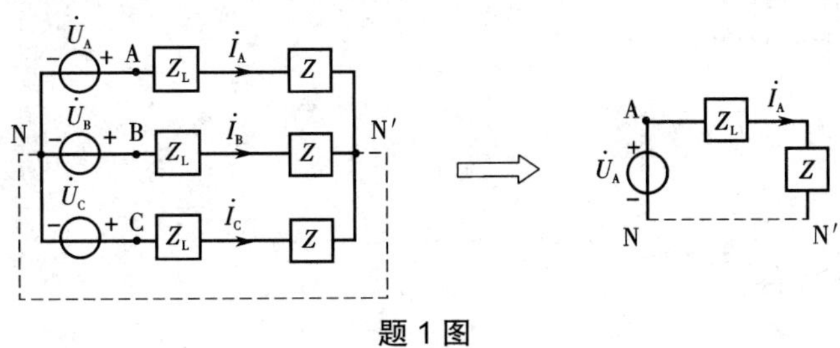

题 1 图

2. 如图所示，已知对称电源线电压为 380 V，线阻抗 Z_L=j2 Ω，负载 $Z_\triangle$ =(24+j12)Ω，试求负载的相电压和相电流有效值。

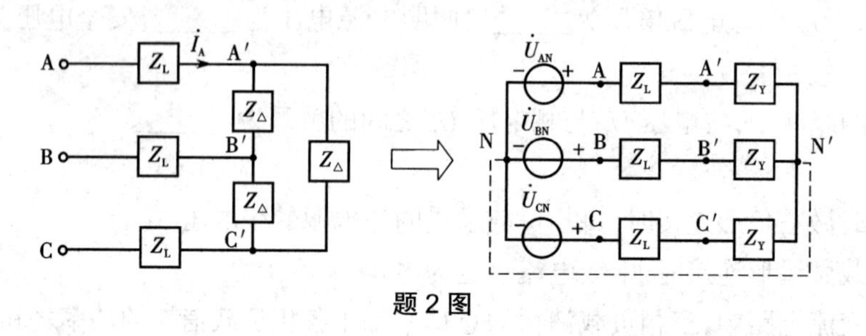

题 2 图

3. 有一个三相对称负载，每相的电阻 R=6 Ω，容抗 X_C=8 Ω，接在线电压为 380 V 的三相对称电源上，当负载为三角形连接时，计算负载的有功功率、无功功率和视在功率；若三相负载为星形连接，各功率又如何？并比较其结果。

项目六　电气安全技术

本项目主要介绍：学习性任务，包括触电对人体的伤害、人体的触电方式、触电原因和安全防护措施；技能性任务，包括脱离电源、判断触电者受伤程度、现场救治、人工呼吸法和胸外心脏按压法；拓展性任务，包括电气火灾的分类、电气火灾的预防措施和电气火灾的灭火方法。通过本项目的学习，掌握电气安全技术相关知识点。

[思政要点]

安全是我们进行电气操作的首要目标。安全用电水平高的国家，每 100 万用电人口中触电死亡 0.5~1 人 / 年；我国的统计数字为每 100 万用电人口触电死亡约 10 人 / 年，如果按 14 亿人口来计算就是 1.4 万人 / 年。根据近年来我国的统计数字，高低压电力系统中的触电死亡人数，低压占 80% 以上，而企业中又以低压系统及低压设备所占比重最大，因此用电安全更具重要性。通过本项目的学习，大家要提高安全技术素质，增强安全意识，科学规范地进行电气设备的操作与运维。

党的二十大是在全党全国各族人民迈上全面建设社会主义现代化国家新征程、向第二个百年奋斗目标进军的关键时刻召开的一次十分重要的大会，是一次高举旗帜、凝聚力量、团结奋进的大会。国家电网有限公司党组自觉践行“六个力量”历史定位，积极构建以党建为引领、统筹推进各项工作的运行机制，持续把党建和改革发展成果书写在落实国家重大战略、服务构建新发展格局上，奋力在推动高质量发展上取得更大进步。

为民服务，在奉献付出中践行使命。践行“人民电业为人民”的企业宗旨，持之以恒加强共产党员服务队建设，不断拓展服务领域、丰富服务内容、提升服务品质，做到电网业务延伸到哪里、服务队就建到哪里、党组织和党员作用就发挥到哪里。4 800 余支共产党员服务队开展重大政治保电、推进乡村振兴、优化营商环境、爱心志愿服务等活动，累计志愿帮扶 335 万人次、服务客户 8 000 多万次。迎峰度夏期间，四川、重庆等地高温天气持续、用电负荷不断攀升，共产党员服务队顶烈日、战酷暑，奋战在电力保供第一线，“保电有我，有我必胜”的铮铮誓言形成鲜明的公众记忆。英大泰和财产保险股份有限公司创新开展共产党员服务队“温暖电网财险先行”专项行动，差异化精准配备防灾防损物资，提高保险服务能力，助力做好电力保供。

任务一　学习性任务

6.1.1　触电对人体的伤害

扫一扫：PPT- 项目六 任务一

当人体触及带电体，或者带电体与人体之间闪击放电，或者电弧波及人体时，电流通过

人体进入大地或其他导体，形成导电回路，这种情况就叫触电。触电时，一定量的电流通过人体致使组织损伤和功能障碍甚至死亡。触电对人体的伤害一般可分为电击和电伤两种。

电击是指电流流经人体内部，引起疼痛发麻、肌肉抽搐，严重的会引起强烈痉挛、心室颤动或呼吸停止，甚至由于人体心脏、呼吸系统以及神经系统的致命伤害而造成死亡。绝大部分触电死亡事故是电击造成的。电伤是指触电时，人体与带电体接触不良部分发生的电弧灼伤，或者是人体与带电体接触部分产生的电烙印，或者是由于被电流熔化和蒸发的金属微粒等侵入人体皮肤而引起的皮肤金属化。此类伤害会给人体留下伤痕，严重时也可能致人死亡。电伤通常是由电流的热效应、化学效应或机械效应造成的。电击和电伤也可能同时发生，这在高压触电事故中是常见的。

扫一扫:触电对人体的伤害

文档

视频

触电时间越长，人体所受的电损伤越严重。自然界的雷击也是一种触电形式，其电压可高达几千万伏特，造成极强的电击，危害极大。

人体组织中有 60% 以上是由含有导电物质的水分组成的。因此，人体是一个导体，当人体接触带电设备并形成电流通路的时候，就会有电流流过人体，从而造成触电。触电时电流对人体造成的伤害程度与电流流过人体的电流强度、持续时间、电流频率、电压大小及流经人体的途径等多种因素有关。

人体一旦遇到强电流通过或人体细胞中的导电元素全部参与导电时，人体中的化学分子就会彻底地解体而致使生命终结。这种状态会出现在超过安全电压的情况下，电压越高对人体细胞的伤害作用越大，当电压在数万伏特以上或者是在数亿伏特的雷电场中，人体的细胞会完全被炭化。

1. 伤害程度与电流的关系

通过人体的电流越大，人体的生理反应越明显、感觉越强烈，引起心室颤动所需要的时间越短，致命的危害就越大。流过身体的电流，以毫安计量。它取决于外加电压以及电流进入和流出身体两点间的人体阻抗。流过身体的电流越大，人体的生理反应越强烈，生命危险性就越大。20~25 mA 以上的工频电流很容易产生严重的后果。在电流小于数毫安时，电流主要引起心室颤动及窒息；数百毫安以上的电流，除引起昏迷、心脏即刻停止跳动、呼吸停止外，还会留下致命的电伤。

心脏、肺脏、中枢神经和脊髓等都是容易受伤的人体器官，因此电流流经身体的途径，以胸部至手、手至脚最为危险，臀部或背部至手、手至手也很危险，脚至脚的危险性较小。此外，电流经过大脑也是相当危险的，会使人立即昏迷。

电流通过人体的持续时间，以毫秒计量。人体通电时间越长，人体阻抗因出汗等原因而下降，导致电流增大，后果加重。而人的一个心脏搏动周期（约为 750 ms）中，有一个 100 ms 的易损伤期，这段时间若与电伤期重合会造成很大的危险。

1）感知电流

引起人的感觉（如麻、刺、痛）的最小电流，称为感知电流。

对成年男性,工频电的感知电流的有效值为 1.1 mA,直流约为 5 mA;对成年女性,工频电的感知电流的有效值约为 0.7 mA,直流约为 3.5 mA。

感知电流一般不会造成伤害。对于 10 kHz 高频电流,成年男性的平均感知电流约为 12 mA,成年女性约为 8 mA。

2)摆脱电流

当电流增大到一定程度时,触电者将因肌肉收缩、发生痉挛而紧抓带电体,故不能自行摆脱电源,触电后能自主摆脱电源的最大电流称为摆脱电流。

摆脱电流与个体生理特征、电极形状、电极尺寸等有关。

对于工频电流的有效值,摆脱概率为 50% 时,成年男性和成年女性的摆脱电流分别约为 16 mA 和 10.5 mA。

摆脱电源的能力将随着触电时间的延长而减弱,触电后若不能及时摆脱电源,后果将十分严重。

通常把摆脱电流看作人体允许电流。这是因为在摆脱电流范围内,人若被电击后,一般能自主地摆脱带电体,从而解除生命危险。

若发生人手碰触带电导线而触电,常会出现紧握导线丢不开的现象,这是由于电流的刺激作用,使该部分肌体发生痉挛而导致肌肉收缩的缘故,这是电流通过人手时所产生的生理作用引起的,从而增大了摆脱电源的困难。

3)致命电流

在较短时间内会危及生命的电流,称为致命电流。其大都是由于电流引起了心室颤动而造成的,因此通常将引起心室颤动的电流称为致命电流。

在心室颤动状态下,心脏每分钟颤动 800 次以上,振幅很小,没有规则,一旦发生心室颤动,数分钟内就可能致命。电流直接作用于心脏或者通过中枢神经系统的反射作用,均可能引起心室颤动。

当电流持续时间超过人体心脏搏动周期时,人体室颤电流约为 50 mA;当电流持续时间短于人体心脏搏动周期时,人体室颤电流约为几百毫安。

致命电流大小与电流作用于人体时间的长短有关,作用时间越长,越容易引起心室颤动,危险性也就越大。

4)伤害程度与电流时间的关系

电流作用时间增长,能量积累增加,室颤电流减小。

若电流作用时间短促,只有在心脏搏动周期的特定相位上才可能引起室颤;若电流作用时间延长,受电击的危险性也随之增加。致人死亡的情况绝大多数都是由于电流刺激人体心脏产生纤维性颤动。

2. 伤害程度与频率的关系

频率在 30~300 Hz 的交流电最容易引起人体室颤。在此范围外,频率越高或者越低,对人体的伤害程度反而会相对小一些。

同样,交流电的危险性比直流电更大一些。

3. 伤害程度与电压的关系

通过人体的电流并不与作用于人体上的电压成正比。当人体电阻一定时,作用于人体的电压越高,通过人体的电流越大。

随着电压的升高,人体电阻会因皮肤受损破裂而下降,致使通过人体的电流迅速增加,从而对人体产生更加严重的伤害。

4. 伤害程度与电阻的关系

人体触电时,当触电电压一定时,流过人体的电流由人体的电阻值决定,人体电阻越小,流过人体的电流越大,危险性也越大。

当人体接触带电体时,人体就被当作一电路元件接入回路。人体阻抗通常包括外部阻抗(与触电者当时所穿衣服、鞋袜以及身体的潮湿情况有关,从几千欧至几十兆欧不等)和内部阻抗(与触电者的皮肤阻抗和体内阻抗有关)。人体阻抗不是纯电阻,主要由人体电阻决定。人体电阻也不是一个固定数值。

一般认为干燥的皮肤在低电压下具有相当高的电阻,约为 10 kΩ。当电压在 500~1 000 V 时,这一电阻便下降为 1 000 Ω。人体表皮具有这样高的电阻是因为它没有毛细血管。手指某部位有角质层的皮肤电阻值更高,而不经常摩擦部位的皮肤的电阻值是最小的。皮肤电阻还同人体与带电体的接触面积及压力有关。

当人体表皮受损暴露出真皮时,人体内因布满输送盐溶液的血管而电阻很低。一般认为,接触到真皮时,一只手臂或一条腿的电阻大约为 500 Ω。因此,由一只手臂到另一只手臂或由一条腿到另一条腿的通路相当于一个 1 000 Ω 的电阻。假定一个人用双手紧握一带电体,双脚站在水坑里而形成导电回路,这时人体电阻基本上就是体内电阻,约为 500 Ω。

人体电阻不是固定不变的,一般情况下,人体电阻可按 1 000~2 000 Ω 考虑。

扫一扫:人体的触电方式

文档

视频

6.1.2 人体的触电方式

触电事故是多种多样的,多数是由于人体直接接触带电体,或者是设备发生故障,或者是人体过于靠近带电体等引起的。

1. 高压触电

1)电击

电击是指电流通过人体内部,破坏人体心脏、肺和神经系统的正常功能,可危及生命。按照人体触电的方式和电流通过人体的途径,电击触电有以下三种情况。

Ⅰ. 单相触电

单相触电指人体触及单相带电体的触电事故。具体来说,指人体接触到地面或其他接地导体的同时,人体另一部位触及某一相带电体所引起的电击,如图 6-1-1 所示。单相触电分为中性点直接接地电网中的单相触电和中性点不接地电网中的单相触电。

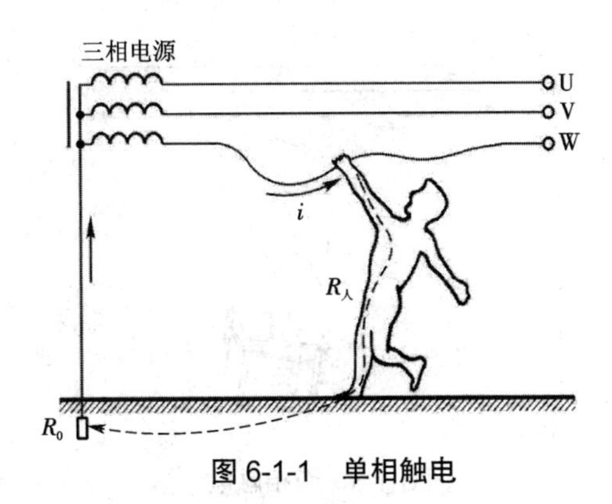

图 6-1-1　单相触电

（1）在中性点直接接地电网中发生单相触电的情况如图 6-1-2（a）所示。对于 380/220 V 三相四线制电网，U_0=220 V，R_0=4 Ω，若取人体电阻 R_b=1 700 Ω，则流过人体的电流 I_b=129 mA，远大于安全电流 30 mA，足以危及触电者的生命。显然，这种触电的后果与人体和大地间的接触状况有关。如果人体站在干燥绝缘的地板上，由于人体与大地间有很大的绝缘电阻，通过人体的电流很小，就不会有触电危险。但如果地板潮湿，那就有触电危险了。

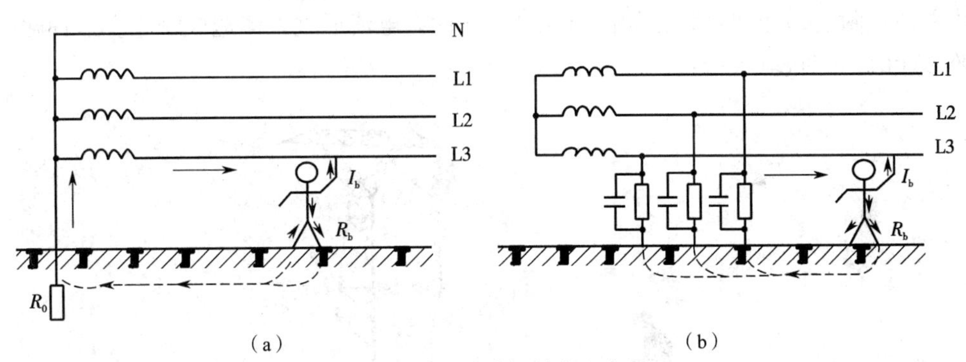

图 6-1-2　两种单相触电示意图

（2）在中性点不接地电网中发生单相触电的情况如图 6-1-2（b）所示。这时电流将从电源相线经人体、其他两相的对地阻抗（由线路的绝缘电阻和对地电容构成）回到电源的中性点，从而形成回路。此时，通过人体的电流与线路的绝缘电阻和对地电容的数值有关。在低压电网中，对地电容很小，通过人体的电流主要取决于线路绝缘电阻。在正常情况下，设备的绝缘电阻相当大，通过人体的电流很小，一般不致造成对人体的伤害。但当线路绝缘电阻下降时，单相触电对人体的危害依然存在。而在高压中性点不接地电网中（特别是在对地电容较大的电缆线路上），线路对地电容较大，通过人体的电容电流将危及触电者的安全。

通过人体的电流与线路的绝缘电阻和对地电容有关。

Ⅱ. 两相触电

人体同时触及带电设备或线路中的两相导体而发生的触电现象称为两相触电，如图 6-1-3 所示。

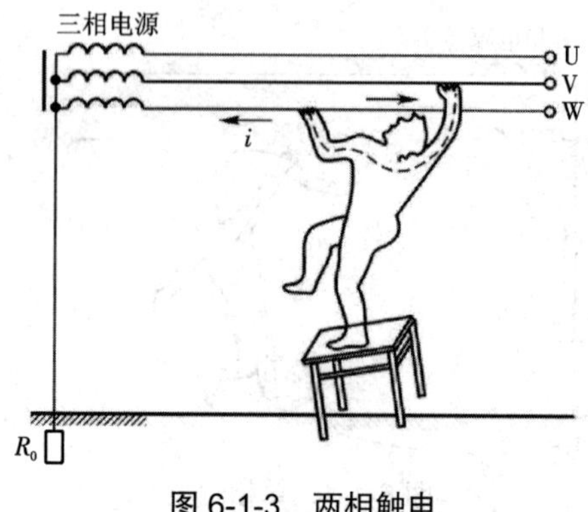

图 6-1-3　两相触电

两相触电时，作用于人体的电压为线电压，电流从一相导线经人体流入另一相导线，这是很危险的。设线电压为 380 V，人体电阻按 1 700 Ω 考虑，则流过人体内部的电流将达 224 mA，足以致人死亡。所以，两相触电要比单相触电严重得多。

Ⅲ. 高压跨步触电

当高压电线断落在地面上时，电流就会从电线的着地点向四周扩散。这时如果人站在高压电线着地点附近，人的两脚之间就会有电压，从而有电流通过人体造成触电。这种触电称为高压跨步触电，如图 6-1-4 所示。

图 6-1-4　高压跨步触电

2）电伤

电伤是电流的热效应、化学效应、机械效应等对人体造成的伤害。此类伤害多见于人体的外部，往往在人体表面留下伤痕，能够形成电伤的电流通常比较大。电伤属于局部伤害，其危险程度取决于受伤面积、受伤深度、受伤部位等。

电伤包括电烧伤、电烙印、皮肤金属化、机械损伤、电光眼等多种伤害，具体如下。

（1）电烧伤是最为常见的电伤，大部分触电事故都含有电烧伤成分。电烧伤可分为电流灼伤和电弧烧伤。

①电流灼伤是人体同带电体接触，电流通过人体时，因电能转换成的热能引起的伤害。

②电弧烧伤是由弧光放电造成的烧伤。电弧发生在带电体与人体之间，有电流通过人体

的烧伤称为直接电弧烧伤；电弧发生在人体附近，对人体形成的烧伤以及被熔化金属溅落的烫伤称为间接电弧烧伤。

（2）电烙印是电流通过人体后，在皮肤表面接触部位留下与接触带电体形状相似的斑痕，如同烙印，斑痕处皮肤呈现硬变，表层坏死，失去知觉。

（3）皮肤金属化是由于高温电弧使周围金属熔化、蒸发并飞溅渗透到皮肤表层内部所造成的，受伤部位呈现粗糙、张紧。

（4）机械损伤多数是由于电流作用于人体，使肌肉产生非自主的剧烈收缩所造成的。机械损伤包括肌腱、皮肤、血管、神经组织断裂以及关节脱位乃至骨折等。

（5）电光眼的表现为角膜和结膜发炎。弧光放电时辐射的红外线、可见光、紫外线都会损伤眼睛。在短暂照射的情况下，引起电光眼的主要原因是紫外线。

2. 静电触电

静电触电是由静电电荷或静电场能量引起的。在生产过程中以及人员的操作过程中，某些材料的相对运动、接触与分离等原因导致相对静止的正电荷和负电荷积累，即产生了静电。由此产生的静电，其能量不大，不会直接致人死亡。但是，其电压可能高达数十千伏乃至数百千伏，发生放电，产生放电火花。静电触电危害事故主要发生在以下几种情况。

（1）在有爆炸和火灾危险的场所，静电放电火花会成为可燃性物质的点火源，造成爆炸和火灾事故。

（2）人体因受到静电电击的刺激，可能引发二次事故，如坠落、跌伤等。此外，对静电电击的恐惧心理还会对工作效率产生不利影响。

（3）某些生产过程中，静电的物理现象会妨碍生产，导致产品质量不良，电子设备损坏，造成生产故障乃至停工。

3. 雷电触电

雷电是大气中的一种放电现象。雷电放电具有电流大、电压高的特点。其能量释放出来可能形成极大的破坏力。其破坏作用主要有以下几个方面。

（1）直击雷放电、二次放电、雷电流的热量会引起火灾和爆炸。

（2）雷电的直接击中、金属导体的二次放电、跨步电压的作用及火灾与爆炸的间接作用，均会造成人员的伤亡。

（3）强大的雷电流、高电压可导致电气设备被击穿或烧毁，发电机、变压器、电力线路等遭受雷击，可导致大规模停电事故，雷击还可直接毁坏建筑物、构筑物。

打雷时如果在室外，应立即寻找蔽护所，如装有避雷针的钢架或钢筋混凝土建筑物；如找不到合适的避雷场所，应采用尽量降低重心和减少人体与地面的接触面积的方式避雷，可蹲下，双脚并拢，手放膝上，身向前屈，如披上雨衣，防雷效果更好，千万不要躺在地上、壕沟或土坑里；如果在野外，千万不要靠近空旷地带或山顶上的孤树，这里最易受到雷击，也不要待在开阔的水域或小船上，高树林立的边缘，电线、旗杆的周围和干草堆、帐篷等无避雷设备的高大物体附近，铁轨、长金属栏杆和其他庞大的金属物体近旁，山顶、制高点等场所也不能停留。在野外的人群，无论是运动的，还是静止的，都应拉开几米的距离，不要挤在一起，也可躲在较大的山洞里。

强雷鸣闪电时，如果您正巧在家中，建议无特殊需要，不要冒险外出，将门窗关闭，尽量不要使用设有外接天线的收音机和电视机，不要接打电话。即使外出，也最好不要骑马、骑自行车和摩托车，不要携带金属物体露天行走，不要靠近避雷设备的任何部分。特别需要提醒的是，雷雨天应尽量避免接打手机，尤其是在外旅游而身处空旷地带的游客，雷雨天必须关闭手机。因为手机开通电源后，所发射的电磁波极易引来感应雷，把手机变成避雷针，极易使游客遭受雷击。鉴于此，我国的一些景区应设立“雷雨天禁打手机”的旅游警示牌。

4. 射频电磁场危害

射频是指无线电波的频率或者相应的电磁振荡频率，泛指 100 kHz 以上的频率。射频伤害是由电磁场的能量造成的。射频电磁场的危害如下。

(1)在射频电磁场作用下，人体因吸收辐射能量会受到不同程度的伤害。过量的辐射可引起中枢神经系统的机能障碍，出现神经衰弱症候群等临床症状；可造成植物神经紊乱，出现心率或血压异常，如心动过缓、血压下降或心动过速、高血压等；可引起眼睛损伤，造成晶体浑浊，严重时导致白内障；可使睾丸发生功能失常，造成暂时或永久的不育症，并可能使后代产生疾患；可造成皮肤表层灼伤或深度灼伤等。

(2)在高强度的射频电磁场作用下，可能产生感应放电，从而造成电引爆器件发生意外引爆。感应放电对具有爆炸、火灾危险的场所来说，是一个不容忽视的危险因素。此外，当受电磁场作用感应出的感应电压较高时，会给人以明显的电击。

5. 电气系统故障危害

电气系统故障危害是由于电能在输送、分配、转换过程中失去控制而产生的。断线、短路、异常接地、漏电、误合闸、误掉闸、电气设备或电气元件损环、电子设备受电磁干扰而发生误动作等都属于电气系统故障。电气系统中电气线路或电气设备的故障也会导致人员伤亡及重大财产损失。

电气系统故障危害主要体现在以下几方面：

(1)引起火灾和爆炸；

(2)异常带电；

(3)异常停电。

6.1.3 触电原因

扫一扫:触电原因

文档

视频

1. 发生触电事故的原因

1)缺乏电气安全知识

攀爬高压线杆及高压设备，不明导线用手误抓误碰，夜间缺少应有的照明就带电作业，带电体任意裸露，随意摆弄电器等，均会造成触电事故。

电气安全常识如下。

(1)发电机和电动机上应有设备的名称、容量和编号。

（2）蓄电池的总引出端子上应有极性标志，蓄电池室的门上应挂有“禁止烟火”等禁止类标志牌。

（3）高压线路的杆塔上用黄、绿、红三个圆点标出相序。

（4）明敷的电气管路一般为深灰色。

（5）电气仪表玻璃表门上应在极限参数的位置上画有红线。

（6）电源母线 L1（A）相应标示为黄色，L2（B）相应标示为绿色，L3（C）相应标示为红色；明敷的接地母线、零线母线均为黑色；中性点接于接地网的明敷接地线为紫色带黑色条纹；直流母线正极为赭色（红褐色），负极为蓝色。

（7）照明配电箱为浅驼色，动力配电箱为灰色或浅绿色，普通配电屏为浅驼色或浅绿色，消防或事故电源配电屏为红色，高压配电柜为浅驼色或浅绿色。

（8）变压器上应有名称、容量和顺序编号；三相变压器除标有以上内容外，还应有相位的标志；变压器室的门上应标注变压器的名称、容量、编号；变压器周围的遮栏上应挂有“止步、高压危险！”警告类标志牌。

2）违反操作规程

带电拉隔离开关，检修时带电作业，在高压线路上违章修建建筑，带电维修电动工具，湿手带电作业等，都违反了操作规程。

3）设备不合格

与高压线间的安全距离不够，电力线与广播线同杆近距离架设，设备超期使用因老化导致泄漏电流增大等，都属于设备不合格。

4）维修管理不善

架空线断线未及时处理，设备损坏未及时更换，接地保护不到位而引发漏电等，都属于维修管理不善。

5）电气设备接地种类

接地是指从电网运行或人身安全的需要出发，人为地把电气设备的某一部位与大地做良好的电气连接。根据接地的目的不同，可分为工作接地和保护接地。

Ⅰ. 工作接地

工作接地是指由于运行和安全需要，为保证电力网络在正常情况或事故情况下能可靠地工作，而对电气回路中某一点实行的接地。如电源（发电机或变压器）中性点接地、电压互感器一次侧中性点接地、“两线一地”系统的一相接地等，都属于工作接地。接地后的中性点称为零点，中性线称为零线。

Ⅱ. 保护接地

保护接地是将电气设备正常情况下不带电的金属外壳通过接地装置与大地可靠连接。在变压器中性点（或一相）不直接接地的电网内，一切电气设备正常情况下不带电的金属外壳以及和它连接的金属部分与大地做电气连接，其接地电阻不得大于 4 Ω，采用保护接地后，可使人体触及漏电设备外壳时的接触电压明显降低，从而大大降低了触电的危险。

Ⅲ. 保护接零

为防止电气设备金属外壳意外带电给人的生命造成威胁，将正常情况下不带电的金属外壳以及和它连接的金属部分与零线做良好的电气连接,称为保护接零。

运行中的电气设备外壳,会因某种原因意外带电(碰壳),造成单相短路。短路电流由故障点→零线→中线点→变压器绕组→相线→故障点组成闭合回路,此回路中的阻抗很小,故短路电流很大。这个电流足以使线路中的熔断器或保护装置动作而切断故障电流,确保人身安全,如图 6-1-5 所示。

在图 6-1-5(a)中,因为零线阻抗很小,短路电流可达电动机额定电流的几倍甚至几十倍。在大多数情况下,短路电流的数值足以使线路中的熔断器或其他过电流保护装置迅速动作,从而切断电源。

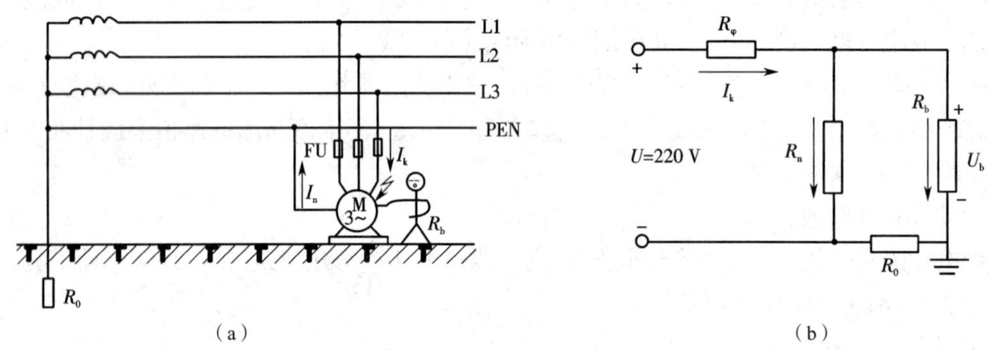

图 6-1-5 中性点直接接地的低压配电系统的保护接零

在 1 kV 以下变压器中性点直线接地的电网中,一切电气设备正常情况下不带电的金属外壳以及和它相连的金属部分,都应与零线有良好的连接。采用保护接零的供电方式分为三个系统,即三相四线制(TN-C)、三相五线制(TN-S)、三相四线变五线制(TN-C-S)。

必须指出,从设备"碰壳"短路的发生到过电流保护装置动作切断电源的时间内,触及设备外壳的人体是要承受电压的。当忽略线路感抗,并考虑 $R_b >> R_0$ 时,根据图 6-1-5(b)所示的等效电路可知,人体所承受的电压 U_b 近似等于短路电流在零线上的电压降,即

$$U_b \approx I_k R_n = \frac{U}{R_φ + R_n} R_n$$

式中:$R_φ$ 表示相线的电阻(Ω);R_n 表示零线的电阻(Ω);I_k 表示单相短路电流(A);U 表示电网相电压(V)。

假设 U=220 V,$R_n = 2R_φ$,则可求出

$$U_b \approx \frac{U}{R_φ + R_n} R_n = \frac{220}{R_φ + 2R_φ} \times 2R_φ = 147\ \text{V}$$

显然,这个电压值对人体仍是危险的。所以,保护接零的有效性关键在于线路的短路保护装置能否在"碰壳"故障发生后灵敏地动作,以迅速切断电源。

Ⅳ. 重复接地

在三相四线制或三相五线制供电电网中已接地的零线上,再次将一处或多处与接地体、接地装置做良好的电气连接的方式,称为重复接地,如图 6-1-6 所示。

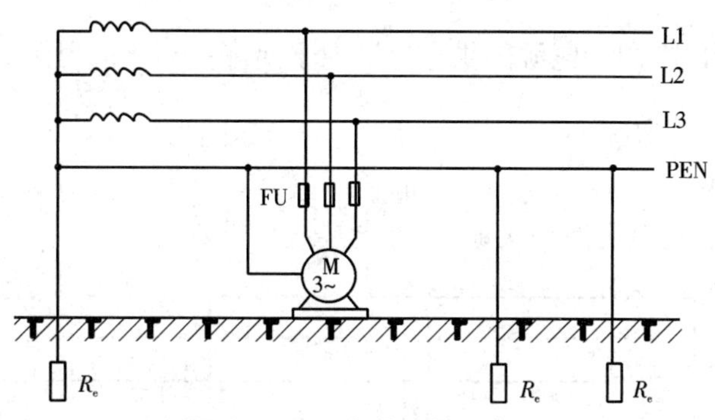

图 6-1-6　重复接地的示意图

Ⅰ)重复接地的作用

(1)当发生“碰壳”故障时,能降低零线的对地电压。

(2)当零线发生断线时,能使故障的程度减轻;对照明线路能避免因零线断线,而同时发生某相碰壳时,引起烧毁 220 V 用电器具及电器等故障。

(3)缩短“碰壳”故障的持续时间。由于变压器中性点接地电阻与重复接地电阻并联,在发生短路事故时,能增大短路电流,缩短保护装置的动作时间。

(4)改善架空线路的防雷能力,架空线路的重复接地对雷电电流有分流作用,有利于限制雷电过电压。

Ⅱ)重复接地的要求

重复接地的设置场所,按照有关技术文件所做出的规定, TN 系统的保护线或保护零线必须在下列处所做重复接地:

(1)户外架空线路的干线和长度超过 200 m 的分支线的终端及沿线上每 1 km 处;

(2)电缆或架空线在引入车间或大型建筑物处;

(3)以金属外壳作为保护线的低压电缆;

(4)同杆架设的高、低压架空线路的共同敷设段的两端。

Ⅲ)对重复接地电阻的要求

当工作接地电阻不大于 4 Ω 时,每一重复接地装置的重复接地电阻不应大于 10 Ω;在工作接地电阻允许为 10 Ω 的场合,每一重复接地装置的重复接地电阻不应大于 30 Ω,但重复接地点不得少于三处。

重复接地可以从保护线或保护零线引接,也可以从保护接零设备的外壳引接。

Ⅴ. 在同一电源供电系统中不允许一部分采用保护接地,而另一部分采用保护接零

若采用保护接地设备上发生碰壳接地故障,所产生的短路电流不足以使保护装置动作跳闸时,短路电流由故障点流入大地,形成流散电流,经变压器中性点的接地电阻与变压器绕组形成回路,从而使保护零线上有一定的电压,即 $U_0=\dfrac{U_p}{R_0+R_d}R_0$,使与零线相连接的电气设备外壳上也会有较高的电压。这个电压的大小取决于变压器中性点接地电阻的大小。若两个接地电阻 R_0 和 R_d 都为 4 Ω,则保护接零设备外壳电压为相电压的一半, 即 $U_0=\dfrac{U_p}{R_0+R_d}\times R_0$

$=\frac{220}{4+4}\times 4=110$ V，所以在同一电源的供电电网内不允许一部分采用保护接零，而另一部分采用保护接地，如图 6-1-7 所示。

Ⅵ. 其他保护接地

其他保护接地还有过电压保护接地、防静电接地和屏蔽接地。

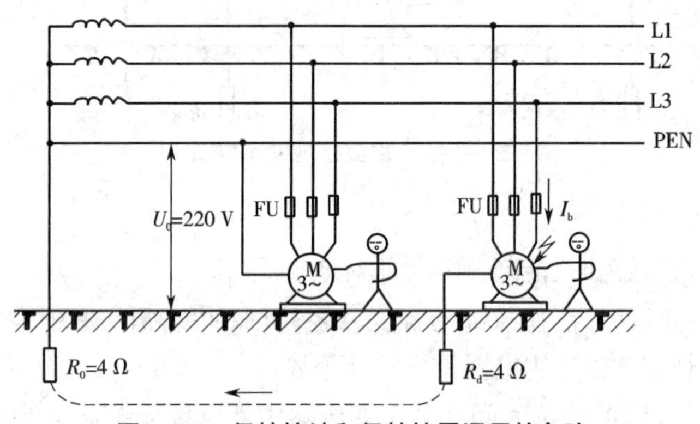

图 6-1-7 保护接地和保护接零混用的危险

2. 发生触电的一般规律

(1)具有明显的季节性，一般以第二、三季度触电事故发生较多，6—9 月最集中。

(2)低压触电多于高压触电。低压设备多，低压电网广，与人接触机会较多，且低压设备简陋，管理不严，多数群众缺乏安全意识。

(3)农村多于城市。农村用电条件差，设备简陋，技术水平低，电气安全知识缺乏。

(4)单相触电事故多。各类触电事故中，单相触电事故占总触电事故的 70% 以上。

(5)事故点多在电气连接部位。电气"事故点"多出在分支线、接户线的接线端或者电线接头，事故原因多为开关、灯头、插座等出现短路、闪弧或漏电等情况。

3. 电气设备安全运行规律

(1)电气设备一般不能受潮，在潮湿场合使用时，要有防雨水和防潮措施。电气设备工作时会发热，应有良好的通风散热条件和防火措施。

(2)所有电气设备的金属外壳都应有可靠的保护接地。电气设备运行时可能会出现故障，所以应有短路保护、过载保护、欠压和失压保护等措施。

(3)凡有可能被雷击的电气设备，都要有防雷措施。

(4)对电气设备要做好安全运行检查工作，对出现故障的电气设备和线路应及时检修。

扫一扫：安全防护措施

文档

动画

6.1.4 安全防护措施

1. 使用者层次防护

(1)定期更换老化电线、裸露电线，防止发生短路电气火灾。

(2)规范用电，严禁私自改造电路，不要长时间大功率用电。

(3)规范操作用电设备。

(4)发生火灾时的灭火原则:

①火势很小,可以用手提灭火器、消防水源进行扑救,员工应接受过灭火训练;

②切断火源、电源,撤离未着火物资;

③不能自行灭火时,立即报火警。

2. 设计层次防护

1)设计者严格按照规范要求设计,提高安装施工质量

各地公安消防部门应严格把关、监督到位;加强对工作人员的考核,提高安装、操作者的技术(业务)水平;在成套电气产品出厂和安装完毕送电时,严加检查,在运行后定期维护保养;特别注意三相负载的平衡和N线、PE线截面的正确设计与选用。

2)监督单位应加大对电气产品质量的监督管理力度,使用者应选用合格产品

各级主管部门和工商、技术监督、机械、轻工、建筑等部门,要加强对各类电气产品的质量监督,提高电气产品的安全系数。对违法生产、销售假冒伪劣产品的厂家,要依法严厉打击。使用者在使用前应向有关单位咨询,选用正规厂家生产的合格产品。

3)对早期建筑的电气线路进行改造

由于近年来家用电器使用量剧增,早期的民用建筑电气线路不仅老化,而且不能满足新增负荷要求,应对其布线进行改造。如果有困难,应由供电部门对住户的用电进行适当的限制。

4)大量推广、使用RCD

我国现行的电气规范和标准主要着眼于人身触电安全保护和做接地短路保护等辅助措施,而对线路受过电流、机械损伤、绝缘陈旧老化等可能引起的火灾未做强制的、全面规范性的保护规定(仅有《漏电保护器农村安装运行规程》(SL 445—2009))。接地故障电流实际上是一种很大的对地泄漏电流,在产生单相接地大电流之前,往往有较小的漏电流,其会破坏绝缘,常常引起大的单相接地电流的发生,因此推广、使用RCD已是刻不容缓的事情。

目前,国内使用的RCD产品主要有以下几种。

(1)带有过载、短路、漏电保护的RCD(习惯称漏电断路器),不带过载、短路仅有漏电保护的RCD(习惯称漏电开关),以及漏电继电器(漏电时不断开保护器,仅用作报警,也可与接触器、断路器组装为漏电断路器或漏电开关)。

(2)目前国内市场供应的智能型万能式(框架式)断路器,如DW45系列、HSW1型、CW1型和DW16型、DW40型等万能式断路器,都有单相接地故障电流保护的功能。

(3)国外的产品,如ABB公司的SACE,在其S系列塑壳式断路器的基础上派生出了漏电保护器。

5)应用红外线测温、超声波控测等技术对电气火灾隐患进行诊断

通常人们用肉眼无法看到建筑内存在的电气火灾隐患,而通过红外线测温、超声波控测等技术定期进行电气消防安全检测,能够及时发现电气火灾隐患。公安消防部门应将电气检测作为建筑工程消防验收的前置条件,并积极督促各单位进行电气检测。消防安全重点单位和公众聚集场所应定期进行电气消防安全检测,对发现的电气火灾隐患及时予以整改。

6)采用电气火灾早期报警产品

目前,电气火灾隐患的早期报警技术属于新兴学科,但已经引起了国内科研、生产部门的高度重视。防火漏电监控设备在漏电监控方面属于先期预报警系统。与传统火灾自动报警系统不同的是,电气火灾早期报警是为了避免损失,而传统火灾自动报警系统是为了减少损失,所以已经安装火灾自动报警系统的单位,仍需要安装防火漏电报警系统。以日本为例,日本从1989年开始强制安装防火漏电报警装置,每年电气火灾数量占全部火灾数量的比例低于13%,而日本的人均用电量是中国的8倍多,可见安装防火漏电报警装置可以有效消除电气火灾隐患,减少电气火灾的发生。

3. 具体安全防护措施

针对施工现场用电安全,为杜绝触电事故发生,确保集体财产安全,应采取以下安全措施。

(1)所有临时用电的布置、架设都应符合安全用电规范。

(2)外电防护应符合规范规定的安全距离(水平、垂直)。

(3)按规范设置接地防雷系统及保护接零。

(4)必须执行“一机、一闸、一漏、一箱”制,确保漏电保护装置灵敏可靠。

(5)严格执行送、停电顺序。

①送电顺序:总配电箱→分配电箱→开关箱。

②停电顺序:开关箱→分配电箱→总配电箱 。

(6)安装、拆除维修临时用电时由专业电工完成。

(7)使用设备前,必须按规定穿戴和配备好相应的劳动防护用品。

(8)停用的设备必须拉闸断电,锁好开关箱。

(9)电工负责整理检查所有设备的负荷线、保护零线和开关箱。

(10)各种手持电动工具的外壳、手柄、负荷线、插头、开关等必须完好无损,负荷线必须使用耐气候型橡皮护套铜芯软电缆,并不得有接头。

任务二　技能性任务

扫一扫:PPT-项目六任务二

扫一扫:脱离电源

文档

视频

6.2.1　脱离电源

脱离电源分为脱离低压电源与脱离高压电源。

1. 脱离电源步骤

触电急救时,首先要使触电者迅速脱离电源,越快越好。因为电流作用的时间越长,伤害越大。

(1)要把触电者所接触的带电设备的所有开关、刀闸或其他断路设备断开。

(2)设法将触电者与带电设备脱离开。

2. 脱离低压电源

脱离低压电源的方法:拉、切、挑、拽、垫。

1)拉

如果触电地点附近有电源开关或电源插头,可立即拉开开关或拔出插头,从而断开电源,如图 6-2-1 所示。

图 6-2-1　脱离低压电源的方法:拉

如果救护人员什么工具也没有,在场救护人员可戴上绝缘手套或用干燥的衣服、帽子、围巾等物品把一只手包缠起来,去拉触电者的干燥衣服。当附近有干燥的木板、木凳时,站在其上面去拉更好(可增加绝缘)。

但要注意:为使触电者与带电体脱离,救护人员最好用一只手去拉,切勿碰到触电者接触的金属物体或裸露的身躯。

2)切

如果触电地点附近没有电源开关或电源插头,可用有绝缘柄的电工钳或有干燥木柄的斧头切断电线,从而断开电源,如图 6-2-2 所示。

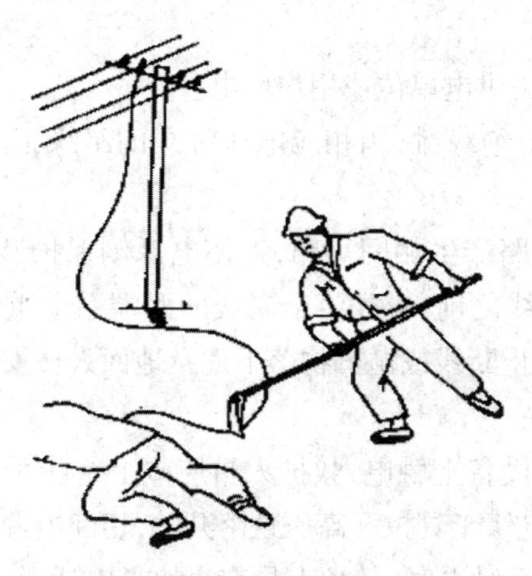

图 6-2-2　脱离低压电源的方法:切

3)挑

当电线搭落在触电者身上或压在身下时,可用干燥的衣服、手套、绳索、皮带、木板、木棒等绝缘物作为工具,拉开触电者或挑开电线,使触电者脱离电源,如图 6-2-3 所示。

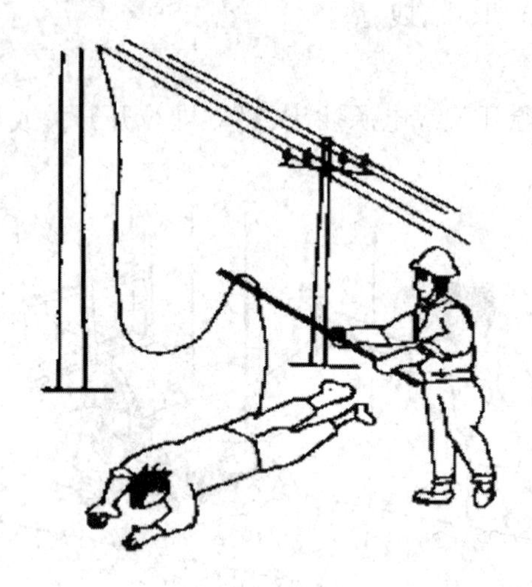

图 6-2-3 脱离低压电源的方法:挑

4)拽

如果触电者的衣服是干燥的,又没有紧缠在身上,可以用一只手抓住他不贴身的衣服,拉离电源,但注意不得接触触电者的皮肤;也可站在绝缘垫或干燥木板上用一只手把触电者拉离电源。

5)垫

如果电流流过触电者进入大地,并且触电者紧握导线,可设法将干燥木板塞到其身下,使其与地绝缘,然后用绝缘钳或其他绝缘器具将电线剪(切)断,救护人员在救护过程中也要尽可能站在干木板或绝缘垫上。

3. 脱离高压电源

1)脱离高压电源的步骤

(1)立即打电话通知有关供电单位或用户停电。

(2)戴上绝缘手套,穿上绝缘靴,用相应电压等级的绝缘工具按顺序拉开电源开关或熔断器。

(3)抛掷裸金属线使线路产生相间短路,迫使电源侧保护装置动作(开关跳闸或熔丝熔断)而断开电源。抛掷金属线之前,应先将金属线的两端系上重物再进行抛掷。抛掷金属线时,应注意防止电弧伤人,防止断线或抛掷物落下危及地面人员安全。

2)脱离高压电源的方法

(1)如有人在高压带电设备上触电,救护人员应戴上绝缘手套,穿上绝缘靴,再拉开电源开关;并用相应电压等级的绝缘工具拉开高压跌落开关,切断电源。

(2)当有人在架空线路上触电时,救护人员应尽快打电话通知当地电力部门迅速停电,以备抢救;如触电发生在高压架空线杆塔上,又不能迅速联系就近变电站(所)停电时,救护人员可采取相应措施,如抛投足够截面、适当长度的裸金属软线,使电源线路短路,造成保护装置动作,从而使电源开关跳闸。抛投前,应将短路线一端固定在铁塔或接地引线上,另一端系重物。在抛投时,应注意防止电弧伤人或断线危及他人安全,同时应做好防止触电者发生高处坠落摔伤的措施。

(3)如果触电者触及断落在地面上的带电高压导线,在未确认线路无电,且救护人员未采取安全措施前,不能接近断线点 8~10 m 范围内,以防跨步电压伤人。若要想救人,救护人员可戴绝缘手套,穿绝缘靴,用与触电电压等级一致的绝缘棒将电线挑开。

4. 救护触电者脱离电源时的注意事项

(1)救护以"保护自己,救护他人"为原则,一定要有清醒的头脑,不要忙中出错,伤及救护者本人。

(2)救护者要避免碰到金属物体和触电者裸露的身躯,切忌直接用手去接触触电者或用无绝缘的东西接触触电者,救护者也可以站在绝缘垫或干木板上,使自己绝缘后再进行救护。

(3)在实施救护时,救护者最好用一只手施救,以防自己触电。

(4)如果是高空触电,应采取防摔措施,防止触电者脱离电源后摔伤。如果是平地触电,也应注意触电者倒下的方向,特别要注意保护触电者头部不受伤害。

(5)高压触电时,应保持足够的安全距离和保证足够的绝缘强度,并防止跨步电压触电。

(6)如果触电事故发生在夜间,应迅速解决临时照明问题,以便于救护,并避免事故扩大。

(7)各种救护措施应因地制宜、灵活运用,以快为原则。

6.2.2　判断触电者受伤程度

扫一扫:判断触电者受伤程度

文档

视频

1. 判断触电者受伤情况的方法

首先将触电者平放仰卧在干燥的硬地上,判断其神志是否清醒以及有无呼吸和心跳,检查有无其他伤害。

1)检查神志是否清醒的方法

耳边喊或拍肩膀,无反应,则可判断是神志不清。

2)检查有无自主呼吸的方法

(1)看:胸、腹部有无起伏。

(2)听:有无呼吸的气流声 。

(3)试:口鼻有无呼气的气流。

如果以上都没有,则可判断没有自主呼吸,应在 5 s 内做出判断。

3)检查是否有心跳的方法

使触电者头部后仰、鼻孔朝天,食指与中指并齐放在喉结上,手指滑向颈部气管和邻近肌肉带之间的沟内就可测到颈动脉的搏动,应避免用力压迫颈动脉,测试时间为 5~10 s。

如果测不到颈动脉搏动,可判断心跳停止。

4)对不同受伤情况的处理方法

医生到来之前,立即就地进行抢救,绝不能坐等医生,这对触电者很重要。

(1)神志清醒的,就地平卧,安静休息,不要走动,以减小心脏负担,应有人密切观察其呼吸和脉搏变化;天气寒冷时要注意保暖,并尽快送医院检查。

(2)有心跳无呼吸或呼吸很微弱的,立即进行人工呼吸。

(3)无心跳有呼吸的,立即进行胸外心脏按压。

(4)无心跳无呼吸或呼吸很微弱的,立即进行心肺复苏抢救。

(5)伴有其他伤害的,应先进行心肺复苏,然后再处理外伤,但有大出血的应立即止血。若有颈椎或脊柱骨折的,要防止搬移不当伤及脊髓造成瘫痪。

2. 触电者的临床表现

1)电击的临床表现

电击伤害程度一般可分为以下四级。

Ⅰ级:触电者肌肉产生痉挛,但未失去知觉。

Ⅱ级:触电者肌肉产生痉挛,失去知觉,但心脏仍然跳动,呼吸也未停止。

Ⅲ级:触电者失去知觉,心脏停止跳动或者肺部停止呼吸(或者心脏跳动和肺部呼吸都停止)。

Ⅳ级:临床死亡,即呼吸和血液循环都停止。

2)电伤的临床表现

Ⅰ. 电灼伤

Ⅰ)电灼伤的种类

(1)电接触灼伤,即人体直接与带电导体接触的烧伤,可造成皮肤及其深部组织,如肌肉、神经、血管、骨骼等严重灼伤。

(2)电弧烧伤,即当人体接近高压电时,在电源与人体间发生电弧放电。虽然放电时间短,但电弧温度很高,会深度烧伤人体,甚至将人体躯干或四肢烧断。电弧灼伤一般分为以下三度。

一度:灼伤部位轻度变红,表皮受伤。

二度:皮肤大面积烫伤,烫伤部位出现水泡。

三度:肌肉组织深度灼伤,皮下组织坏死,皮肤烧焦。

(3)火焰烧伤,即电弧或电火花使衣服燃烧,从而烧伤人体,这种烧伤较浅,但烧伤面积较大。

Ⅱ)电灼伤的创面特点

(1)常有一个或数个电流入口和出口,入口处创面大而深,出口处创面较小。

(2)外表皮肤损害面积不大,但内部损害严重,组织会发生凝固性坏死,即具有“口小底大、外浅内深”的特点。灼伤皮肤呈灰色或灰黄色,甚至焦黄色或黑褐色,中心部位低陷,周围无肿痛等炎症反应。深部组织烧焦、炭化,可深达骨骼。一般伤口面积小,边缘规则、整齐,与正常组织界限清楚,偶可见水泡。

(3)肌肉组织常呈跳跃式坏死,即夹心性坏死。

(4)电流可造成血管壁内膜,即肌层变性坏死和发生血管栓塞,从而引起继发性出血和组织的继发性坏死。

(5)致残率高,平均截肢率为30%左右。

Ⅱ.电烙印

电烙印发生在人体与带电体之间有良好的接触部位处。在人体不被电击的情况下,在皮肤表面留下与带电接触体形状相似的肿块痕迹。电烙印边缘明显,颜色呈灰黄色,有时在触电后,电烙印并不立即出现,而是在隔一段时间后才出现。电烙印一般不发炎或化脓,但往往会造成局部麻木和失去知觉。

Ⅲ.皮肤金属化

皮肤金属化是由于高温电弧使周围金属熔化、蒸发并飞溅渗透到皮肤表面形成的伤害。皮肤金属化以后,表面粗糙、坚硬,经过一段时间后方能自行脱落,对人体不会造成不良的后果。

3.触电并发症和后遗症

(1)颅脑外伤、出血、血气胸、内脏或大血管破裂、骨折等。

(2)关节脱位、骨折、组织坏死、败血症。

(3)失明、耳聋、单瘫或偏瘫等。

(4)胃肠道功能紊乱、性格改变、精神失常等。

6.2.3　现场救治

扫一扫:现场救治

文档

视频

1.触电现场救治的重要性

(1)电流对人体的伤害随触电时间延长而加大,一般认为50 mA·s有生命危险。

(2)心跳、呼吸停止,应当立即进行抢救,争分夺秒:

① 1 min内开始抢救,约80%能活;

② 6 min才开始抢救,约80%会死;

③ 8 min后才抢救,纵使救活往往也是植物人。

2.现场救治措施

心跳和呼吸是人最基本的生理过程,呼吸停止则气体交换停止,心跳停止则血液循环停止,使细胞缺氧受损。脑细胞对缺氧最敏感,超过8 min就会导致脑死亡,纵使恢复心跳和呼吸也会变成植物人。

现场抢救是用人工呼吸的方法恢复气体交换,用胸外心脏按压的方法恢复血液循环,从而恢复对全身细胞供氧,进行基本的生命支持,再等医生到来或送医院后做进一步的抢救。

所以,触电后必须争分夺秒,迅速使触电者脱离电源,心跳、呼吸停止的,就地进行抢救,并做到以下四个方面:

(1)**立即**(不要等医生,现场人员马上进行抢救);

(2)**就地**(不要等送医院,就在现场开展抢救);

(3)**正确**(按操作步骤和要领抢救);

(4)**持续**(不得中断,直到恢复心跳和呼吸或真正死亡)。

现场救治的关键是“判别情况与对症救护”,同时派人通知医务人员到现场。

现场救护流程如图 6-2-4 所示。

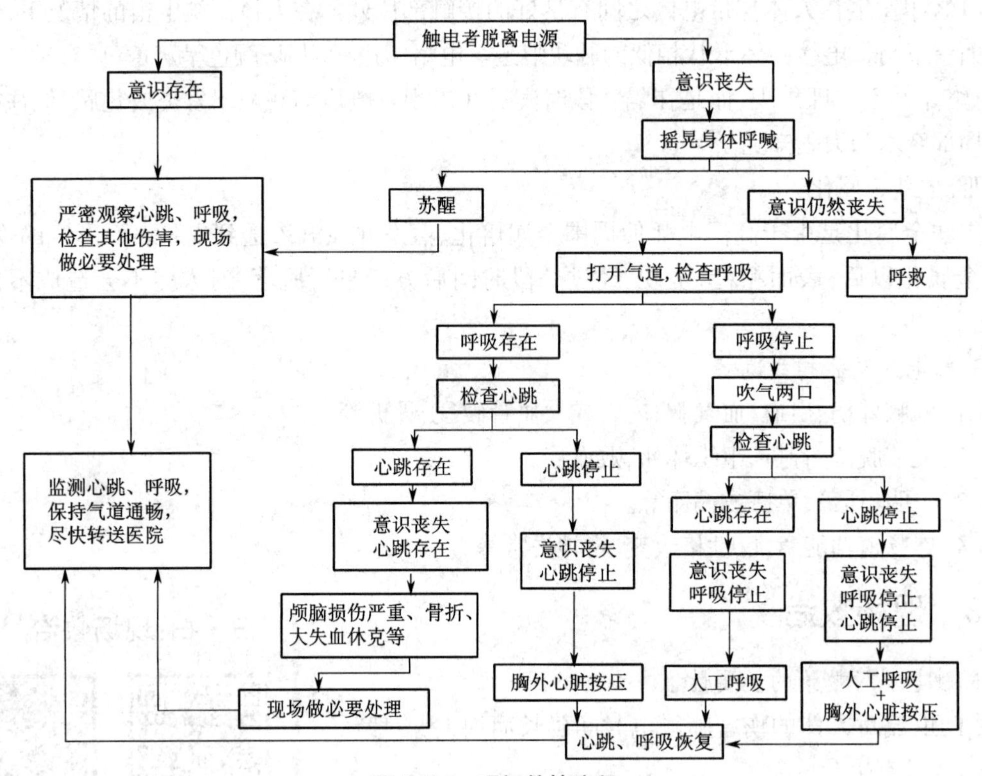

图 6-2-4　现场救护流程

1)触电者未失去知觉的救护措施

如果触电者所受的伤害不太严重,神志尚清醒,只是心悸、头晕、出冷汗、恶心、呕吐、四肢发麻、全身乏力,甚至一度昏迷但未失去知觉,则可先让触电者在通风、暖和的地方静卧休息,并派人严密观察,同时请医生前来或送往医院救治。

2)触电者已失去知觉的抢救措施

如果触电者已失去知觉,但呼吸和心跳尚正常,则应使其舒适地平卧,解开衣服以利呼吸,四周不要围人,保持空气流通,冷天应注意保暖,同时立即请医生前来或送往医院诊治。若发现触电者呼吸困难或心跳失常,应立即施行人工呼吸或胸外心脏按压。

3)对“假死”者的急救措施

如果触电者呈现“假死”现象,则可能有三种临床症状:一是心跳停止,但尚能呼吸;二是呼吸停止,但心跳尚存(脉搏很弱);三是呼吸和心跳均已停止。“假死”症状的判定方法是“看”“听”“试”。“看”是观察触电者的胸部、腹部有无起伏动作;“听”是用耳贴近触电者的口鼻处,听有无呼气声音;“试”是用手或小纸条测试口鼻有无呼吸的气流,再用两手指轻压一侧喉结旁凹陷处的颈动脉检查有无搏动感觉。若既无呼吸又无颈动脉搏动感觉,则可判定触电者呼吸停止,或心跳停止,或呼吸、心跳均停止。“看”“听”“试”的操作方法如图 6-2-5 所示。

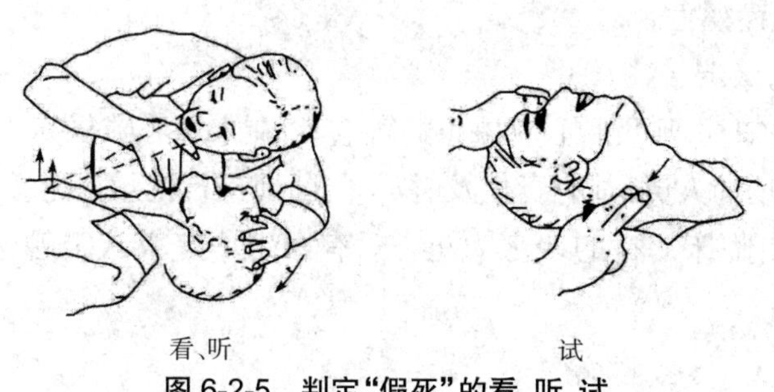

图 6-2-5　判定“假死”的看、听、试

3. 现场救治中的注意事项

1）抢救过程中应适时对触电者进行再判定

（1）按压吹气 1 min 后（相当于单人抢救时做了 4 个 15：2 压吹循环），应采用“看、听、试”的方法在 5~7 s 内完成对触电者是否恢复自然呼吸和心跳的再判断。

（2）若判定触电者已有颈动脉搏动，但仍无呼吸，则可暂停胸外心脏按压，再进行两次口对口人工呼吸，接着每隔 5 s 吹气一次（相当于每分钟 12 次）。如果脉搏和呼吸仍未能恢复，则继续坚持用心肺复苏法抢救。

（3）在抢救过程中，要每隔数分钟再判定一次触电者的呼吸和脉搏情况，每次判定时间不得超过 5~7 s。在医务人员未接替抢救前，现场人员不得放弃现场抢救。

2）抢救过程中移送触电者时的注意事项

（1）心肺复苏应在现场就地坚持进行，不要图方便而随意移动伤员。如确需移动，抢救中断时间不应超过 30 s。

（2）移动触电者或送往医院，应使用担架，并在其背部垫以木板，不可让触电者身体蜷曲着进行搬运。移送途中应继续抢救，在医务人员未接替救治前不可中断抢救。

（3）应创造条件，用装有冰屑的塑料袋做成帽状包绕在伤员头部，露出眼睛，使头部温度降低，争取触电者心、肺、脑能得以复苏。

3）触电者好转后的处理

如果触电者的心跳和呼吸经抢救后均已恢复，可暂停心肺复苏法操作。但心跳、呼吸恢复早期仍可能再次骤停，救护人员应严密监护，不可麻痹，要随时准备再次抢救。触电者恢复之初，往往神志不清、精神恍惚或情绪躁动不安，应设法使其安静下来。

4）慎用药物

首先要明确任何药物都不能代替人工呼吸和胸外心脏按压。必须强调的是，对触电者用药或注射针剂，应由有经验的医生诊断确定，慎重使用。例如肾上腺素有使心脏恢复跳动的作用，但也可使心脏由跳动微弱转为心室颤动，从而导致触电者心跳停止而死亡。因此，如没有准确的诊断和足够的把握，不得乱用此类药物。而在医院内抢救时，则由医务人员根据医疗仪器设备诊断的结果决定是否采用这类药物。

此外，禁止采取冷水浇淋、猛烈摇晃、大声呼喊或架着触电者跑步等“土”办法，因为人体触电后，心脏会发生颤动，脉搏微弱，血流混乱，在这种情况下采用上述办法会刺激心脏，使触电者因急性心力衰竭而死亡。

5)触电者死亡的认定

对于触电后失去知觉、呼吸和心跳停止的触电者,在未经心肺复苏急救之前,只能视为“假死”。任何在事故现场的人员,都有责任及时、不间断地进行抢救。抢救时间应持续 6 h 以上,直到救活或医生做出临床死亡的认定为止。只有医生才有权认定触电者已死亡,宣布抢救无效。

4. 外伤救护

触电事故发生时,伴随触电者受电击或电伤常会出现各种外伤,如皮肤创伤、渗血与出血、摔伤、电灼伤等。

(1)对于一般性的外伤创面,可用无菌生理盐水或清洁的温开水冲洗后,再用消毒纱布或干净的布包扎,然后将触电者送往医院。救护人员不得用手直接触摸伤口,也不准在伤口上随便用药。

(2)伤口大出血时要立即用清洁的手指压迫出血点上方,也可用止血橡皮带使血流中断。同时,将出血肢体抬高或高举,以减少出血量,并火速送医院处置。如果伤口出血不严重,可用消毒纱布或干净的布叠几层盖在伤口处压紧止血。

(3)高压触电造成的电弧灼伤往往深达骨骼,处理十分复杂。现场可先用无菌生理盐水冲洗,再用酒精涂擦,然后用消毒纱布或干净的布包好,迅速送医院处理。

(4)对于因触电摔跌而骨折的触电者,应先止血、包扎,然后用木板、竹竿、木棍等物品将骨折肢体临时固定后,迅速送医院处理。发生腰椎骨折时,应将伤员平卧在平硬木板上,并将腰椎躯干及两侧下肢一并固定以防瘫痪,搬动时要数人合作,保持平稳,不能扭曲。

(5)遇有颅脑外伤,应使触电者平卧并保持气道通畅。若有呕吐,应扶好头部和身体,使之同时侧转,以防止呕吐物造成窒息。耳鼻有液体流出时,不要用棉花堵塞,只可轻轻拭去,以降低颅内压力。颅脑外伤,病情可能复杂多变,要禁止饮食,并迅速送医院进行救治。

6.2.4 人工呼吸法和胸外心脏按压法

当判定触电者呼吸和心跳停止时,应立即用心肺复苏法就地抢救。所谓心肺复苏法,就是支持生命的三项基本措施,即通畅气道、口对口(鼻)人工呼吸、胸外按压(人工循环)。

扫一扫:人工呼吸法和胸外心脏按压法

文档

动画 1

动画 2

1. 清除口中异物和通畅气道

若触电者呼吸停止,首先要始终确保气道通畅。

1)清除口中异物

使触电者仰面躺在平硬的地方,迅速解开其领口、围巾、紧身衣和裤带。如发现触电者口内有食物、假牙、血块等异物,可将其身体及头部同时侧转,迅速用一个手指或两个手指交叉从口角处插入,取出异物,如图 6-2-6 所示。要注意防止将异物推到咽喉深处。

2)通畅气道

一只手放在触电者前额,另一只手的手指将其颌骨向上抬起,气道即可通畅,如图 6-2-7 所示。

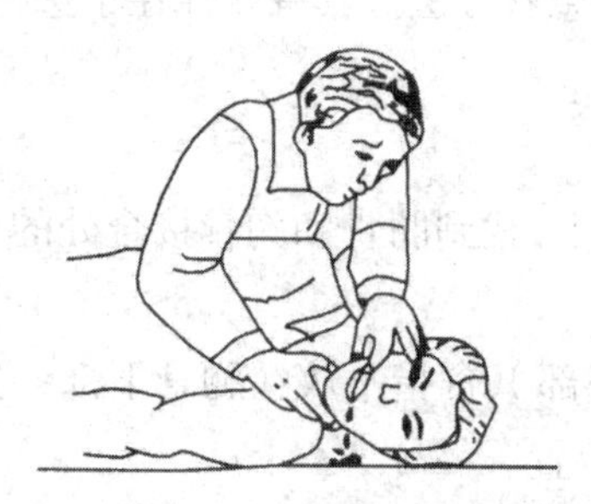

图 6-2-6　用手指清除口内异物

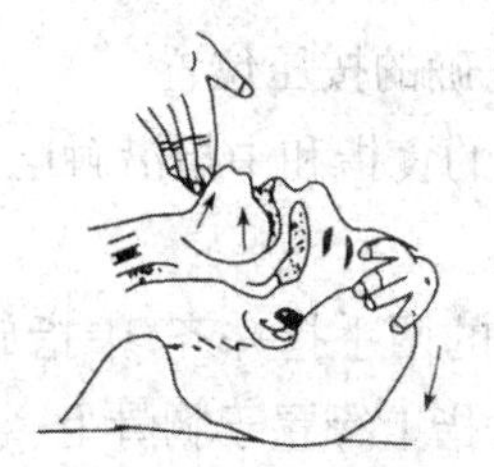

图 6-2-7　仰头抬颌

为使触电者头部后仰,可于其颈部下方垫适当厚度的物品,但严禁垫在头下,因为头部抬高前倾会阻塞气道,还会使施行胸外按压时流向脑部的血量减少,甚至完全消失。

2. 口对口(鼻)人工呼吸

救护人员在完成通畅气道的操作后,应立即对触电者施行口对口或口对鼻人工呼吸。口对鼻人工呼吸用于触电者嘴巴紧闭的情况。

(1)大口吹气刺激起搏。救护人员蹲跪在触电者一侧,用放在其额上的手指捏住其鼻翼,另一只手的食指和中指轻轻托住其下巴;救护人员深吸气后,与触电者口对口紧合不漏气,先连续大口吹气两次,每次 1~1.5 s(放 3~4 s,每 5 s 一次)。两次吹气后用手指速测其颈动脉是否有搏动,如仍无搏动,可判断心跳确已停止。在施行人工呼吸的同时,应立即同时进行胸外心脏按压。

(2)正常口对口人工呼吸,如图 6-2-8 所示。大口吹气两次搏动后,立即转入正常的口对口人工呼吸阶段。正常的吹气频率是每分钟约 12 次,吹气量不需过大,以免引起胃膨胀。对儿童则每分钟 20 次,吹气量宜小些,以免肺泡破裂。救护人员换气时,应将触电者的口或鼻放松,让其借助自己胸部的弹性自动吐气。吹气和放松时要注意触电者胸部有无起伏的呼吸动作。吹气时如有较大的阻力,可能是头部后仰不够,应及时纠正,使气道保持畅通。

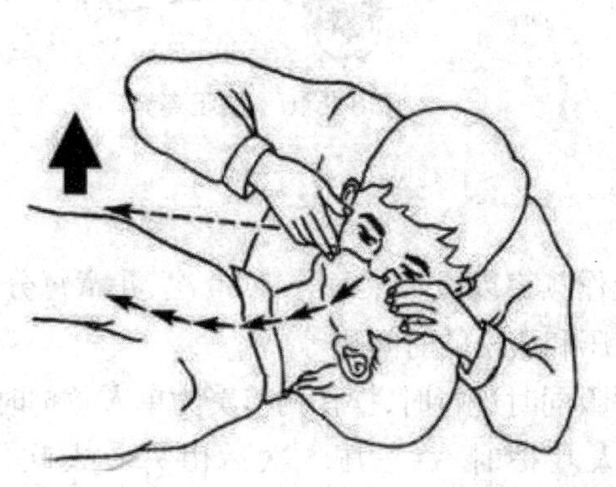

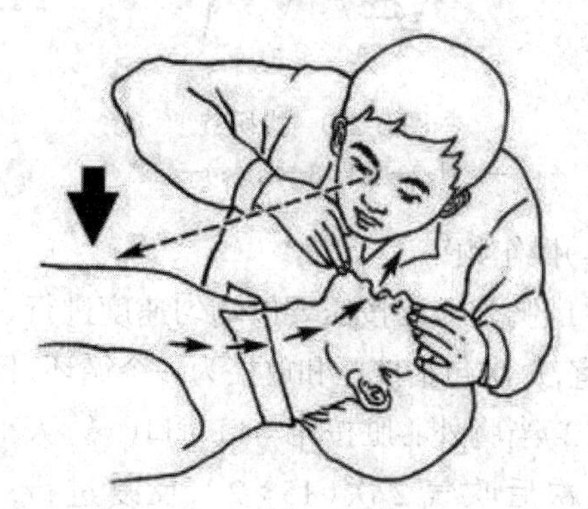

图 6-2-8　口对口人工呼吸

(3)口对鼻人工呼吸。触电者如牙关紧闭,可改成口对鼻人工呼吸。吹气时应将其嘴唇紧闭,防止漏气。

3. 胸外心脏按压

胸外心脏按压是借助人力使触电者恢复心脏跳动的急救方法。其有效性在于选择正确的按压位置和采取正确的按压姿势。

1)选择正确的按压位置

(1)右手的食指和中指沿触电者的右侧肋弓下缘向上,找到肋骨和胸骨接合处的中点,如图 6-2-9 所示。

(2)右手的两手指并齐,中指放在切迹中点(剑突底部),食指平放在胸骨下部,另一只手的掌根紧挨食指上缘置于胸骨上,掌根处即为正确按压位置。

2)采取正确的按压姿势

(1)使触电者仰面躺在平硬的地方,并解开其衣服。仰卧姿势与口对口人工呼吸相同。

(2)救护人员立或跪在触电者一侧肩旁,两肩位于其胸骨正上方,两臂伸直,肘关节固定不动,两手掌相叠,手指翘起,不接触其胸壁。

(3)以髋关节为支点,利用上身的重力,垂直将正常成人胸骨压陷 3~5 cm(儿童和体弱者酌减)。

(4)压至要求程度后,立即全部放松。按压姿势与用力方法如图 6-2-10 所示。按压必须有效,有效的标志是在按压过程中可以触摸到颈动脉搏动。

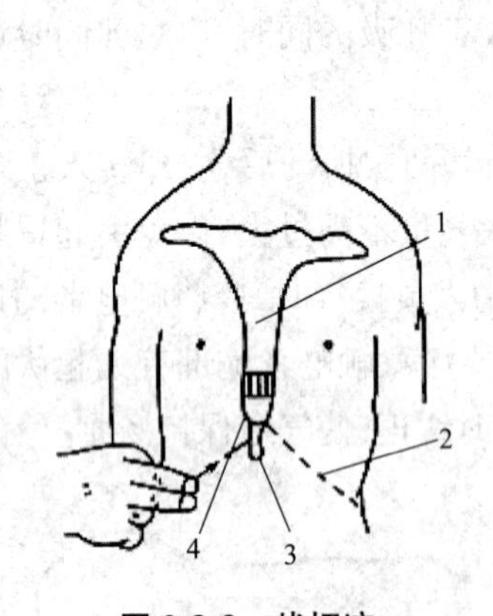

图 6-2-9 找切迹

1—胸骨;2—肋骨;3—剑突;4—切迹

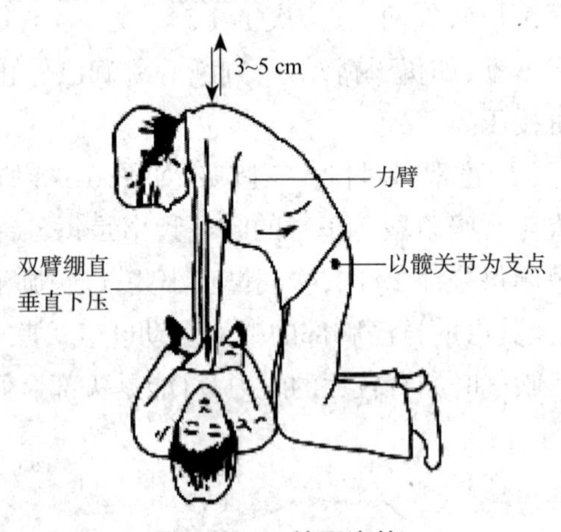

图 6-2-10 按压姿势

3)操作频率

(1)胸外心脏按压要以均匀速度进行。操作频率以成年人每分钟 80 次、儿童每分钟 100 次为宜,每次包括按压和放松为一个循环,且按压和放松的时间相等。

(2)当胸外心脏按压与口对口(鼻)人工呼吸同时进行时,操作的节奏为单人救护时,每按压 15 次后吹气 2 次(15∶2),反复进行;双人救护时,每按压 5 次后由另一人吹气 1 次

(5∶1),反复进行。

口对口人工呼吸和胸外心脏按压单人现场心肺复苏流程如图 6-2-11 所示。

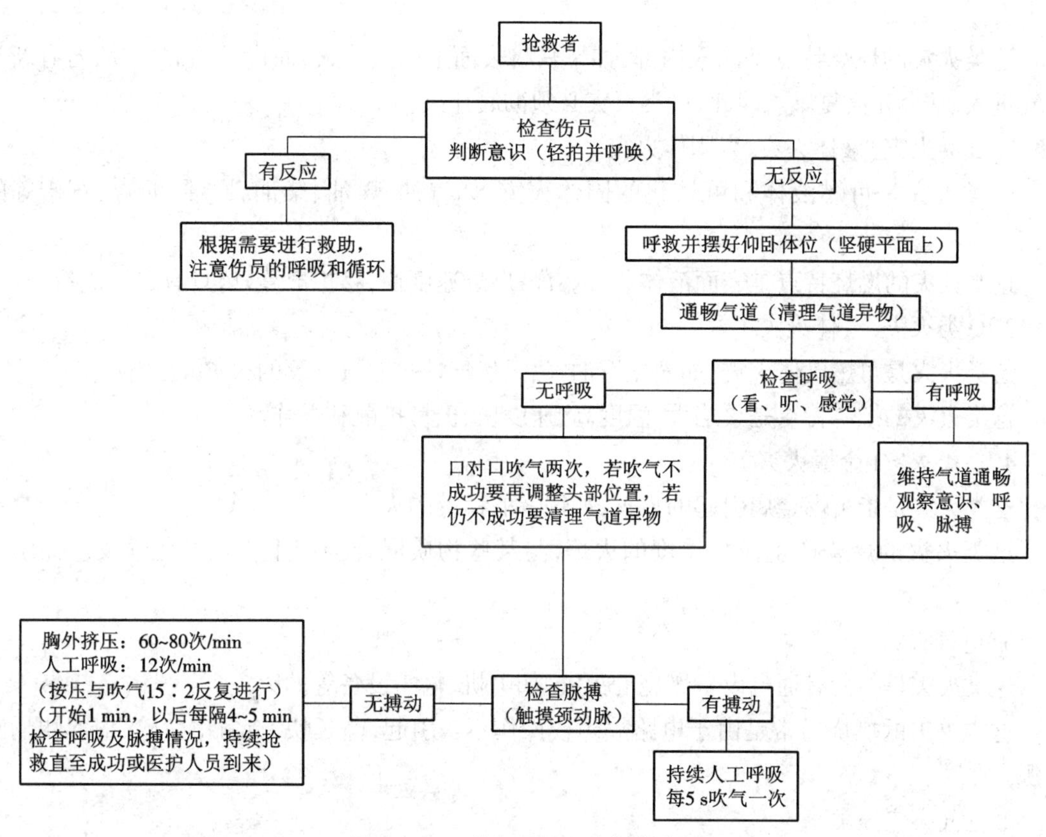

图 6-2-11　单人现场心肺复苏流程

任务三　拓展性任务

6.3.1　电气火灾的分类

扫一扫：PPT- 项目六 任务三

扫一扫：电气火灾的分类

文档

视频

1. 火灾分类

燃烧三要素为可燃物、助燃物和着火源。

燃烧的充分条件是一定的可燃物浓度、一定的含氧量和一定的着火源能量。

必须使燃烧的三个充分条件相互结合一起作用，才可以满足燃烧的条件。

根据《火灾分类》(GB/T 4968—2008)，按照物质燃烧的特征，火灾可分为以下五类。

1)A类火灾(固体物质火灾)

这类火灾通常在燃烧后有灰烬产生,如木材、纸、塑料、橡胶、纺织品、煤炭等可燃物质燃烧的火灾。

这类火灾的燃烧特点是深入内部,如果只将表面上的火扑灭,而内部余烬残存,若有新鲜空气进入,常会死火复燃。因此,此类火灾必须彻底扑灭。

2)B类火灾(液体火灾、半固体火灾)

这类火灾是可燃液体和可熔化的固体火灾,如汽油、煤油、柴油、原油、沥青、石蜡等的火灾。

这类火灾的燃烧特点是表面液体蒸发燃烧,燃烧速度快,易扩散蔓延,具有爆炸危险。

3)C类火灾(气体火灾)

这类火灾是可燃气体火灾,如液化石油气、天然气、甲烷、氢气等的火灾。

这类火灾的燃烧特点是火焰大、温度高、速度快、极易扩散和爆炸。

4)D类火灾(金属火灾)

这类火灾是指可燃金属引起的火灾,如钾、钠、镁等的火灾。

这类火灾的燃烧产生极高温度的火焰,与某些物质混合会产生剧烈的化学反应而引起爆炸。

5)电气火灾

这类火灾是指所有通电设备燃烧的火灾,如电机、电气设备等的火灾。

这类火灾的燃烧通常是由于电路故障或操作不当引起,蔓延快,有触电危险,应尽快切断电源。

2. 电气火灾分类

1)漏电

电线或其支架材料绝缘能力不佳,会导致导线与导线、导线与大地间有微量电流通过,这种现象就是漏电。

漏电原因如下:

(1)绝缘导线受机械损伤,或受潮湿、高温、腐蚀等影响,以及陈旧老化后,绝缘性能大大降低;

(2)选用的绝缘导线的绝缘强度偏低;

(3)导线连接处绝缘质量不佳;

(4)裸导线的支架材料绝缘能力下降等。

2)短路

电气线路的火线与零线、火线与地线碰在一起,引起电流突然大量增加的现象就是短路。

短路原因如下:

(1)电线年久失修,绝缘层老化或受损脱落,电源过电压使导线绝缘层被击穿;

(2)由于金属等导电物件或鸟、鼠、蛇等小动物跨接在输电裸导线的两相之间;

(3)电线因机械强度不够而断落,接触大地或落碰在另一相线上;

(4)电线与金属等硬物长期摩擦使绝缘层破裂,架空电线与建筑物、树木距离太近,电线与建筑物或树木接触;

(5)安装修理人员接错线路或带电作业时造成人为碰线短路等。

为了防止或减少配电线路事故的发生,必须按照电气安全技术规程进行设计,安装使用时要严格遵守岗位责任制和安全操作规程。

3)超负荷

超负荷是指电气线路负载的电流量超过额定的安全载流量。

超负荷原因如下:

(1)导线截面面积选择不当,实际负载电流量超过导线的安全载流量;

(2)在线路中接入过多或功率过大的电气设备,超过配电线路的负载能力。

4)接触电阻过大

输电线路上接线点的电阻过大。接头处理良好,则接触电阻小。连接不牢或其他原因,导致局部接触电阻过大,产生高温,使金属变色甚至熔化,引起绝缘材料中可燃物燃烧。

接触电阻过大的主要原因如下:

(1)安装质量差,造成导线与导线、导线与电气设备连接点连接不牢;

(2)导线的连接处沾有杂质,如氧化层、泥土、油污等;

(3)连接点由于长期振动或冷热变化,使接头松动;

(4)铜铝混接时,由于接头处理不当,在电腐蚀作用下接触电阻会很快增加。

接触电阻过大的防范措施如下:

(1)铜芯导线采用绞接时,应尽量再进行锡焊处理;

(2)铜铝相接应采用铜铝接头,并用压接法连接;

(3)尽量减少不必要的接头,对于必不可少的接头,必须紧密结合,牢固可靠;

(4)通过较大电流的接头,不允许用本线做接头,应采用油质或氧焊接头。

6.3.2 电气火灾的预防措施

扫一扫:电气火灾的预防措施

文档

视频

1. 预防短路起火的措施

(1)避免短路发生,使绝缘层完整无损。例如,导线必须用配管,不能裸露,不能直接抹在墙内,导线应带护套、槽、索等敷设;埋地电缆应注意弯曲半径足够大,以防电缆在抽拉的过程中损坏绝缘层。

(2)保持绝缘水平。导线要避免过载、过电压、高温腐蚀以及被泡在水里等。随着物质生活水平的提高,家用电器不断增多,线路负载也越来越大,用户在未经设计部门许可的情况下,不应随意增大线路负载,特别是一些老建筑物,导线截面面积都较小,如果一定要增加负载的话,一定要另外敷设电源;对于新建筑物,建议设计部门根据线路负载不断增大的趋势,在导线截面面积的选择上留有一定余地,以保证线路绝缘的正常水平。

（3）在敷设导线时，应采用阻燃配管、防火电缆、防火线槽等。

（4）若已经发生短路，则应迅速切断电路，限制火势沿线路蔓延，防止线路互串。应注意在未切断电源时，不能泼水，以免造成一些不应有的损失及人员伤亡等。

2. 接地故障火灾预防

首先应在电气线路和设备的选用和安装上尽量防止绝缘损坏，以免接地故障的发生。除采取预防短路火灾的措施外，还应采取如下措施。

（1）在建筑物的电源总进线处装设漏电保护器，应注意用于防火的漏电保护装置必须装在电源总进线处，以对整个建筑物起防火作用。

（2）在建筑物电气装置内实施总等电位连接。当故障电压沿 PE 线进入线路时，建筑物内线路上处于同一故障电压，从而消除电位差，电弧电火花无从产生，也就满足了防火要求。

3. 电气火灾预防

电气火灾预防主要是认真做好日常生活中以下几个方面的事项。

（1）对用电线路进行巡视，以便及时发现问题。

（2）在设计和安装电气线路时，导线和电缆的绝缘强度不应低于网路的额定电压，绝缘子也要根据电源的不同电压进行选配。

（3）安装线路和施工过程中，要防止划伤、磨损、碰压导线绝缘，并注意导线连接接头质量及绝缘包扎质量。

（4）在特别潮湿、高温或有腐蚀性物质的场所内，严禁绝缘导线明敷，应采用套管布线，在多尘场所，线路和绝缘子要经常打扫，勿积油污。

（5）严禁乱接乱拉导线，安装线路时，要根据用电设备负荷情况合理选用相应截面的导线；并且导线与导线之间、导线与建筑构件之间及固定导线用的绝缘子之间应符合规程要求的间距。

（6）定期检查线路熔断器，选用合适的保险丝，不得随意调粗保险丝，更不准用铝线和铜线等代替保险丝。

（7）检查线路上所有连接点是否牢固可靠，且附近不得存放易燃可燃物品。

除此之外，家庭和中小场所可以安装高性价比的火灾报警工具，实现第一时间发现火情进行扑救，以减少火灾损失。如安装无线感烟探测器、感温探测器、火焰探测器等，可以更早地发现火情并报警。无线火灾报警产品可以向外拨打电话和发送短信报警，实现 24 h 自动值守，预防电气火灾更加高效。

4. 电气火灾监控预防

1）电气火灾发生的原因

电气火灾发生的原因，从产生电气火灾的机理来看主要有：

（1）故障部位局部长时间发热，造成绝缘进一步下降，最终造成线路短路，导致火灾；

（2）故障部位产生的电弧或电火花瞬间释放热量造成线路短路，导致火灾。

2）电气火灾监控系统

一般电气火灾探测的对象有剩余电流和温升，对应有剩余电流式电气火灾监控探测器和测温式电气火灾监控探测器。

在实际应用中,电气火灾监控系统与剩余电流动作保护器(RCD)配套使用, RCD一般安装在负载终端,主要用于人体触电时及时切断电源,防止电击事故发生;电气火灾监控系统安装在配电室和配电箱处,实时检测供电线路干线、次干线的剩余电流,如超过剩余电流报警值,立即发出声光报警信号,提示检修,主要用于预防漏电引起的电气火灾。

两者配合可构成对漏电"整体监测、局部跳闸"的完整防护体系。对切断整体或干线电源而造成大面积停电,可能导致重大经济损失及不良社会影响的场所,不适合使用RCD,而应当安装电气火灾监控探测器。

5. 静电火灾预防

1)静电放电引起爆炸火灾事故的条件

(1)静电放电间隙或所在环境必须存在爆炸性混合物,且浓度在爆炸极限范围之内。

(2)生产工艺或物体运动过程中有产生静电的条件。

(3)物品有积聚静电的条件。

(4)物品积聚静电的电场强度必须超过介质的击穿强度,发生放电,产生静电火花。

(5)静电火花的能量必须超过可燃性气体、蒸汽、粉尘和纤维等爆炸性混合物的最小引爆电流。

2)预防静电火灾的措施

预防静电火灾的措施主要有工艺控制法、静电接地法、电离中和法、泄漏法、屏蔽法、等电位法。

6.3.3　电气火灾的灭火方法

扫一扫:电气火灾的灭火方法

文档

视频

1. 电气火灾的特点

电气火灾主要有以下特点:

(1)火势凶猛,蔓延迅速;

(2)带电设备周围存在接触电压和跨步电压;

(3)充油电气设备火灾易发生喷油或爆炸;

(4)扑救困难;

(5)二次危害严重;

(6)损失严重,修复时间很长。

2. 灭火的基本原理和方法

1)灭火的基本原理

物质燃烧必须同时具备三个必要条件,即可燃物、助燃物和着火源。根据这些基本条件,一切灭火措施都是为了破坏已经形成的燃烧条件,或终止燃烧的连锁反应,而使火熄灭以及把火势控制在一定范围内,最大限度地减少火灾损失。这就是灭火的基本原理。

2)基本灭火方法

(1)冷却法:如用水扑灭一般固体物质的火灾,通过水来大量吸收热量,使燃烧物的温度迅速降低，最后使燃烧终止。

（2）窒息法：如用二氧化碳、氮气、水蒸气等来降低氧浓度，使燃烧不能持续。

（3）隔离法：如用泡沫灭火剂，通过产生的泡沫覆盖燃烧体表面，在冷却的同时，把可燃物同火焰和空气隔离开来，达到灭火的目的。

（4）化学抑制法：如用干粉灭火剂通过化学作用，破坏燃烧的链式反应，使燃烧终止。

3. 电气火灾的扑灭方法

1）切断电源

（1）切断电源时应使用绝缘工具操作。

（2）切断电源的地点要选择得当，防止切断电源后影响灭火工作。

（3）严格遵守倒闸操作顺序的规定，防止忙乱中发生误操作，扩大事故。

（4）当剪断低压电源导线时，剪断位置应选在电源方向的支持绝缘子附近，以免断线线头下落造成短路或触电伤人；剪断非同相导线时应分别剪断，并使各相断口间保持一定距离，以免造成人为短路。

（5）如果线路带有负荷，应尽可能先切除负荷，再切断现场电源。

（6）夜间扑灭火灾时，应注意断电后的照明措施，避免因断电影响灭火工作。

（7）及时与供电部门联系。

2）断电灭火

（1）灭火人员应尽可能站在上风侧进行灭火。

（2）灭火时若发现有毒烟气（如电缆燃烧时），应戴防毒面具。

（3）若灭火过程中灭火人员身上着火，应就地打滚或撕脱衣服，不得用灭火器直接向灭火人员身上喷射，可用湿麻袋或湿棉被覆盖在灭火人员身上。

（4）灭火过程中应防止全厂停电，以免给灭火带来困难。

（5）灭火过程中应防止上部空间可燃物着火落下危及人身和设备安全，在屋顶上灭火时要防止坠落及坠入“火海”中。

（6）室内着火时，切勿急于打开门窗，以防空气对流而加重火势。

3）带电灭火

（1）根据火情适当选用灭火剂和灭火器。

（2）采用喷雾水枪灭火。

（3）灭火人员与带电体之间应保持必要的安全距离。

（4）对高空设备灭火时，人体位置与带电体之间的仰角不得超过45°，以防导线断路危及灭火人员人身安全。

（5）火场上空有架空线路经过时，人不应站在架空导线下方附近，以防断线落地时造成触电。若有带电导线落地，应划出一定的警戒区，防止造成跨步电压触电。

4）充油设备灭火

（1）充油设备外部着火时，可用不导电灭火剂带电灭火。如果充油设备内部故障起火，则必须立即切断电源，采用冷却灭火法和窒息灭火法使火焰熄灭，即使在火焰熄灭后，还应持续喷洒冷却剂，直到设备温度降至绝缘油的闪点以下，防止高温使油气重燃造成更大事故。

（2）如果油箱已经爆裂，燃油外泄，可用泡沫灭火器或黄砂扑灭地面和贮油池内的燃油，注意采取措施防止燃油蔓延。如果油火已经顺沟蔓延，则只能用泡沫覆盖灭火。

（3）发电机和电动机等旋转电机着火时，为防止轴和轴承变形，应令其慢慢转动，可用二氧化碳、二氟一氯一溴甲烷或蒸汽灭火，也可用喷雾水灭火，用冷却剂灭火时注意使电机均匀冷却；但不宜用干粉、砂土灭火，以免损伤电气设备绝缘和轴承。

4. 消防器材的使用

1）卤代烷灭火器

作用：适用于仪表、电子仪器设备及文物、图书、档案等贵重物品的初起火扑救。

使用方法：首先撕下铅封、拔掉保险销；然后在距火源 1.5~3 m 处，将喷嘴对准火焰的根部，用力按下压把，压杆就将密封开启，卤代烷灭火剂就在氮气压力作用下喷出，松开压把，喷射中止。如遇零星小火，可采取点射方法灭火。

2）泡沫灭火器

作用：灭火机理主要是冷却、窒息作用，即在着火的燃烧物表面形成一个连续的泡沫层，通过泡沫本身和所析出的混合液对燃烧物表面进行冷却，以及通过泡沫层的覆盖作用使燃烧物与氧隔绝而灭火。

使用方法：用手指压紧喷嘴口，颠倒筒身，上下摇晃几次，向火源喷射，如是油火，使用手提式化学泡沫灭火器时，应向容器内壁喷射，让泡沫覆盖油面使火熄灭。

3）干粉灭火器

作用：灭火机理主要是化学抑制和窒息作用，主要缺点是对精密仪器易造成污染。

使用方法：使用手提式干粉灭火器时，应撕去上部铅封、拔去保险销，一只手握住胶管，将喷嘴对准火焰的根部；另一只手按下压把或提起拉环，干粉即可喷出灭火，喷粉要由近而远，向前平推，左右横扫，不使火焰窜回。

4）二氧化碳灭火器

作用：主要用于扑救贵重设备、档案、仪器仪表、600 V 以下电气设备及油类初起火灾，不能扑救钾、钠等轻金属火灾。

使用方法：先拔去保险销，一手持喷筒把手，另一手紧压压把，二氧化碳即自行喷出，不用时将手放松即可关闭。灭火时应站在火源的上风侧，以避免火势过大，火焰对人造成伤害。

项目小结

1. 当人体触及带电体，或者带电体与人体之间闪击放电，或者电弧波及人体时，电流通过人体进入大地或其他导体，形成导电回路，这种情况就叫触电。触电时人体会受到某种程度的伤害，可分为电击和电伤两种。

2. 电击是指电流流经人体内部，引起疼痛发麻、肌肉抽搐，严重的会引起强烈痉挛，绝大部分触电死亡事故是电击造成的。

3. 电伤是指触电时人体与带电体接触不良部分发生的电弧灼伤,或者是人体与带电体接触部分的电烙印,或由于被电流熔化和蒸发的金属微粒等侵入人体皮肤引起的皮肤金属化。

4. 触电事故是多种多样的,多数是由于人体直接接触带电体,或者是设备发生故障,或者是身体过于靠近带电体等引起的。

5. 高电压会致人死亡,这是确凿无疑的。当人体接触到 10 kV 左右的高压导线时,就会触电致死。所以,在高压电设备附近都有"高压危险、请勿靠近"的字样。但是不能因此得出高压会致人死亡,而低压不会致人死亡的结论。

6. 影响触电伤害程度的次要因素包括电流的频率和触电者的年龄、体形、健康状况等。

7. 口对口人工呼吸是人工呼吸法中最有效的一种,在施行前,应迅速将触电者身上妨碍呼吸的衣领、上衣、裙带等解开,并取出口腔内脱落的假牙、血块、呕吐物等,使呼吸道畅通;然后使触电者仰卧,头部充分后仰,鼻孔朝上。

8. 胸外心脏按压是触电者心脏停止跳动后的急救方法,其目的是强迫心脏恢复自主跳动,实施时应该使触电者仰卧在比较坚实、平整、稳固的地方,保持呼吸道畅通(具体要求同口对口人工呼吸),抢救者跪在病人腰部一侧实施。

9. 工厂触电事故的发生,主要原因有电气安全的组织措施不健全,电气安全防护设施不完善,电气安全教育落实不彻底。

项目思考与习题

一、填空题

1. 人体直接接触带电设备或线路中的一相时,电流通过人体流入大地,这种触电现象称为______触电。

2. 用电单位应对使用者进行用电安全教育和培训,使其掌握______和______知识。

3. 雷电流产生的______电压和跨步电压可直接使人触电死亡。

4. 电伤是由电流的______ 、______、______ 等效应对人体所造成的伤害。

5. 工厂触电事故的发生,主要原因有:______;______;______。

二、判断题

1. 触电分为电击和电伤。(　　)

2. 脱离电源后,触电者神志清醒,应让触电者来回走动,加强血液循环。(　　)

3. 发现有人触电后,应立即通知医院派救护车来抢救,在医生来到前,现场人员不能对触电者进行抢救,以免造成二次伤害。(　　)

4. 两相触电危险性比单相触电小。(　　)

5. 触电事故是由电能以电流形式作用于人体造成的事故。(　　)

三、选择题

1. 当有电流在接地点流入地下时,电流在接地点周围土壤中产生电压降,人在接地点周围，两脚之间出现的电压称为(　　)。

A. 跨步电压　B. 跨步电势　C. 临界电压　D. 故障电压

2. 在一般情况下，人体电阻可以按(　　)考虑。

A. 50~100 Ω　B. 800~1 000 Ω　C. 100~500 kΩ　D. 1~5 MΩ

3. 把电气设备正常情况下不带电的金属部分与电网的保护零线进行连接，称作(　　)。

A. 保护接地　B. 保护接零　C. 工作接地　D. 工作接零

4. 下列说法中，不正确的是(　　)。

A. 电气安全工作规程中，安全技术措施包括工作票制度、工作许可制度、工作监护制度、工作间断转移和终结制度

B. 停电作业安全措施分为预见性措施和防护措施

C. 验电是保证电气安全作业的技术措施之一

D. 挂登高板时，应钩口向外并且向上

5. 下列说法中，正确的是(　　)。

A. 通电时间增加，人体电阻因出汗而增加，导致通过人体的电流减小

B. 30~40 Hz 的电流危险性最大

C. 相同条件下，交流电比直流电对人体的危害大

D. 工频电流比高频电流更容易引起皮肤灼伤

四、简答题

1. 简述触电的概念。

2. 影响人体受伤害程度的因素有哪些？

3. 发生了电气火灾，采取何种措施才不会发生触电事故？

4. 现场触电急救应注意什么？

参考文献

[1] 刘曼玲，姜霞. 电工学 [M]. 北京：中国水利水电出版社，2014.

[2] 秦曾煌. 电工学 [M].6 版. 北京：高等教育出版社，2003.

[3] 杨有启. 低压电工作业 [M]. 北京：中国劳动社会保障出版社，2014.

[4] 邹建华. 电工电子技术基础 [M].3 版. 武汉：华中科技大学出版社，2012.

[5] 温希忠，张志远. 电工仪表与电气测量 [M]. 济南：山东科学技术出版社，2007.

[6] 邱关源. 电路 [M]. 4 版. 北京：高等教育出版社，2010.

[7] 任元吉，曾一新，陈吹信. 电工基础 [M]. 北京：航空工业出版社，2015.

[8] 陆国和. 电路与电工技术 [M].3 版. 北京：高等教育出版社，2010.

[9] 沈倪勇. 电气工程技术实训教程 [M]. 上海：上海科学技术出版社，2021.

[10] 储克森. 电工技能实训 [M].2 版. 北京：中国电力出版社，2012.

[11] 黄盛兰. 电工电子技术实训教程 [M]. 北京：北京邮电大学出版社，2007.

[12] 赵韵. 电工电子技术 [M]. 北京：北京邮电大学出版社，2010.

[13] 钱家庆. 供电企业生产安全管理实务手册 [M]. 北京：中国电力出版社，2012.

[14] 乔新国. 电气安全技术 [M].3 版. 北京：中国电力出版社，2015.

[15] 白玉岷. 电气工程安全技术及实施 [M]. 北京：机械工业出版社，2012.